AF360792

CABLES

D'ÉCLAIRAGE ÉLECTRIQUE

ET

DISTRIBUTION DE L'ÉLECTRICITÉ

PARIS. — IMPRIMERIE CHARLES BLOT, RUE BLEUE, 7.

BIBLIOTHÈQUE DES ACTUALITÉS INDUSTRIELLES — N° 56

CABLES D'ÉCLAIRAGE ÉLECTRIQUE

ET

DISTRIBUTION DE L'ÉLECTRICITÉ

PAR

STUART A. RUSSELL

TRADUIT AVEC L'AUTORISATION DE L'AUTEUR

PAR

G. FORMENTIN

Ancien sous-chef de bureau au Ministère de l'Intérieur

Avec 107 Figures dans le Texte

PARIS

B. TIGNOL, ÉDITEUR

LIBRAIRIE SCIENTIFIQUE, INDUSTRIELLE ET AGRICOLE
53bis, QUAI DES GRANDS-AUGUSTINS, 53bis

PRÉFACE

Aux premiers jours de l'éclairage électrique, la distribution du courant n'offrit pas de difficultés sérieuses,
parce que les lampes alimentées par chaque machine
dynamo n'en étaient généralement pas éloignées. Ce
n'est que tout récemment, depuis le développement
des stations centrales d'éclairage, que les problèmes
relatifs à la distribution économique de l'électricité
sont venus en première ligne et ont fixé de plus près
l'attention publique. Bien qu'on ait puisé aujourd'hui
une somme considérable d'expérience dans les résultats de l'œuvre déjà accomplie, il reste encore beaucoup
à apprendre, surtout en ce qui concerne la durée des
matières employées à l'isolement des conducteurs.
Aussi l'auteur a-t-il eu pour but, dans ce travail, de
présenter au lecteur une description des différents systèmes de distribution et types de câbles actuellement
usités, description qui pourra contribuer, il l'espère du
moins, au progrès de la tâche restant à accomplir pour
perfectionner cette branche de la question de distribution d'énergie électrique.

L'auteur est redevable, pour une bonne part de la

1

matière descriptive de son livre, à l'obligeance des directeurs et ingénieurs de diverses compagnies électriques d'Angleterre et de l'étranger, qui ont bien voulu lui fournir des renseignements sur leur organisation et leur fonctionnement; il est heureux de saisir cette occasion de leur adresser ici ses sincères remerciements.

Novembre 1891.

Dans cette traduction, faite avec quelques conseils techniques de M. A. Hess, nous avons eu le souci constant de nous tenir aussi près du texte que possible, et nous ne nous sommes écarté de cette règle que lorsque cela nous a paru indispensable pour faire mieux saisir au public français la pensée de l'auteur ; ajoutons que cette nécessité s'est présentée rarement. Des modifications ont dû être apportées au livre original en ce qui concerne les unités anglaises qu'il a fallu réduire en unités françaises. Ainsi, les nombres destinés à servir d'exemples généraux ont été arrondis : par exemple, un conducteur de 100 yards est devenu un conducteur de 100 mètres; il eût été évidemment moins commode, pour une application numérique, de partir d'une longueur de 91 mètres 44. Mais nous avons exprimé d'après le système d'unités usité en France, et avec la plus grande précision possible, toutes les quantités dont il était utile de faire connaître la grandeur exacte.

La jauge légale anglaise pour les diamètres de fils n'ayant aucun rapport simple avec l'échelle métrique, il en est résulté l'obligation de remanier quelques tableaux, afin d'en ramener les données à des diamètres exprimés en millimètres.

Enfin nous n'avons pas cru devoir, et du reste cela ne nous a pas paru possible dans un livre d'intérêt pratique comme celui-ci, appliquer intégralement le système C. G. S., les unités industrielles étant indiquées par le caractère général de l'ouvrage.

Toutes les modifications ci-dessus indiquées ont été faites avec le consentement de l'auteur.

(Note du Traducteur.)

TABLE DES MATIÈRES

CABLES
D'ÉCLAIRAGE ÉLECTRIQUE

ET

DISTRIBUTION DE L'ÉLECTRICITÉ

CHAPITRE PREMIER

Le circuit électrique. — Conducteurs et isolateurs. — Premières expériences de transmission électrique. — Ligne souterraine de Ronalds. — Premières lignes télégraphiques. — Fils couverts de plomb. — Isolement au caoutchouc et à la gutta-percha. — Lignes aériennes. — Premiers modèles d'isolateurs.

Depuis quatre ou cinq ans, les problèmes relatifs à la production économique et à la distribution de l'énergie électrique ont attiré puissamment les esprits, mais l'attention s'est portée surtout vers les perfectionnements des machines et des dynamos au point de vue de leur rendement, et vers les méthodes d'organisation et de subdivision de l'appareil producteur en unités, dans le but d'obtenir, d'une part, que chaque unité d'appareil ait une force restreinte suffisante pour lui permettre de fonctionner toujours à une charge convenablement efficace lorsqu'elle est en service, et, d'autre part, que la force de chaque unité ne soit pas réduite au point de conduire à une multiplication fâcheuse du nombre des machines, entraînant par suite une augmentation de la dépense de travail.

Une importance égale, sinon plus grande encore, s'attache à la distribution de l'énergie engendrée par les dynamos aux différents endroits où l'on doit s'en servir, pour la production de la lumière ou de la force motrice, ou pour l'une quelconque des entreprises industrielles dans lesquelles on a reconnu qu'il est avantageux d'en faire emploi. Tant que les appareils de génération et de réception sont relativement proches l'un de l'autre, la distribution de l'électricité ne présente pas de grandes difficultés ; mais quand il s'agit de surfaces étendues à faire desservir par des stations centrales, la dépense première de l'appareil distributeur et les frais annuels d'entretien et d'énergie perdue constituent des articles si importants dans les charges d'une société de production qu'il faut de toute nécessité étudier soigneusement tous les problèmes qui ont trait à la distribution de l'électricité dans des conditions économiques.

Le courant électrique se transmet d'un endroit à un autre au moyen de conducteurs formant un circuit fermé complet ; une partie de ce circuit est dans le générateur, une autre dans le récepteur, le reste forme une chaine qui relie le premier au second. Cette dernière partie est l'appareil distributeur. Il faut qu'elle offre un chemin que l'électricité puisse parcourir facilement dans les deux sens, du générateur au récepteur et *vice versa* ; il faut, en outre, qu'elle soit disposée de manière à être l'unique voie de circulation du courant, ou, dans tous les cas, qu'aucune quantité appréciable de courant ne puisse s'échapper ni effectuer son retour au générateur par un court circuit, sans avoir traversé la partie du circuit qui forme l'appareil de réception. S'il existe plusieurs voies disponibles, le courant se divisera de lui-même entre elles en proportion inverse des résistances qu'il rencontrera ; c'est pourquoi il importe au plus haut point que la résistance du circuit conducteur soit très faible comparativement à celle de toute autre voie par laquelle le courant peut revenir au générateur.

Toutes les matières connues sont à un degré quelconque des conducteurs de l'électricité, et aucune n'est un conducteur parfait, c'est-à-dire laissant passer librement le courant. Mais, par bonheur pour l'ingénieur électricien, il existe deux sortes de matières ayant entre elles des différences très marquées à cet égard : en premier lieu, celles qui offrent très peu de résistance comparativement aux autres, si peu même qu'à elles seules s'applique la dénomination de conducteurs ; en second lieu, celles qui, au contraire, opposent une forte résistance et qu'on appelle isolateurs. Si l'on combine dans une proportion convenable les matières conductrices et les matières isolantes, on arrive à disposer un circuit électrique qui remplit les conditions déjà indiquées ; en effet, les matières conductrices sont tout aussi nécessaires que les matières isolantes et *vice versa*, car, sans le conducteur, il n'y aurait pas de courant d'électricité, et en l'absence d'isolateur, il serait impossible de régler la route que le courant doit prendre. On voit donc que les problèmes de la distribution de l'électricité se divisent en deux : ceux qui ont trait au conducteur, et ceux qui regardent les méthodes d'isolation ; à ces deux subdivisions on peut même en ajouter une troisième, relative à l'examen des moyens de placer les conducteurs et de les protéger contre les dommages mécaniques.

Longtemps avant que l'emploi de l'électricité comme agent de production de lumière ou de force motrice fût entré dans le domaine commercial, les ingénieurs préoccupés des perfectionnements à introduire dans les systèmes de télégraphie avaient déjà porté leur attention sur le circuit électrique ; et bien que les exigences d'un circuit télégraphique diffèrent en beaucoup de points importants de celles d'un circuit d'éclairage ou de force motrice, l'œuvre accomplie par ces pionniers de l'industrie électrique mérite qu'on l'étudie avec soin, d'autant que, parmi les méthodes qu'ils ont préconisées et expérimentées, il en est certaines qui ressemblent singulièrement à celles que suivent aujourd'hui les ingénieurs de l'éclairage électrique.

Le premier essai de transmission de l'électricité à distance date de 1727 ; on le doit à un sieur Grey (qui vivait retiré dans une chartreuse). Ayant isolé un fil long d'environ 200 mètres en le suspendant au moyen de fils de soie, il observa l'effet produit à une extrémité de ce fil lorsqu'il eut chargé l'autre extrémité en y appliquant une baguette de verre excitée électriquement. Vingt ans plus tard, Watson fit passer des secousses électriques d'une bouteille de Leyde à travers une ligne aérienne d'environ 3.000 mètres de long ; le fil reposait sur des isolateurs en bois durci au four vissés à des poteaux en bois, méthode d'isolement des fils aériens qui fut expérimentée de nouveau aux débuts de la télégraphie pratique.

Le premier exemple de l'emploi d'un conducteur isolé dans toute sa longueur remonte à 1812. Le baron Schilling réussit à faire sauter une mine électrique à laquelle il avait amené le courant par un conducteur isolé avec du caoutchouc et qui traversait la Néva. Quelque quatre ou cinq ans après, M. Ronalds (plus tard Sir Francis Ronalds) fit plusieurs expériences d'un système télégraphique à Hammersmith. Outre une longueur considérable de fil aérien isolé en le suspendant par des fils de soie à des châssis en bois, il enferma dans son circuit une longueur d'au moins 150 mètres de fil souterrain. Ce fil était nu. il le passa dans des tubes de verre épais, dont les longueurs étaient disposées bout à bout, assez rapprochées pour se toucher les unes les autres ; les extrémités étaient garnies de manchons en verre qu'il fit glisser sur les joints du tube et fixa en place avec un peu de cire molle. Les tubes de verre furent posés dans une auge en bois d'environ 5 cent. de largeur sur 5 cent. de profondeur, garnie de poix à l'intérieur et à l'extérieur et qu'on remplit entièrement de la même matière après la mise en place des tubes. M. Ronalds décrivit ces expériences dans une brochure intitulée : *Description d'un télégraphe électrique*, et publiée en 1823 ; il y exposait également le système des lignes souterraines, vantait leur supériorité sur les lignes aériennes et insistait vivement pour qu'on l'adoptât, parce que les lignes souterraines étaient moins exposées que les aériennes aux dommages accidentels. Il est intéressant de voir combien était complet le système souterrain qu'il avait élaboré. prévoyant la nécessité de prendre des mesures pour l'accès facile de la ligne, pour la vérification et la localisation des défauts. divisant la ligne en sections par des boites de contrôle placées à intervalles réguliers, et installant des postes pour les employés chargés de veiller sur les différentes sections de la ligne, de localiser et de réparer les défauts qui surviendraient.

En 1837, lors des débuts de la télégraphie électrique pratique, les inventeurs s'occupèrent avec une grande activité du circuit électrique, et pendant les quarante années ou à peu près que la télégraphie fut la seule application commerciale de l'électricité, on prit d'innombrables brevets pour l'amélioration des circuits conducteurs et leur isolation. On imagina des fils de fer revêtus de cuivre dans le but de combiner la force mécanique et la conductibilité électrique, puis des fils de cuivre avec âme d'argent, et d'autres fils bimétalliques, afin d'améliorer la conductibilité; enfin, pour répondre aux besoins de flexibilité, on proposa de câbler les fils en leur donnant une section considérable. Beaucoup de brevets furent pris pour des isolateurs de formes et de matières diverses, pour des systèmes de suspension des fils aériens; un, entre autres, fut concédé à Wheatstone, en 1860, pour le support des câbles aériens dans les villes au moyen d'anneaux suspendus à des fils tendus au-dessus d'eux.

Quant aux matières isolantes à employer pour recouvrir un fil conducteur dans toute sa longueur sans solution de continuité, le *Recueil des Brevets* permet de constater que, pendant la période précédemment indiquée, on proposa l'emploi de presque tous les mélanges concevables de gommes, résines, cires et compositions bitumineuses, les uns avec les autres et aussi avec des substances telles que papier, matières fibreuses, verre filé, verre pulvérisé, sable, gypse, etc., etc. On proposa d'enfermer les câbles dans des tubes en plomb; on prit des brevets pour isoler les fils sous terre en les passant dans des chapelets de verre ou de porcelaine, en les faisant reposer sur des isolateurs fixés dans des auges en poterie vernissée, et en les plaçant dans des auges pourvues à distance de tasseaux de bois ou de verre et remplies entièrement d'asphalte, de poix ou de ciment.

L'expérience a démontré l'infériorité de quelques-unes des inventions faites pendant la période qui nous occupe; mais d'autres, quoique n'ayant pas réussi lors des premiers essais, ont formé la base sur laquelle reposent la plupart des systèmes actuellement en usage; la différence entre le succès et l'échec provient de perfectionnements dans la fabrication et de plus de soin dans le maniement et la pose des conducteurs souterrains.

Dans le premier brevet pris par Cooke et Wheatstone en 1837, on trouve la description d'un projet de pose de fils souterrains. La même année, on posa une ligne de cinq fils entre Euston Square et Camden Town; les fils avaient été recouverts de coton et trempés dans une composition résineuse, puis placés dans des rainures faites au haut et sur les côtés de pièces de bois en forme de **A** posées dans des tranchées pratiquées dans le sol. Lorsque les fils furent installés, on mit des tasseaux de bois dans les rainures pour les maintenir en place et l'on couvrit le tout de poix avant de combler la tranchée. L'isolement de ces fils dura peu, et l'année suivante, dans l'établissement d'une ligne de Padding-ton à Slough, on renonça aux pièces de bois : les fils, isolés comme on vient de le dire, furent posés dans des tuyaux en fer. Cette ligne eut le même sort que la précédente et fut remplacée par une ligne aérienne, mais on n'abandonna pas cependant l'idée de se servir des lignes souterraines, et l'on fit beaucoup d'essais avec des fils recouverts de coton, saturés de composés résineux et goudronneux, et placés dans des auges ou tuyaux en métal ou dans des auges en bois remplies d'asphalte, de poix ou de matières similaires.

Aucune de ces lignes n'eut de durée, parce que l'isolement n'était pas à l'épreuve de l'humidité et que les composés résineux s'altéraient; mais, en 1845, on fit un grand pas dans la vraie voie en proposant d'enfermer les fils recouverts de coton dans des tubes en plomb, projet dont l'initiative appartenait à Wheatstone et Cooke, lesquels prirent, au mois de mai de cette année-là, un brevet dont voici un court extrait : — « Des fils de cuivre séparés sont garnis de laine filée et vernis avec de la laque ; on réunit alors en un faisceau, avec de la céruse et de l'amidon, un certain nombre de ces fils ainsi recouverts, et on enferme le faisceau dans un tube en plomb. Ce tube peut être fait de plomb laminé roulé autour des fils et soudé le long du joint, ou bien on peut le mouler autour des fils par la pression hydraulique, de la même manière qu'on fabrique les tubes en plomb avec le métal en demi-fusion. »

Au mois d'août de la même année, Young et Mac Nair prirent un brevet pour des fils couverts de plomb. Leur méthode consistait à garnir de fil le conducteur et à l'enduire d'asphalte, de poix, de cire et de résine. On faisait passer le conducteur garni de fil dans un vase contenant le mélange chaud, ensuite à travers un tuyau qui enlevait l'excédent de cette composition, puis dans un tube qui passait à travers le cylindre contenant le plomb ; le conducteur aboutissait alors à une filière au travers de laquelle on forçait le plomb à une température de 120° à 200° C., à l'aide d'une presse hydraulique.

En 1846, Mapple fit breveter un troisième système d'après lequel le conducteur était recouvert de coton, imbibé de goudron ou de poix et introduit dans un tuyau en plomb qu'on faisait s'allonger, en le forçant à travers des rouleaux ou une filière, jusqu'à ce qu'il emprisonnât étroitement le fil recouvert.

Ces trois brevets, vieux déjà de près de cinquante ans, traitent tout le sujet au point de vue pratique, en tant qu'il s'agit de l'enveloppe de plomb, et ils donnent avec quelques détails la description des méthodes les

meilleures qui soient en usage de nos jours. Le défaut
relatif de succès qui a suivi l'emploi des fils couverts
de plomb aux premiers temps de la télégraphie, doit
donc être attribué à l'imperfection des appareils, à
l'incomplète expulsion de l'humidité du revêtement en
coton, et à son imprégnation de composés peu convenables.

C'est la *Electric Telegraph Company* qui paraît avoir
posé les premiers fils couverts de plomb, en 1846, du
Strand à Nine Elms. La ligne souterraine consistait en
un premier tuyau protecteur en fonte, de 0 m. 076,
contenant deux tubes en plomb recouverts de fil gou-
dronné dans chacun desquels il y avait quatre fils
enveloppés de deux couches de coton et saturés d'un
mélange de goudron, de résine et de graisse. Le câble
couvert de plomb était posé par longueurs d'environ
45 mètres ; on faisait glisser un manchon de plomb à
l'extrémité d'une longueur, les quatre conducteurs
étaient joints, et le manchon de plomb poussé de
manière à couvrir le joint et soudé à chaque bout sur
les deux longueurs du tube de plomb. On établit
d'autres lignes de même genre ; les fils étaient recouverts de coton et introduits dans un tube de plomb
avec fentes tous les 5 à 6 mètres pour faciliter la satu-
ration de l'enveloppe de coton. Le fil couvert de plomb
était plongé dans un chaudron contenant un mélange
de poix chaude, de résine et de cire jaune, et après un
bain assez long pour permettre au mélange de pénétrer
l'enveloppe de coton, on retirait le fil et l'on fermait
par des soudures les fentes du tube de plomb.

Les câbles couverts de plomb donnèrent de meilleurs
résultats, néanmoins leur existence fut courte, et chaque
fois qu'on le pouvait, on construisait de préférence des
lignes aériennes. Ce fut vers cette époque qu'on trouva

une nouvelle matière isolante, la gutta-percha ; Faraday
et Werner Siemens passent pour avoir découvert que
cette substance est un bon diélectrique. Londres vit
poser, en 1849, dans des tuyaux en fonte, les premiers
fils isolés avec de la gutta-percha. Le fil était placé
entre deux bandes de gutta-percha chauffées, qu'on
faisait adhérer au fil et l'une à l'autre par la pression
d'une paire de rouleaux entre lesquels on les passait.
Les fils recouverts de cette façon ne donnèrent pas de
résultats satisfaisants, parce que les joints longitudinaux entre les deux bandes de gutta-percha s'ouvraient
et faisaient cesser l'isolement du fil. Les compagnies
télégraphiques n'obtinrent un peu de succès dans leurs
efforts pour conserver le système souterrain, que le
jour où l'on découvrit le moyen de la pression pour
faire de la gutta-percha un revêtement plein et solide,
et encore les échecs furent-ils très nombreux. On
engloutit de grosses sommes d'argent dans la fabrication des fils recouverts de gutta-percha, que l'on posait
ensuite dans des tuyaux en fonte pleins ou fendus,
ou dans des auges en fer ou en bois, ou dans des
tuyaux en poterie.

On essaya également le caoutchouc comme isolateur,
mais, avec les méthodes d'alors pour garnir le fil, il était
impossible que cette matière constituât un revêtement
à l'épreuve de l'eau : elle se décomposait trop facilement, de sorte qu'on ne l'employa jamais beaucoup ;
en fait, on ne s'en est servi, dans le matériel télégraphique, que pour les fils aériens et d'intérieur de
maisons, auxquels la gutta-percha a été reconnue
absolument inapplicable. Malgré l'échec d'un si grand
nombre de ces premières lignes et leur remplacement
par des lignes aériennes, il y eut des cas où les lignes
souterraines s'imposaient de toute nécessité : les ingé-

nieurs continuèrent donc à en établir. employant le
plus souvent des fils de gutta-percha et obtenant des
résultats de plus en plus satisfaisants, à mesure que la
fabrication faisait des progrès et qu'on connaissait plus
exactement les conditions de meilleure utilisation des
matières employées. L'expérience démontra en même
temps que le premier tuyau protecteur en fonte, pourvu
à la surface de boites placées à intervalles de 45 à
90 mètres, était le meilleur conduit, en ce qu'il proté-
geait complètement les fils contre tout dommage mécanique et permettait de les sortir et de les remplacer en
cas de besoin. Ce type de conduit est employé presque
partout aujourd'hui dans les lignes télégraphiques
d'Angleterre ; c'est dans cet appareil qu'on installe les
câbles formés d'un certain nombre de fils isolés avec
de la gutta-percha et protégés par des rubans gou-
dronnés.

Il y a peu à dire sur les lignes aériennes à poteaux,
attendu qu'après un court essai d'isolateurs en bois
durci au four, on adopta généralement le verre ou le
grès vernissé, qui sont les matières aujourd'hui le plus
usitées. Cependant les perfectionnements apportés
dans la forme et l'arrangement des isolateurs sont considérables, ainsi qu'on peut s'en rendre compte par les
reproductions données plus loin de quelques-uns des
types primitivement employés.

La figure n° 1 montre l'isolateur de Cooke ; il ressem-
blait quelque peu à un œuf percé d'un trou dans lequel
passait le fil, et, pour cette raison, il présentait trop de
facilités de perte de surface. Le type n° 2, en forme de
sablier, imaginé par C. V. Walker, réduisit de beaucoup la perte. parce que le fil n'était en contact avec
l'isolateur qu'au centre. et que le courant perdu avait
dès lors une plus grande longueur de surface à par-

courir. La figure n° 3 représente le cône Bright : c'est, avec des modifications dans la forme de la cloche, le type généralement employé aujourd'hui ; il diminue

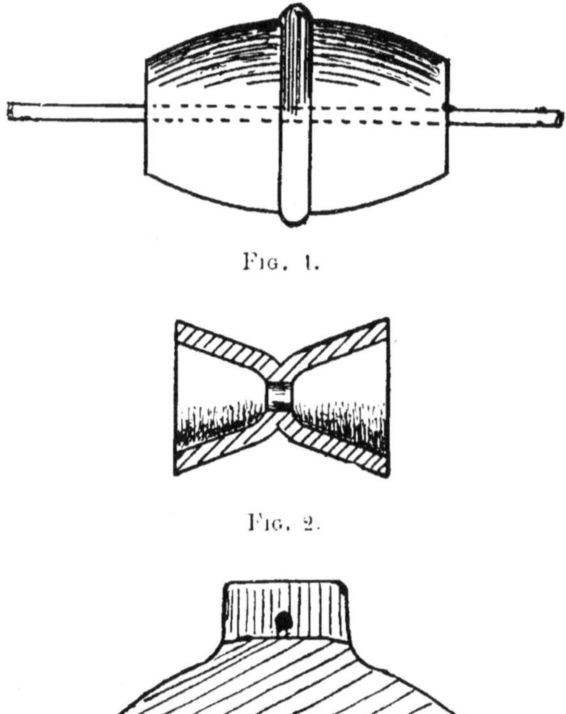

Fig. 1.

Fig. 2.

Fig. 3.

encore davantage les risques de perte. car, avec lui, le courant ne peut s'échapper que dans une direction au lieu de deux, comme c'est le cas pour les deux **autres** isolateurs.

CHAPITRE II

Lorsqu'un courant électrique parcourt un circuit, il faut une dépense constante d'énergie pour forcer son passage à travers la résistance du conducteur; il en résulte une chute de potentiel le long de la ligne. Cette énergie électrique se transforme en énergie calorifique et n'a plus aucune efficacité, c'est une perte absolue, aussi il est désirable que cette dépense d'énergie soit réduite à son minimum : d'abord, pour éviter la perte en question; ensuite, parce que l'élévation de température du conducteur due à la chaleur engendrée par le courant est nuisible en ce qu'elle cause un accroissement de résistance et endommage parfois l'enveloppe isolante ou même fait fondre le conducteur; enfin, parce que, dans la plupart des systèmes de distribution, si la chute de potentiel sur la ligne venait à dépasser un faible pourcentage de la tension de production, il en résulterait de fâcheux effets dans le fonctionnement de l'appareil récepteur. Étant donné un courant quelconque, la perte d'énergie et la chute de potentiel varient toutes deux en raison directe de la résistance du conducteur, et, de son côté, cette résistance varie avec la matière employée; de plus, elle est proportionnelle, pour la même matière, au quotient de la longueur par la section du conducteur.

Mais la résistance spécifique n'est pas la seule considération qui influe sur le choix d'une matière ; on se préoccupe, en outre, du prix de la matière par unité de poids, de sa densité et de sa résistance à la rupture. En effet, ce qu'il faut, c'est un conducteur qui, isolé et mis en place, présente le double avantage de dépense moindre et de résistance le plus faible possible. En examinant la question de l'isolement et de la pose des conducteurs, nous verrons que les frais de ces opérations peuvent varier beaucoup, suivant les valeurs relatives de la densité et de la force de tension du métal ou de l'alliage employé.

Tableau I.

MATIÈRES	CONDUC-TIBILITÉ. — Cuivre pur = 100	POIDS spécifique	CHARGE de rupture en Kg. par millimètre carré	FIL AYANT UNE RÉSISTANCE de 1 ohm par kilomètre à 0° C.	
				Poids en kilog.	Diamètre en millim.
Cuivre recuit...	98	8,9	21	145	4,55
Cuivre écroui..	97	8,9	45	146,5	4,58
Fer galvanisé...	14	7,7	38	877	12,0
Acier fondu....	10,5	8,0	91	1215	13,88
Aluminium. ...	55	2,6	18	75,3	6,05
Bronze siliceux.	97	8,9	45	146,5	4,58
» »	80	8,9	54	177	5,02
» »	45	8,9	78	315	6,70

Pour permettre la comparaison, nous donnons dans le tableau ci-contre les valeurs des diverses matières dont on s'est servi ou qu'on a proposé d'employer comme conducteurs électriques.

Dans le choix des conducteurs dont l'isolement est sans solution de continuité, ce qui doit préoccuper, c'est le degré de conductibilité pour les mêmes sections, car si le conducteur est disposé de manière à n'avoir à supporter aucun effort de tension, il faudra employer le cuivre recuit qui, dans ce cas, est la meilleure matière; mais si, par exemple, il s'agit d'un conducteur isolé à suspendre en l'air sans support intermédiaire, on fera mieux de se servir de cuivre écroui ou de bronze siliceux de haute conductibilité. Ce qu'il faut pour un fil nu suspendu en l'air, c'est le maximum de force et de conductibilité pour un poids donné par unité de longueur; si l'on prend pour coefficient de comparaison le produit du poids de rupture et de la conductibilité divisé par le poids spécifique, on verra que le cuivre écroui, le bronze siliceux et l'aluminium donnent les meilleurs résultats. On a cité l'aluminium comme matière à choisir à cause de sa légèreté et parce que, poids pour poids, il a près de deux fois la conductibilité du cuivre, mais malgré ce poids moindre, la dépense afférente aux poteaux serait toujours la même, à cause de l'augmentation de surface exposée à la pression du vent. Le bronze siliceux de deuxième et troisième qualités a le désavantage d'être plus volumineux et plus lourd que le cuivre écroui ou le bronze siliceux de première qualité, ce sont donc ces deux dernières matières auxquelles on doit donner la préférence. Les fils de fer ou d'acier, quoique moins chers que le fil de cuivre, ne peuvent pas lutter avec ce dernier, parce que leurs coefficients sont respectivement d'un septième et d'un quart de celui du cuivre, et que leur poids et leur volume énorme entraineraient une plus grande dépense de supports.

A l'origine de la télégraphie, le fil de cuivre était beaucoup plus cher qu'aujourd'hui, et l'on ne pouvait en obtenir qu'une conductibilité égale à 30 ou 40 p. 0/0 de celle du cuivre pur ; sa résistance à la traction était d'environ 21 kilogr. par millimètre carré. On s'occupa donc activement d'améliorer cette partie du matériel en employant des fils bimétalliques, fils de cuivre avec âme d'argent pour augmenter la conductibilité, ou avec âme de fer pour accroitre la résistance à la traction. Grâce aux grands perfectionnements introduits depuis quelques années dans la fabrication du fil de cuivre commercial, ces combinaisons sont aujourd'hui sans valeur. Actuellement, le cuivre n'a, en fait, aucun rival comme conducteur de l'électricité ; c'est pourquoi nous soutenons plus loin que le conducteur type est un fil de cuivre possédant 98 p. 0/0 de la conductibilité du cuivre pur. Comme l'élévation de température accroit la résistance d'un conducteur, il importe de tenir compte de cette augmentation en même temps que du pourcentage de conductibilité du fil, et dans ce but il faut connaitre le coefficient de température, c'est-à-dire le nombre par lequel on doit multiplier la résistance d'un fil à $t°$ C. pour obtenir sa résistance à $(t + 1)°$. Ce coefficient est 1.00388, et l'on trouve la résistance d'un fil à $t + t'°$ C.. d'après la résistance à $t°$, en multipliant le dernier chiffre par $1,00388\,t'$.

Or la résistance à 0° C. d'un fil recuit de cuivre pur de 1 mètre de longueur et d'un dixième de millimètre de diamètre est, suivant l'étalon de Matthiessen, de 2.034 ohms ; si nous supposons une température moyenne de travail de 27° C. et une conductibilité de 98 p. 0/0, la résistance de ce fil est égale à $2.034 \times \dfrac{100}{98} \times (1,00388)^{27}$ ou 2,30 ohms. D'après cela, on peut trouver une expression générale convenable de la résistance en ohms d'un fil de cuivre en fonction de ses dimensions; par exemple,

$$R = \frac{0,023\,l}{d^2} = \frac{0,018\,l}{s}$$

, étant donné que l est la longueur du conducteur en mètres, d le diamètre en millimètres, s la section en millimètres carrés, et R la résistance en ohms à 27° C. On peut se servir des mêmes expressions pour déterminer le poids et les résistances à la rupture, ainsi $W = 0,007\ ld^2 = 0,0089\ ls$, étant donné que W est le poids en kilogrammes, et que l, d et s ont la même signification que précédemment; et B. W. $= 16,5\ d^2 = 21\ s$ pour le cuivre recuit, et B. W. $= 35,3\ d^2 = 45\ s$ pour le cuivre écroui, si B. W. est le poids de rupture en kilogrammes et d et s sont exprimés en millimètres et en millimètres carrés, comme précédemment.

Ayant établi l'avantage de l'emploi du cuivre, nous passerons maintenant à l'examen des proportions les meilleures à donner au conducteur pour qu'il puisse remplir les conditions suivantes : économie de fonctionnement, élévation modérée de température due au courant, et chute modérée du potentiel. On ne peut pas, avec tous les systèmes de distribution, remplir toujours simultanément ces trois conditions; nous les examinerons donc séparément et nous verrons ensuite quel est le meilleur arrangement de conducteurs pour réaliser ces trois points dans des conditions différentes de production.

Économie de fonctionnement. — Étant donné qu'on mesure, d'après le produit du carré de l'intensité de courant par la résistance, la puissance dépensée à échauffer un conducteur, il est évident qu'on peut la réduire indéfiniment en réduisant la valeur de la résistance; mais, par malheur, lorsque la longueur du conducteur est fixée, on ne peut diminuer la résistance qu'à la condition de lui donner une section plus grande, ce qui augmente la première dépense. Or les charges annuelles d'un conducteur se composent de deux articles : ce que coûte l'énergie perdue, et la somme à prélever pour l'intérêt du capital dépensé et pour la dépréciation. On réalise la plus grande économie lorsque le montant de ces deux articles est aussi faible que possible.

Pour fixer les idées, supposons que nous ayons à transmettre pendant 1.200 heures par an un courant de 100 ampères par un conducteur d'une longueur de 1.000 mètres; que chaque unité de 1.000 watt-heures du *Board of Trade* perdue dans le conducteur accroisse la dépense de 0 fr. 20, et qu'on affecte à l'intérêt du capital et à la dépréciation du matériel une somme égale à 10 p. 0/0 des frais d'établissement de la ligne. Appliquons le raisonnement d'abord à un conducteur de 19 fils de 1.8 millimètre de diamètre, le type à peu près le plus petit que permette l'échauffement du conducteur; la ligne peut coûter à établir 8.800 francs, la résistance est de 0.368 ohm. Les watts perdus s'élèvent à 3.680 et les watt-heures par an à 4.416.000, ce qui, à 0 fr. 20 par 1.000 watt-heures, donne 883 francs; si à cela on ajoute 10 p. 0/0 sur 8.800 francs, soit 880 fr., on arrive à une dépense totale annuelle de 1.763 francs. Essayons maintenant avec un conducteur de 19 fils de 2.3 millimètres de diamètre coûtant 11.000 francs d'établissement, et d'une résistance de 0,223 ohm. Le nombre des watt-heures par an sera de 2.676.000, coûtant 535 francs; l'intérêt et la dépréciation calculés à 10 p.0/0 sur 11.000 francs représentent 1.100 francs, ce qui fait une dépense totale annuelle de 1.635 francs, soit plus de 100 francs de moins qu'avec le conducteur précédent. Essayons enfin un plus grand conducteur, de 37 fils de 2 millimètres de diamètre; sa résistance est de 0,150 ohm et il coûte 13.500 francs d'établissement. Les watt-heures monteront à 1.800.000 et coûteront 360 francs, mais l'intérêt et la dépréciation s'élèveront à 1.350 francs, ce qui fait un total de 1.710 fr., supérieur à la dépense constatée pour le conducteur de 19 fils de 2.3 millimètres. On voit, par ce qui précède, qu'il existe entre le premier câble et le troisième un conducteur dont la dépense annuelle sera aussi peu élevée que possible. Le problème à résoudre consiste donc à déterminer le point auquel l'économie commande de s'arrêter dans la diminution de la résistance ou, ce qui revient au même, dans l'augmentation de la section du conducteur; en d'autres termes, il s'agit de déterminer le point où le coût annuel de l'énergie perdue et la dépense annuelle d'intérêts et de dépréciation atteindront leur chiffre minimum.

Sir William Thomson appela le premier l'attention sur cette question dans un mémoire sur l'*Économie des conducteurs métalliques d'électricité*, lu à la « British Association » en 1881. Il démontrait que si le capital dépensé pour le conducteur variait en proportion rigoureuse avec le poids de métal, la dimension de conducteur la plus économique était celle dont le coût annuel d'intérêts et de dépréciation égalait le coût annuel d'énergie perdue. Voici comment ce raisonnement est obtenu : Le coût annuel d'énergie perdue W est égal au produit du carré de l'intensité de courant I, par la résistance R, et par le nombre d'heures t de fonctionnement annuel, et par le prix w d'un watt-heure : $W = I^2 R\, tw$, ou puisque $R = \dfrac{l}{s}$ multiplié par une constante, $W = I^2 \dfrac{l}{s} tw \times \alpha$ lorsque $\alpha = \dfrac{Rs}{l}$. Le capital dépense du conducteur K est égal au poids du métal multiplié par une constante ; et comme le poids est proportionnel à ls, on peut écrire : $K = kls$, où k est une constante ; et si p est la fraction du capital à consacrer annuellement à l'intérêt et à la dépréciation, on a $pK = pkls$ comme dépense annuelle de ce chef. La dépense totale annuelle est $pK + W = \left(pksl + \dfrac{I^2 tw\alpha l}{s} \right)$, et c'est un minimum si $\dfrac{d(pksl)}{ds} + \dfrac{d\left(\dfrac{I^2 tw\alpha l}{s} \right)}{ds} = 0$. Ceci donne $pkl - \dfrac{I^2 tw\alpha l}{s^2} = 0$, ou $pksl = \dfrac{I^2 tw\alpha l}{s}$, c'est-à-dire que la charge annuelle d'intérêts et de dépréciation doit égaler la dépense annuelle d'énergie perdue.

Le rapport réel entre s et I s'exprime par $s^2 = I^2 \dfrac{tw\alpha}{pk}$, ou par $s = I \sqrt{\dfrac{tw\alpha}{pk}}$; ce qui montre que si le coût d'un watt pour toutes les heures de travail de l'année et le taux d'intérêt et de dépréciation sont constants, le conducteur économique est toujours mis en œuvre avec la même densité de courant. Et comme ni la longueur ni la tension n'apparaissent dans l'équation, on voit que, quelles que soient leurs valeurs, la section économique reste la même.

Dans la pratique, le problème de la détermination du conducteur le moins coûteux est plus difficile à résoudre que le précédent, parce que le capital à consacrer aux conducteurs ne varie pas en proportion exacte de la section du cuivre, et à cause de la difficulté d'attribuer une valeur exacte à la dépense annuelle d'énergie perdue.

Le capital dépensé comprend, en sus du coût du cuivre, les frais afférents à l'isolation, aux supports ou conduits, et au travail d'installation des conducteurs, et il est clair que ces derniers articles n'augmenteront pas de prix en proportion de la section du conducteur. Ainsi, pour un câble entièrement isolé, posé dans un tuyau en fonte sous le trottoir, la dépense d'ouverture d'une tranchée et de réfection du pavage sera la même malgré de très grandes différences dans la dimension du conducteur ; la dépense du tuyau en fonte n'augmente pas, à beaucoup près, aussi vite que la section du conducteur, et la dépense du câble isolé, quoique plus voisine de la proportionnalité, baisse légèrement par unité de section à mesure que la dimension s'élève. Pour les conducteurs nus appuyés sur des isolateurs dans un caniveau, la dépense d'affouillement du sol et de construction de la canalisation reste pratiquement la même pour tous les conducteurs, jusqu'à une section collective de 20 à 25 centimètres carrés. Enfin, en ce qui concerne les lignes aériennes, la dépense des poteaux et isolateurs ne suit pas la loi de proportion, parce que, dans chaque cas, les mêmes poteaux serviraient pour plusieurs dimensions de conducteurs.

Cependant on peut, pour chaque système particulier de câbles, diviser assez exactement la dépense en deux parties, l'une constante et l'autre augmentant proportionnellement à la section du conducteur. Nous verrons donc la différence qui est faite dans l'expression de la section économique, lorsque le capital dépensé est égal à

$l(ks + B$, au lieu de kls. La dépense totale annuelle sera alors $pK + W = plks + plB + \dfrac{l^2\, tw\alpha l}{s}$; et ce sera un minimum, comme précédemment, si $\dfrac{dpK}{ds} + \dfrac{dW}{ds} = o$, c'est-à-dire si $plk - \dfrac{l^2\, tw\alpha l}{s^2} = o$, puisque le coefficient différentiel de la constante $\dfrac{d(plB)}{ds} = o$.

La meilleure valeur de s est encore donnée par l'équation $s = l\sqrt{\dfrac{tw\alpha}{pk}}$, mais k n'a pas la même valeur que plus haut, parce qu'il se rapporte seulement à cette partie de la dépense qui est proportionnelle à la section du conducteur. La loi énoncée par Sir William Thomson sera alors modifiée comme suit : La dimension de conducteur la plus économique est celle dont la dépense annuelle d'énergie perdue égale le prélèvement annuel pour l'intérêt et la dépréciation sur la partie du capital dépensé qui est proportionnelle à la section du conducteur.

Pour être fixé avec quelque exactitude sur la dépense d'énergie perdue, il faut connaître le prix annuel du kilowatt-heure du *Board of Trade*, et le nombre annuel d'unités perdues par suite de l'échauffement du conducteur.

Tout d'abord, en ce qui concerne le prix de l'unité, une question importante surgit à propos des articles de dépense à comprendre dans ce prix. Le prix total d'une unité fournie au client se compose de la dépense de combustible, eau, huile et menus articles, travail et surveillance de la station, des dépenses d'administration générale et de la charge annuelle d'entretien et de dépréciation de tout le matériel. A première vue, il peut sembler juste de faire entrer tous ces articles en ligne de compte, déduction faite de la part proportionnelle qui revient en propre aux conducteurs; mais on peut soutenir, d'un autre côté, que le coût des matériaux est en réalité la seule chose qui doive varier avec la quantité variable d'énergie perdue dans les conducteurs, et que les autres charges demeureront, en fait, les mêmes, que la production de la station soit augmentée ou non des 2 ou 3 p. 0/0 nécessaires pour compenser cette perte. Comme nous l'avons dit, la question est des plus importantes, car la valeur du résultat du calcul dépend de l'exactitude avec laquelle on peut déterminer le prix de l'unité : aussi est-il bon d'examiner les raisons d'adopter telle ou telle méthode.

Dans un projet de station, lorsqu'on a arrêté le nombre des machines dynamo, on les choisit habituellement d'une capacité suffisante pour qu'elles puissent, à elles toutes, produire le courant nécessaire au maximum de demandes, plus un excédent de réserve, et pour que chaque machine produise son courant à une tension suffisante pour combler les pertes qui peuvent se produire dans les feeders les plus longs de chaque secteur. On s'attache ensuite à réduire cette tension en diminuant la vitesse ou en réglant l'intensité du champ magnétique. Les choses étant ainsi, il est évident que tant qu'on évaluera exactement le maximum de tension nécessaire à une station, la première dépense des machines dynamo ne se ressentira pas d'un changement dans la quantité d'énergie perdue dans les conducteurs. De même que pour les dynamos, on adopte des machines et chaudières de capacité équivalente, et le tout est installé, agencé, disposé en vue d'un maximum de production : le premier coût de ces articles n'est donc en aucune façon affecté par la quantité d'énergie perdue. La dépense

annuelle de surveillance de la station et d'administration générale est pratiquement indépendante de cette
variation de production, et il en est de même du travail
dans la salle des machines, car ce n'est qu'une question
de marche des dynamos à un ou deux volts de plus
ou de moins, suivant le cas. La dépréciation de l'appareil générateur peut être légèrement augmentée si on
le fait fonctionner en vue d'une plus grande production ;
il semblerait donc juste d'en tenir compte, mais il est
fort douteux que l'augmentation eût un caractère de
proportionnalité. Si l'on réfléchit que ce qu'il importe
de trouver, c'est l'augmentation réelle de dépense par
suite de l'énergie perdue dans les conducteurs, afin de
la mettre en balance avec la charge annuelle d'intérêts
et de dépréciation de ces conducteurs, il paraît juste,
dans la plupart des cas, de mettre d'un côté toutes
les dépenses afférentes à l'administration, à la surveillance, au travail et à la dépréciation des bâtiments et
des agencements, et de ne comprendre dans le prix de
l'unité que les dépenses de combustible, d'eau, d'huile,
de menus articles, ainsi que la dépréciation des appareils générateurs.

Comme le prix de ces divers articles variera considérablement suivant les conditions de production et les
circonstances locales, l'ingénieur devra en faire le
calcul distinct pour chaque cas particulier. Les causes
de variation les plus importantes sont le prix du combustible et le facteur de charge, ou le rapport entre la
production réelle de l'installation génératrice et le maximum de production possible, c'est-à-dire la production
qu'on obtiendrait en faisant fonctionner les générateurs
sans interruption et à pleine charge pendant la période
considérée. C'est M. Crompton qui a donné à ce rapport le nom de facteur de charge ; dans son mémoire :

Le coût de la production et de la distribution d'énergie électrique, lu à la « Institution of Civil Engineers », il insiste avec une grande force sur la part importante que le facteur de charge joue dans la détermination de ce prix, et il y fournit, sous forme de tableaux et de diagrammes, des renseignements très utiles à toutes les personnes qui s'occupent d'installation ou de fonctionnement de stations centrales.

Quand on a calculé le prix moyen annuel de l'unité, il faut s'occuper ensuite du nombre annuel d'unités perdues par suite de l'échauffement des conducteurs. Dans un système à courant constant, il suffit, comme données, de la valeur du courant constant et du nombre annuel d'heures pendant lesquelles l'installation fonctionne; mais dans un système à potentiel constant où le courant change continuellement selon les exigences de la consommation à différents moments du jour et suivant les époques de l'année, il faut, pour tenir compte de ces variations, résumer les valeurs instantanées de l'énergie perdue et calculer, d'après elles, la valeur d'une intensité de courant qui, maintenue sans discontinuité, donnerait la même perte. Pour faire ce calcul, il est indispensable de connaître la courbe de consommation probable, c'est-à-dire la courbe qui indique le débit de courant à chaque instant de la période considérée. Bien que nos connaissances sur ce point soient encore très imparfaites, cependant des données vont nous être fournies par plusieurs stations d'éclairage, et nous pouvons raisonnablement espérer que, dans un temps assez rapproché, l'expérience acquise sera suffisante pour permettre à l'ingénieur d'évaluer exactement la courbe probable de son secteur.

Pour calculer la valeur du courant équivalent d'après

la courbe de consommation. on prend une série de courants $I_1, I_2, I_3 \ldots I_n$, croissant graduellement de zéro jusqu'au maximum. et l'on trouve pour chaque courant, d'après la courbe de débit, le nombre d'heures $t_1, t_2, t_3 \ldots t_n$ par an pendant lequel ce courant circule. Le total de perte est donc évidemment représenté par $R(I_1^2t_1 + I_2^2t_2 + I_3^2t_3 + \ldots + I_n^2t_n)$, et comme, par définition. cette perte totale doit être égale à RI^2T, lorsque I est le courant équivalent et $T = (t_1 + t_2 + t_3 + \ldots + t_n) =$ le nombre total d'heures pendant lequel les générateurs fonctionnent. la valeur de I est donnée par l'équation :

$$I = \sqrt{\frac{I_1^2t_1 + I_2^2t_2 + I_3^2t_3 + \ldots + I_n^2t_n}{t_1 + t_2 + t_3 + \ldots + t_n}}.$$

En ce qui concerne la question de la dépense annuelle d'intérêts et de dépréciation qui doit être égalée avec la dépense annuelle d'énergie perdue, la première dépend entièrement des conditions financières de la compagnie d'électricité. Quant à la quotité de la dépréciation. elle dépendra du type du conducteur adopté et de la manière dont il est suspendu ou posé sous terre ; à l'heure présente, il est impossible de calculer avec exactitude cette dépréciation pour toutes les diverses méthodes de construction des lignes. parce que l'emploi de ces méthodes est de date si récente qu'on possède très peu de chiffres comme base de calcul.

Les exemples suivants montreront clairement comment on doit faire les calculs lorsque les données sont déterminées, et on peut les considérer comme des exemples sérieux de deux des systèmes les plus importants de distribution présentement usités.

I. — Supposons un câble à relier à une station centrale : on admet que le prix de chaque unité de

1.000 watts par heure perdue dans les conducteurs est de vingt centimes, et il ressort de l'examen des courbes de consommation, pour une année, à cette station ou à une autre station quelconque fonctionnant dans les mêmes conditions, que la variation probable de production sera la suivante : le maximum de courant nécessaire pour 50 heures sera de 200 ampères, pour 100 heures 180 ampères, pour 150 heures 160 ampères, pour 150 heures 140 ampères, pour 200 heures 120 ampères, pour 200 heures 100 ampères, pour 350 heures 80 ampères, pour 500 heures 60 ampères, pour 1.000 heures 40 ampères. pour 3.000 heures 20 ampères, pour 3.060 heures 10 ampères. Supposons, en outre, que la partie de la dépense du câble tout installé, qui varie en proportion de la section du conducteur, coûte 4 fr. 05 centimes par mètre et par millimètre carré de section de cuivre, et qu'on ait fixé à 10 p. 0/0 la part réservée à l'intérêt et à la dépréciation. On peut, avec ces chiffres, trouver les valeurs des diverses constantes dans l'équation $s = I \sqrt{\dfrac{tw\alpha}{pk}}$, comme suit :

$$I = \sqrt{\frac{\begin{matrix}50\,(200)^2 + 100\,(180)^2 + 150\,(160)^2 + 150\,(140)^2 + 200\,(120)^2 + \\ + 200\,(100)^2 + 350\,(80)^2 + 500\,(60)^2 + 1000\,(40)^2 + 3000\,(20)^2 + 3060\,(10)^2\end{matrix}}{\begin{matrix}50 + 100 + 150 + 150 + 200 + \\ + 200 + 350 + 500 + 1000 + 3000 + 3060\end{matrix}}}$$

qui donne :

$$I = \sqrt{\frac{24046000}{8760}} = 52{,}4 \ \text{ampères.}$$

$t =$ le total des heures de fonctionnement $= 8{,}760$.

$w =$ à vingt centimes par 1.000 watt-heures $= 0{,}02$ centime.

α avait été égalé à $\dfrac{Rs}{l}$. mais $R = \dfrac{0{,}018\ l}{s}$,

$z = 0.018.$

$$pk = 0,1 \frac{K}{ls} = 0,45 \text{ centime.}$$

L'introduction de ces valeurs dans l'équation donne :

$$s = 52,4 \sqrt{\frac{8760 \times 0,02 \times 0.018}{0.45}} = 139 \text{ millim. carrés.}$$

qui donne pour le courant maximum une densité de 1,44 ampère par millimètre carré.

II. — Supposons un câble à établir pour un réseau où la charge est constante à 200 ampères et l'installation fonctionne 3.000 heures par an. Comme le facteur de charge est de 100 p. 0/0 et que, par conséquent, la station centrale fonctionne à son maximum de production, le coût de 1.000 watt-heures doit être quelque peu plus faible ; fixons-le à 0 fr. 15 centimes au lieu de 0 fr. 20 centimes. Supposons que la ligne est un fil nu aérien : la portion de la dépense qui varie avec la section du conducteur équivaut pratiquement au coût du conducteur lui-même, qu'on peut fixer à 2 centimes par mètre et par millimètre carré de section : réservons, comme toujours, 10 p. 0/0 pour l'intérêt et la dépréciation, et nous avons les valeurs suivantes : $I = 200$, $t = 3000$, $w = 0.015$ centime ; $z = 0.018$ et $pk = 0.2$ centime. En faisant entrer ces valeurs dans l'équation, on obtient :

$$s = 200 \sqrt{\frac{3000 \times 0.015 \times 0.018}{0.2}} = 402 \text{ millim. carrés.}$$

qui donne une densité de courant de 0,497 ampère seulement par millimètre carré.

Pour éviter la peine de résoudre chaque cas particulier, le professeur Forbes a préparé des tableaux, qu'il a publiés en 1885 dans ses conférences sur *La distribution de l'électricité*. Ces tableaux sont disposés de manière à montrer la section économique de conducteur par 1.000 ampères lorsqu'on connait le coût de la pose d'une tonne additionnelle de cuivre (c'est-à-dire cette portion de la dépense totale qui varie proportionnellement à la section de cuivre), le taux d'intérêt et de dépréciation, et le coût annuel d'un cheval-vapeur électrique. Dans le tableau II, chaque colonne verticale indique en tête ce que peut coûter la pose d'une tonne additionnelle de cuivre ; en regard de chaque ligne horizontale, figure le taux de pourcentage qu'on peut fixer pour l'intérêt et la dépréciation. Le choix des valeurs convenables appartient à l'ingénieur, qui le règle suivant les cas en présence desquels il se trouve. Dans le tableau III, chaque ligne horizontale indique ce que peut coûter annuellement un cheval-vapeur électrique ; chaque ligne verticale porte en tête un chiffre qui représente la section en millimètres carrés à employer par mille ampères. Pour faire comprendre la manière

TABLEAU II. — *Coût de la pose d'une tonne additionnelle de cuivre.*

FRANCS	1500	1625	1750	1875	2000	2125	2250	2375	2500	2750	3000
5	0,154	0,167	0,180	0,193	0,206	0,219	0,231	0,244	0,257	0,283	0,309
7 1/2	0,231	0,251	0,270	0,289	0,309	0,328	0,347	0,366	0,386	0,424	0,463
10	0,308	0,334	0,360	0,386	0,411	0,437	0,462	0,488	0,514	0,565	0,617
12 1/2	0,385	0,418	0,450	0,482	0,515	0,546	0,578	0,610	0,643	0,707	0,772
15	0,463	0,501	0,540	0,578	0,617	0,656	0,694	0,733	0,771	0,849	0,926
20	0,616	0,668	0,720	0,771	0,824	0,875	0,925	0,976	1,029	1,131	1,233
25	0,771	0,833	0,900	0,964	1,028	1,093	1,156	1,221	1,285	1,413	1,543

(Pourcentage affecté à l'intérêt et à la dépréciation par année.)

FRANCS	3250	3500	3750	5000	6250	7500	8750	10.000	11.250	12.500
5	0,334	0,369	0,385	0,514	0,643	0,772	0,900	1,029	1,157	1,286
7 1/2	0,501	0,540	0,579	0,771	0,964	1,157	1,350	1,543	1,736	1,929
10	0,668	0,720	0,770	1,029	1,286	1,543	1,800	2,057	2,315	2,571
12 1/2	0,835	0,900	0,964	1,285	1,607	1,929	2,250	2,572	2,893	3,205
15	1,003	1,080	1,155	1,543	1,928	2,314	2,700	3,086	3,471	3,857
20	1,336	1,440	1,540	2,056	2,571	3,089	3,600	4,115	4,629	5,144
25	1,671	1,800	1,925	2,572	3,125	3,857	4,500	5,143	5,780	6,430

(Pourcentage affecté à l'intérêt et à la dépréciation par année.)

TABLEAU III. — *Section par mille ampères en centimètres carrés.*

Coût annuel d'un cheval-vapeur électrique.

m/m²	645	710	755	838	903	967	1030	1100	1160	1225	1290
FRANCS											
125	1,628	1,356	1,147	0,980	0,857	0,746	0,658	0,585	0,523	0,471	0,426
150	1,954	1,627	1,377	1,176	1,028	0,895	0,790	0,702	0,628	0,565	0,511
175	2,279	1,898	1,606	1,372	1,199	1,044	0,921	0,819	0,733	0,660	0,596
200	2,605	2,169	1,836	1,568	1,370	1,194	1,053	0,936	0,838	0,754	0,682
225	2,930	2,441	2,065	1,764	1,542	1,343	1,185	1,053	0,942	0,848	0,767
250	3,256	2,712	2,295	1,960	1,713	1,492	1,316	1,170	1,047	0,942	0,852
275		2,983	2,524	2,156	1,885	1,641	1,448	1,287	1,152	1,037	0,937
300			2,754	2,352	2,056	1,790	1,580	1,404	1,256	1,131	1,022
325				2,548	2,227	1,940	1,711	1,521	1,361	1,225	1,108
350					2,398	2,089	1,843	1,638	1,466	1,319	1,193
375						2,238	1,975	1,755	1,570	1,414	1,278
400							2,106	1,872	1,675	1,508	1,363
425								1,990	1,780	1,602	1,448
450									1,884	1,696	1,534
475										1,790	1,619
500											1,704

m/m²	1355	1420	1480	1550	1610	1675	1740	1805	1870	1935	2000	2060
FRANCS												
125	0,386	0,355	0,324	0,298	0,276	0,255	0,237	0,221	0,206	0,192	0,180	0,170
150	0,463	0,426	0,389	0,358	0,331	0,305	0,284	0,265	0,247	0,230	0,216	0,203
175	0,540	0,498	0,454	0,417	0,386	0,356	0,331	0,409	0,288	0,269	0,252	0,237
200	0,618	0,569	0,518	0,477	0,442	0,407	0,378	0,353	0,329	0,307	0,288	0,271
225	0,695	0,640	0,583	0,536	0,497	0,458	0,426	0,397	0,370	0,346	0,324	0,305
250	0,772	0,711	0,648	0,596	0,552	0,509	0,473	0,446	0,411	0,384	0,360	0,339
275	0,849	0,782	0,712	0,656	0,607	0,560	0,520	0,485	0,452	0,422	0,396	0,373
300	0,926	0,853	0,778	0,715	0,662	0,611	0,568	0,529	0,493	0,461	0,432	0,407
325	1,004	0,924	0,842	0,775	0,718	0,662	0,615	0,573	0,534	0,499	0,468	0,440
350	1,081	0,995	0,907	0,834	0,773	0,713	0,662	0,617	0,575	0,538	0,504	0,475
375	1,158	1,066	0,972	0,894	0,828	0,764	0,710	0,662	0,617	0,576	0,540	0,509
400	1,235	1,137	1,037	0,954	0,883	0,814	0,757	0,706	0,658	0,614	0,576	0,542
425	1,312	1,208	1,102	1,013	0,938	0,867	0,804	0,750	0,699	0,653	0,612	0,576
450	1,390	1,279	1,166	1,073	0,994	0,916	0,851	0,794	0,740	0,691	0,648	0,610
475	1,467	1,351	1,231	1,132	1,049	0,967	0,899	0,838	0,781	0,730	0,684	0,644
500	1,544	1,423	1,296	1,192	1,104	1,018	0,946	0,882	0,882	0,768	0,720	0,678

m/m²	2130	2190	2260	2320	2390	2450	2520	2580	2900	3220	3550	3870
FRANCS												
125	0,160	0,150										
150	0,192	0,180	0,170									
175	0,227	0,210	0,199	0,188								
200	0,256	0,240	0,227	0,215	0,203							
225	0,288	0,270	0,256	0,242	0,229	0,217						
250	0,320	0,300	0,284	0,269	0,254	0,241	0,229					
275	0,352	0,330	0,312	0,296	0,279	0,265	0,252	0,240				
300	0,384	0,360	0,341	0,323	0,305	0,289	0,275	0,262	0,206			
325	0,416	0,390	0,369	0,350	0,330	0,313	0,298	0,283	0,224	0,181		
350	0,448	0,420	0,398	0,379	0,356	0,337	0,321	0,305	0,241	0,195	0,162	
375	0,480	0,450	0,426	0,404	0,381	0,362	0,344	0,327	0,258	0,209	0,174	0,147
400	0,512	0,480	0,454	0,430	0,406	0,386	0,366	0,349	0,275	0,223	0,186	0,156
425	0,544	0,510	0,483	0,457	0,432	0,410	0,389	0,371	0,292	0,237	0,199	0,166
450	0,576	0,540	0,511	0,483	0,457	0,434	0,412	0,392	0,310	0,251	0,209	0,176
475	0,608	0,570	0,540	0,511	0,483	0,458	0,435	0,414	0,327	0,265	0,220	0,186
500	0,640	0,600	0,569	0,538	0,508	0,482	0,458	0,436	0,344	0,279	0,232	0,196

de se servir de ces tableaux, il est plus simple de donner un exemple. Supposons l'emploi d'un courant de 100 ampères ; le prix de la tonne additionnelle de cuivre, de 5.000 francs; un prélèvement de 10 p. 0/0 pour l'intérêt et la dépréciation ; et le cheval-vapeur électrique au prix de 500 francs par an. En suivant au tableau II la ligne horizontale de chiffres en regard de 10 p. 0/0 jusqu'à la colonne portant en tête 5.000 fr., on trouve le nombre 1,029 ; puis, consultant le tableau III, on suit la ligne horizontale de chiffres en regard de 500 francs jusqu'à ce qu'on trouve le nombre se rapprochant le plus de 1,029; dans le cas qui nous occupe, ce nombre est 1,018. En tête de la colonne qui contient ce dernier nombre, figure un autre nombre, 1675 m/m², indiquant la section de conducteur convenable pour 1.000 ampères, soit par conséquent une section de 167,5 m/m² pour 100 ampères. Il faut se souvenir que le coût annuel d'un cheval-vapeur électrique se détermine en multipliant le prix moyen par heure par le nombre total annuel d'heures pendant lesquelles les générateurs fonctionnent. Il faut se souvenir également que le courant pour lequel on a trouvé la section convenable n'est pas nécessairement le courant maximum, mais ce que nous avons appelé le courant équivalent, c'est-à-dire le courant qui, maintenu constant durant toutes les heures de travail, perdrait dans l'année une quantité d'énergie égale à celle qui se perd par les courants variables réellement transportés par le conducteur.

Le coût annuel maximum d'un cheval-vapeur électrique indiqué dans le tableau III, soit 500 francs, est très sensiblement inférieur au coût réel que l'on constatera vraisemblablement dans toute station centrale où l'on maintient une production continue, mais on peut néanmoins se servir des tableaux en procédant ainsi. Supposons que le coût par cheval-vapeur est de n fois l'un quelconque des chiffres donnés, on cherchera, comme nous l'avons fait ci-dessus, dans le tableau II le nombre indiqué dans la colonne verticale au-dessous du prix déterminé de la pose d'une tonne additionnelle de cuivre, et sur la même ligne horizontale que le taux de pourcentage alloué. Ensuite on divisera ce nombre par n, et l'on consultera la ligne horizontale du tableau III. en regard du nombre égal à $\frac{1}{n^{\text{ème}}}$ du coût annuel par cheval-vapeur, jusqu'à ce qu'on trouve le nombre le plus rapproché. Exemple : choisissons 5.000 fr. et 10 p. 0/0, comme prix de pose du cuivre et taux d'intérêt et de dépréciation, mais prenons 1.350 francs comme coût annuel d'un cheval-vapeur électrique ce prix étant à peu près égal à celui de 0 fr. 20 c. par unité du *Board of Trade* . Nous trouvons le nombre 1,029 au tableau II, et l'ayant divisé par 3. nous cherchons au tableau III, en regard de 450 francs par cheval-vapeur, le nombre 0,343. Le nombre le plus rapproché (0.310) est dans la colonne de 2900 m/m² ; en procédant par voie de proportion, nous constaterons que la section la plus économique par 1.000 ampères est d'environ 2770 m/m².

La question de la dimension de conducteur la plus économique a la plus haute importance, on doit lui subordonner toutes les autres considérations se rattachant à la section du cuivre. Cependant, il peut n'être pas toujours possible d'employer la dimension la plus économique, car on ne saurait négliger les effets calorifiques du courant. Ainsi, lorsque le facteur de charge est très faible et que, par suite, ce que nous avons appelé le courant équivalent n'est plus qu'une petite fraction du courant maximum, il arrivera parfois que la section dont le choix est dicté par l'économie est trop petite pour pouvoir, sans une élévation excessive de température, transporter le courant maximum. Pour cette raison, avant de fixer définitivement la dimension du conducteur à employer, il faut tenir compte de l'effet calorifique du courant, et examiner par conséquent les lois qui régissent l'élévation de température d'un conducteur. Dans de certaines conditions de production, la section économique de conducteur, telle que l'indiquent les règles citées plus haut, n'est pas nécessairement la section toujours préférable, notamment lorsque les dynamos sont toutes reliées en parallèles à des barres terminales communes et que, dès lors, la même tension existe sur tous les conducteurs à leur sortie de la station ; car la chute de potentiel est moindre avec des conducteurs courts qu'avec des conducteurs plus longs fonctionnant avec la même densité de courant, et c'est pourquoi il faut augmenter la résistance dans le circuit des conducteurs plus courts. afin que le voltage soit uniforme aux lampes. En pareil cas, on peut employer pour les conducteurs courts une section de cuivre plus petite que celle donnée par l'équation, toujours en supposant que le courant maximum n'élèvera pas la température du conducteur au delà des limites de la sécurité.

CHAPITRE III

L'élévation de température permise dans un conducteur électrique est limitée par trois considérations : 1° l'élévation de température augmente la résistance du conducteur et conséquemment la perte d'énergie ; 2° elle amoindrit la résistance de la matière isolante qui recouvre le conducteur et elle peut, en cas d'excès, altérer gravement les qualités isolantes de l'enveloppe ; 3° enfin elle peut occasionner un incendie s'il y a des matières combustibles à proximité du conducteur. L'augmentation de résistance des conducteurs en cuivre résultant de l'élévation de température est plus de un tiers de 1 p. 0/0 par degré centigrade, et l'on exprime par la formule $R_{(t + t')} = R_t \times (1,00388)^{t'}$ le rapport exact entre les résistances d'un même conducteur aux températures de t° et $(t + t')^\circ$ C. Par exemple, si la résistance d'un conducteur est de 0,1 ohm à 15° C., elle montera (si la température s'élève de 30°, c'est-à-dire à 45°) à $0,1 \times (1.00388)^{30} = 0.1123$, ce qui constitue une augmentation de plus de 12 p. 0/0 ; ainsi donc, à la plus haute température, la perte d'énergie sera plus grande de 12 p. 0/0 pour un même courant. L'effet d'une haute température sur l'enveloppe isolante d'un conducteur varie très sensiblement selon la nature de la matière employée; mais la résistance de l'enveloppe isolante est toujours moindre à une plus haute température, et parfois la matière isolante s'amollit, inconvénient très grave, car le conducteur peut alors pénétrer dans le diélectrique et, en endommageant le câble d'une manière permanente, s'ouvrir quelquefois un passage au travers et prendre contact avec les supports auxquels il est fixé.

L'élévation de température d'un conducteur dépend de l'énergie dépensée à l'échauffer, c'est-à-dire du produit du carré de l'intensité du courant par la résistance; elle dépend aussi des facilités de refroidissement, lesquelles dépendent à leur tour de l'étendue de la surface exposée, et de la manière dont le conducteur est installé par rapport aux objets environnants. Il est évident que si la température doit rester constante, il faut qu'il y ait égalité entre la proportion de chaleur produite et la proportion de chaleur dissipée. Le conducteur peut se refroidir de trois manières : par rayonnement, par conduction, par convection. Les valeurs relatives de chacun de ces moyens d'empêcher l'élévation de la température sont subordonnées aux conditions locales dans lesquelles fonctionne le conducteur.

M. A. E. Kennelly fit, en 1889, une série d'expériences dans le but de déterminer dans des conditions pratiques les lois qui gouvernent les rapports du courant, du diamètre et de l'élévation de température entre eux; ces expériences étant sans doute les plus complètes que l'on ait encore faites, nous donnerons un court résumé des résultats obtenus. Les expériences furent faites avec des conducteurs isolés posés dans des gaines en bois, avec des fils de cuivre nus suspendus dans l'air calme, et avec des fils isolés et nus suspendus au dehors.

Les conducteurs posés dans des gaines en bois et que le courant échauffe se refroidissent par conduction à travers leur enveloppe isolante, la gaine et les murs de la chambre; et quand la température de la surface extérieure de la gaine s'est élevée, ils se refroidissent par rayonnement et par convection. Dans de semblables conditions, il n'était pas vraisemblable qu'on trouverait une loi simple pour exprimer le rapport du courant, du diamètre et de l'élévation de température entre eux, et tel fut le cas. Les résultats prouvèrent cependant que l'élévation de température varie presque dans la même proportion que le carré du courant pour un fil donné, et aussi qu'on ne se trompe guère en affirmant que, pour une élévation de température donnée, le carré du courant varie dans la même proportion que le cube du diamètre du fil. M. Kennelly a publié une table de courants maximum pour des fils uniques de différents diamètres; cette table est basée sur la règle suivante proposée par le comité de la *Institution of Electrical Engineers* : On doit proportionner la conductibilité et la section d'un conducteur au travail qu'il a à effectuer, de manière que si on lui fait supporter un courant double du courant normal, la température de ce conducteur n'excède pas 65° C. — Supposé une température moyenne de 25° C., cela revient à dire que l'élévation de température ne doit pas excéder 40° C. avec un courant double du courant normal. La règle qu'il indique pour remplir cette condition s'exprime ainsi : $d = 0,374 \times \sqrt[3]{I^2}$, d étant le diamètre du conducteur en millimètres, et I le courant en ampères. Les courbes représentant le résultat de ses expériences sont reproduites dans la figure 4; et le tableau IV 'pages 45 et 46', qui donne toute la série des différents conducteurs uniques et câblés généralement en usage.

indique en même temps le courant maximum pour chacun d'eux d'après la règle précédemment énoncée, comme aussi la valeur approximative du courant nécessaire pour faire monter la température de 28° C.

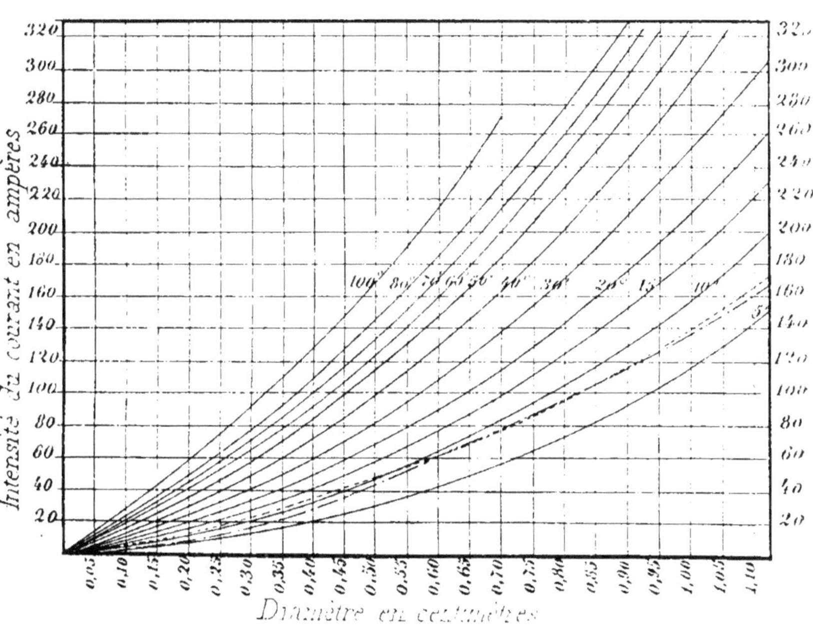

FIG. 4.

Courbes expérimentales représentant la relation entre l'élévation de température et le diamètre de fil sous moulure transportant des courants de diverses intensités.
Ordonnées : courant traversant les fils.
Abscisses : diamètre des fils.

La formule $d = 0,374 \sqrt[3]{I^2}$ peut s'écrire également $I = 4,375\sqrt{d^3}$, et l'on peut se servir de l'une et de l'autre pour calculer le rapport convenable entre le courant et le diamètre pour les fils uniques. Il ne faut pas oublier, lorsqu'on emploie des conducteurs câblés, que leur résistance est d'environ 28 p. 0/0 plus grande que celle d'un conducteur unique de même longueur et de même diamètre, à cause du raccourcissement résultant du câblage, et l'on doit en tenir compte pour modifier en conséquence la formule ci-dessus. Il est évident qu'il y aura la même quantité de chaleur engendrée, qu'un courant I passe à travers la résistance R, ou qu'un courant $\dfrac{I}{\sqrt{1,28}}$ passe à travers une résistance 1,28 R; par conséquent, on doit, pour les fils câblés, diviser la constante 4,375 par $\sqrt{1,28}$, d'où la formule $I = 3,87 \sqrt{d^3}$, et l'on doit multiplier la constante 0,374 par $\sqrt[3]{1,28}$, d'où la formule $d = 0,406 \sqrt[3]{I^2}$.

Les conducteurs nus d'intérieur suspendus dans l'air calme se refroidissent par rayonnement et par convection. La quantité de chaleur dissipée par rayonnement dépend de la nature de la surface du conducteur (un fil de cuivre convenablement noirci rayonnant environ deux fois autant de chaleur qu'un fil de cuivre brillant pour la même étendue de surface exposée), et de la différence de température. M. Kennelly a trouvé que, pour le même fil, on peut exprimer la chaleur rayonnée par unité de surface par l'équation $h = c \times \{ 1,0077)^t - 1 \}$, c étant une constante et t la différence de température en degrés centigrades. La valeur exacte de h en watts par centimètre carré de surface, calculée d'après les chiffres de M. Kennelly pour le cuivre brillant, est de 0,00543 pour une différence de température de 10° C., et de 0,0163 pour une différence de 28° C. Le rayonnement total d'un fil de cuivre brillant est donc $H_r = 0,0543 \, \pi dl = 0,17 \, dl$ pour 10° C., et $H_r = 0,163 \, \pi dl = 0,51 \, dl$ pour 28° C., d étant le diamètre du fil en millimètres et l sa longueur en mètres. Suivant un calcul approximatif

TABLEAU IV.

DIAMÈTRE du fil. Millimèt.	SECTION du fil. Millim.²	POIDS DE CUIVRE kilog. par kilomètre	RÉSISTANCE à 27°,5 C. et pour 98 0/0 de conductibilité, par kilomètre.	COURANT EN AMPÈRES qui élève la température				VOLTS perdus par 1000 mètres avec les intensités de la colonne avec astérisque*
				d'un fil sous moulure		d'un fil aérien		
				de 10° C.*	de 28° C.	de 10° C.	de 28° C.	
1,0	0,785	6,99	22,9	4	7	12	19	92
1,1	0,950	8,46	18,9	5	8	13	22	94
1,2	1,13	10,0	15,9	6	10	15	24	95
1,4	1,54	13,7	11,7	7	12	18	29	82
1,6	2,01	17,9	8,95	9	14	21	35	80
1,8	2,54	22,6	7,09	10	17	25	40	71
2,0	3,14	27,9	5,73	12	20	29	46	69
2,2	3,80	33,8	4,74	14	23	33	52	66
2,4	4,52	40,2	3,98	16	27	37	59	64
2,6	5,31	47,3	3,39	18	30	41	66	61
2,8	6,16	54,8	2,92	20	33	45	73	59
3,0	7,07	62,9	2,55	23	37	49	80	58
3,5	9,62	85,6	1,87	28	46	61	98	53
4,0	12,6	112	1,44	35	57	73	118	50
5,0	19,9	175	0,917	49	80	100	161	45
6,0	28,2	252	0,637	64	105	129	203	41
7,0	38,5	343	0,468	81	133	161	260	38
8,0	50,2	447	0,358	99	162	195	314	35

TABLEAU IV.

| NOMBRE des fils du toron. | DIAMÈTRE du fil unique. Millim. | DIAMÈTRE du toron. Millim. | SECTION équivalente du toron. Millim.² | POIDS de cuivre. kilogr. par kilomètre | RÉSISTANCE à 27° C. et pour 98 0/0 de conductibilité par kilom. | COURANT EN AMPÈRES qui élève la température | | | | VOLTS perdus par 1000 mètres avec les intensités de la colonne avec astérisque* |
| | | | | | | d'un fil sous monture | | d'un fil aérien | | |
						de 10° C.	de 28° C.	de 10° C.	de 28° C.	
7	0,5	1,5	1,39	12,4	13,0	7	12	17	28	91
7	0,6	1,8	2,00	17,8	8,98	9	15	22	36	81
7	0,7	2,1	2,72	24,2	6,61	12	19	27	44	79
7	0,8	2,4	3,56	31,7	5,06	14	23	32	52	71
7	0,9	2,7	4,50	40,1	4,00	17	28	38	61	68
7	1,0	3,0	5,56	49,5	3,24	20	33	44	70	65
7	1,1	3,3	6,73	59,9	2,68	23	38	50	80	62
7	1,2	3,6	8,00	71,2	2,25	26	43	56	90	58
7	1,4	4,2	10,9	97,0	1,65	33	54	69	112	54
7	1,6	4,8	14,2	127	1,27	40	67	83	134	51
19	1,0	5,0	15,2	135	1,18	43	71	88	143	51
19	1,2	6,0	21,9	194	0,823	57	93	114	185	47
19	1,4	7,0	29,8	265	0,603	72	117	142	230	43
19	1,6	8,0	38,9	346	0,463	88	143	172	278	41
19	1,8	9,0	49,2	438	0,368	104	171	204	330	38
19	2,0	10,0	60,8	541	0,296	122	200	238	384	36
19	2,2	11,0	73,6	655	0,244	141	231	273	440	34
19	2,4	12,0	87,5	779	0,206	161	263	310	500	33
37	1,6	11,2	76,2	679	0,236	145	237	280	452	34
37	1,8	12,6	96,4	858	0,187	173	283	332	537	32
37	2,0	14,0	119	1.060	0,150	203	331	388	626	30
37	2,2	15,4	144	1.283	0,125	234	382	446	720	29
37	2,4	16,8	171	1.526	0,105	266	436	506	818	28
37	2,6	18,2	201	1.792	0,0894	300	490	569	920	27
61	2,0	18,0	196	1.748	0,0917	296	483	560	905	27
61	2,2	19,8	238	2.415	0,0758	341	558	644	1.040	26
61	2,4	21,6	283	2.515	0,0637	389	635	732	1.184	25
61	2,6	23,4	332	2.954	0,0542	438	716	824	1.331	24

qui ne saurait induire en erreur au sujet de l'élévation de température permise dans la pratique, la chaleur rayonnée par mètre linéaire de conducteur est $0,0175\,dt$, d étant le diamètre en millimètres et t l'élévation de température en degrés centigrades. On a constaté que, dans l'air calme, la convection est presque proportionnelle à l'élévation de température et croit légèrement avec le diamètre du fil ; mais il a semblé que, dans la pratique ordinaire, on pouvait l'évaluer à 0,175 watt par mètre linéaire et par degré centigrade. La somme de rayonnement et de convection $H_r + H_c$ doit égaler la chaleur produite I^2R, lorsque la température définitive est atteinte ; et comme, en supposant la température de l'air à 27° C., on peut exprimer la résistance d'un mètre d'un conducteur quelconque par

$$R = \frac{0,023\,(1,00388)^t}{d^2},$$

$$I^2 = \frac{d^2 t}{0,023\,(1,00388)^t}\,(0,0175d - 0,175)$$

ou $I = 0,872d\,\sqrt{\dfrac{t(d + 10)}{(1,00388)^t}}$ pour les fils de cuivre brillant. Si l'on évalue le rayonnement d'une surface noircie à deux fois celui d'une surface brillante, alors

$I = 0,872d\,\sqrt{\dfrac{t(2d + 10)}{(1,00388)^t}}$ donnera le courant pour un fil de cuivre noirci.

Quand le fil est suspendu au dehors, comme cela arrive le plus souvent, l'effet de la convection est considérablement augmenté, surtout si le vent souffle. Les résultats constatés en temps calme par M. Kennelly ont prouvé que, pour obtenir le pouvoir émissif total du fil, il est nécessaire d'ajouter un terme à la valeur de la convection, lequel varie avec le diamètre du fil ; et que, dans ces conditions, la convection par mètre linéaire et par degré centigrade est égale à $(0,175 + 0,13\,d)\,t$ watts. Ainsi, le pouvoir émissif total par mètre pour des fils brillants est $H_r + H_c = 0,175 + 0,1475\,d\,t$. et en égalant cette valeur à I^2R et en supposant la température de l'air à 15° C., on obtient $I^2 = \dfrac{d^2 t}{0,022\,1,00388^t}\,(0,1475\,d + 0,175)$, ou $I = 2,59\,d\,\sqrt{\dfrac{t\,d + 1.186}{1,00388^t}}$. Si les fils sont noircis, ils supporteront un courant plus intense. mais à cause de l'importance plus grande de la convection, l'augmentation ne dépassera sans doute pas cinq pour cent, l'équation pour les fils noircis étant :

$$I = 2,74\,d\,\sqrt{\dfrac{t\,d + 1,06}{1,00388^t}}.$$

D'après l'équation pour les fils brillants, on a fait le calcul, pour les conducteurs ordinaires uniques et câblés, du rapport entre le courant et le diamètre pour des élévations de température de 10° et 28° C., en tenant compte du raccourcissement au câblage comme plus haut, ce qui réduit les constantes 2,59 et 2,74 à 2,29 et 2,42 respectivement. Ces résultats sont consignés dans le tableau IV.

Chute de potentiel. — La troisième condition à remplir en ce qui concerne le conducteur a trait à la chute de potentiel sur la ligne pendant la circulation du courant. Dans certains systèmes de distribution, la chute de potentiel n'a pas d'importance spéciale, mais lorsqu'on doit fournir un certain nombre de lampes en circuit parallèle, il importe extrêmement que le voltage aux bornes des lampes ne varie pas au delà d'un certain pourcentage, qui doit être faible et ne pas excéder 4 ou 5 volts par lampe de 100 volts, toute variation de potentiel aux lampes déterminant une variation plus

grande encore dans l'intensité lumineuse. La mesure
de la chute de potentiel est le produit de l'intensité du
courant par la résistance des conducteurs allant de la
dynamo à la lampe et revenant à la dynamo; et il ne
faut pas que ce produit IR vaille plus que 0,04 E,
lorsque E représente la différence de potentiel de distribution; mais R varie comme $\frac{l}{s}$, et I variant de son
côté comme s, lorsque la dimension du conducteur a
été déterminée par la loi économique, le produit IR
est proportionnel à la longueur du conducteur, c'est-à-
dire à la distance comprise entre la dynamo et la
lampe.

On voit donc que, la valeur économique du rap-
port $\frac{I}{s}$ une fois réglée, il existe pour chaque potentiel
de distribution une distance maxima définie entre la
dynamo et la lampe la plus éloignée, distance qu'il faut
observer pour éviter une chute de potentiel plus grande
qu'on ne peut le permettre : on voit, en outre, que cette
distance est, toutes autres choses d'ailleurs égales, proportionnelle au potentiel de fonctionnement. Ainsi, pour
un potentiel de travail de 100 volts, la variation permise
entre les voltages aux bornes des lampes avec plein courant et avec celui pour une lampe seulement est de
4 volts, et l'équation $L = 0,111s$ donne la distance
maxima, L étant la distance en mètres de la dynamo à
la lampe la plus éloignée, et s la section en millimètres
carrés à employer pour un courant maximum de
1.000 ampères.

Dans les installations isolées servant à l'éclairage
des maisons ou des navires, où l'on fonctionne ordinairement avec une densité de courant maxima d'environ
1,5 ampère par millimètre carré, on n'éprouve en

général aucune difficulté à se maintenir dans les
limites de variation permises, lorsque la distance de la
dynamo à la lampe la plus éloignée est faible ; mais
quand les lampes sont réparties sur une surface étendue,
comme cela arrive dans une station centrale de production, il est impossible de se conformer à cette règle de
variation de potentiel sur un simple système en
dérivation de 100 volts, sans avoir recours à des conducteurs qui, par leurs dimensions, cessent d'être économiques ; or, comme la question d'économie est de la
plus haute importance, il est de toute nécessité, pour
remplir les deux conditions, de prendre des mesures
spéciales, soit en augmentant le potentiel de production ou le nombre de centres de distribution, soit en
employant l'un et l'autre moyen. Une augmentation de
potentiel sera accompagnée d'une diminution proportionnelle du courant pour le même débit en watts, mais
la section économique décroitra, elle aussi, proportionnellement, de sorte que la chute de potentiel en volts
par mètre restera la même. Toutefois, comme le
nombre de volts de variation qui donne le même pourcentage de chute augmente en proportion du potentiel,
on peut augmenter dans la même proportion la distance de la dynamo aux lampes. Supposons, par
exemple, que la densité de courant économique soit de
1.25 ampère par millimètre carré, on peut alors

exprimer la chute de potentiel IR par $I \times \dfrac{0,018l}{s} =$

1,25 $\times$ 0.018l = 0,0225l. l étant la longueur du conducteur en mètres, ou bien par 0,045 L, L étant la distance de la dynamo aux lampes.

Avec cette densité de courant, $L = \dfrac{1}{0.045} = 22,2$ mè-

tres par volt; par conséquent, si l'on permet une chute
de 4 p. 0/0, les lampes peuvent être à 89 mètres de la
dynamo sur un circuit de 100 volts, à 178 mètres sur
un circuit de 200 volts, et ainsi de suite. Mais l'emploi
de hautes tensions est impossible dans un système
en dérivation avec la lampe à incandescence ordinaire,
à moins que les conducteurs et les autres appareils de
distribution ne soient disposés spécialement pour
fournir à chaque lampe un potentiel n'excédant guère
100 volts, et dans ce cas le supplément de dépense
occasionné par l'achat de ces appareils auxiliaires et
la perte d'énergie inévitable tendront toujours à réduire
les avantages résultant de l'augmentation de potentiel.

La seconde manière d'augmenter la distance qu'on
peut permettre entre la dynamo et les lampes, sans
contrevenir aux lois d'économie ou de variation de
potentiel, consiste à disposer, assez près les uns des
autres, un certain nombre de centres de distribution qui sont reliés à la dynamo par des feeders ou
alimentateurs, la tension aux extrémités de ces feeders
ou aux centres de distribution étant maintenue constante par des appareils régulateurs installés à la station. Si l'on concède une chute de potentiel de 4 volts
et que le fonctionnement s'opère avec un courant d'une
densité de 1,25 ampère par millimètre carré, il faut
disposer les centres de distribution de telle sorte qu'aucune lampe ne soit à plus de 89 mètres d'un quelconque
d'eux; mais le centre de distribution lui-même peut être,
au point de vue de la variation de potentiel, à une distance beaucoup plus grande de la dynamo, pourvu que
celle-ci soit capable de fournir son courant à une tension égale à celle qui est nécessaire au centre de distribution, plus la chute de potentiel dans le feeder.

Nous traiterons d'une manière plus complète dans le

chapitre suivant les différentes méthodes de distribution du courant sur des surfaces étendues ; mais avant de quitter le sujet de la proportion convenable à observer dans les dimensions des conducteurs, il convient de signaler quelques points relatifs à la distribution des courants alternatifs, parce que ceux-ci ne suivent pas exactement les mêmes lois que le courant continu, et exigent parfois un traitement spécial si l'on veut obtenir des résultats exacts. D'abord en ce qui concerne la section économique : bien qu'on puisse, avec l'énergie à prix égal et avec des conducteurs similaires, transporter le même courant équivalent, il peut arriver cependant que le courant maximum s'abaisse dans un circuit à courants alternatifs qui contient des appareils tels que des transformateurs ou des moteurs. Cela vient de ce que le courant alternatif ne varie pas nécessairement en proportion directe de la charge, c'est-à-dire que la production en watts ne se mesure pas d'après le produit du potentiel moyen par le courant moyen.

Par exemple, lorsque la distribution s'effectue au moyen de transformateurs à circuit magnétique ouvert qui exigent un courant excitateur intense (il ne faut pas moins de 30 p. 0/0 du courant maximum suivant les chiffres donnés par M. Swinburne pour son propre transformateur), la courbe de consommation du courant est très différente de celle qu'on obtient avec le courant continu pour la même variation de charge ; en effet, elle ne peut jamais tomber au-dessous de 30 p. 0/0 du maximum, avec le courant alternatif, même lorsque parfois aucune lampe ne fonctionne. Voilà qui affecte considérablement la valeur du courant équivalent. On se souvient que, dans beaucoup de cas, le débit en watts est considérablement au-dessous de 30 p. 0/0 du maximum pendant les trois quarts de la durée du fonctionnement des génératrices ; en effet, dans l'exemple cité page 33, le courant équivalent lui-même est seulement d'environ 26 p. 0/0 du maximum. S'il se produisait un cas où les watts fournis aux transformateurs varient comme dans l'exemple cité, on constaterait que le courant équivalent est d'environ 37 p. 0/0 du maximum, au lieu de 26 p. 0/0, et toutes autres choses égales, il faudrait employer un conducteur ayant 40 p. 0/0 de plus de section pour le courant alternatif. La différence de production de courant n'est pas à beaucoup près aussi grande avec les transformateurs à circuit magnétique fermé, parce que le courant d'excitation peut n'être que d'environ 5 p. 0/0 du maximum, mais dans ce cas encore on doit tenir compte de l'augmentation du courant équivalent.

Un conducteur transportant un courant alternatif diffère aussi d'un conducteur à courant continu au point de vue de la chute de potentiel. Ceci vient d'une augmentation de la résistance apparente du conducteur, qui varie avec la rapidité des alternances et avec le diamètre du conducteur. Sir William Thomson a, le premier, signalé le fait et fourni des bases de calcul dans diverses conditions. M. Mordey a dressé un tableau d'après ses chiffres : nous le reproduisons ci-après. Il indique l'augmentation de résistance apparente par rapport à la résistance ordinaire pour diverses dimensions de conducteurs à trois fréquences différentes, ainsi que les courants pouvant être transportés par chacun d'eux à une densité de 0.7 ampère par millimètre carré, et le débit correspondant en watts à 2.000 et à 100 volts.

On voit, d'après le tableau V, que l'effet ne devient appréciable que sur des conducteurs d'une certaine di-

mension, puisqu'une augmentation de résistance de
10 p. 0/0 ne représente guère une chute de potentiel de
plus de 1/2 p. 0/0 du potentiel de production, et que, par
conséquent, il n'y a aucune difficulté, pour les hautes tensions, à subdiviser les circuits de manière à éviter tout

TABLEAU V. — *Résistance apparente, etc., de conducteurs à courants alternatifs.*

DIAMÈTRE en millim.	SECTION en m/m²	AUGMENTATION par rapport à la résistance ordinaire	Courant à 0.7 ampère par m/m²	Watts à 2.000 volts	Watts à 100 volts	Nombre de périodes par seconde
10	78,54	moins de 1/100 0/0	55	110000	5500	
15	176,7	2 1/2 0/0	133	266000	13300	
20	314,16	8 0/0	220	440000	22000	
25	490,8	17 1/2 0/0				80
50	1256,0	68 0/0				
100	7854,0	3.8 de fois				
1000	785400,0	35 fois				
9	63,62	moins de 1/100 0/0	45	90000	4500	
13,4	141,3	2 1/2 0/0	98,5	197000	9850	100
18	254,4	8 0/0	178	356000	17800	
22,4	394,0	17 1/2 0/0				
7,75	47,2	moins de 1/100 0/0	32	64000	3200	
11.61	106,0	2 1/2 0/0	74	148000	7400	133
15,5	189,0	8 0/0	131,4	263000	13140	
19,36	294,0	17 1/2 0/0				

ennui à cet égard. Toutefois l'inconvénient est beaucoup plus grand dans une distribution à basse tension,
parce que le nombre limite de lampes de 16 bougies
sur un circuit de 100 volts varie de 200 à 400, selon la
fréquence, et parce que, malgré la possibilité de vaincre
la difficulté en se servant d'un certain nombre de circuits relativement faibles, cette manière de la résoudre

entraine une dépense plus grande pour les conducteurs
principaux de distribution. Il y a d'autres moyens : on
peut placer les câbles entièrement séparés les uns des
autres, ou tordre ensemble en un seul câble un certain
nombre de conducteurs légèrement isolés, ou encore
donner au conducteur la forme d'un tube ou d'un
ruban, pourvu que, dans tous les cas, le conducteur
soit disposé de manière que la distance d'un point
quelconque de sa section au point le plus rapproché
de la surface n'excède pas six millimètres.

CHAPITRE IV

Le choix du système de distribution qui répond le
mieux aux nécessités d'une installation quelconque est
une question qui mérite d'être examinée avec le plus
grand soin, attendu que si quelquefois on peut facilement déterminer le système le plus économique, en
général il en est autrement ; et encore pour cette double raison, que les ingénieurs ne sont pas du tout d'ac-
cord sur ce point, et qu'il y a beaucoup à dire en faveur
de chacun des systèmes actuellement en usage.

Quel que soit le système employé, ce que chacun
recherche en premier lieu, c'est la distribution du courant des bornes des machines dynamo aux différents
endroits où l'on doit s'en servir, avec la perte d'énergie
la plus réduite possible et au plus bas prix. D'autres
questions se présentent également à l'examen : la facilité de régulation, les risques d'accidents, etc. ; or
l'importance relative de chacun de ces points comme
facteurs dans le choix d'un système varie très sensiblement.

A ne considérer que le conducteur lui-même, on
voit de suite qu'on peut réduire de ce chef la dépense
et aussi la perte annuelle d'énergie, en augmentant la
tension. En effet, pour la même production, une aug-

mentation de tension admet l'emploi d'un plus faible
courant, qui peut être transmis par un plus petit conducteur, et, à densité de courant égale, causera moins
d'échauffement, en même temps qu'il déterminera un
moindre pourcentage de chute de potentiel sur une
longueur donnée. Mais ce gain est contre-balancé dans
une certaine mesure par le fait que l'isolement du conducteur devient plus coûteux et que les hautes tensions
exigent le plus souvent l'emploi d'appareils spéciaux
pour réduire la tension de production avant que le
consommateur puisse se servir du courant.

Sauf de rares exceptions, la production s'effectue dans

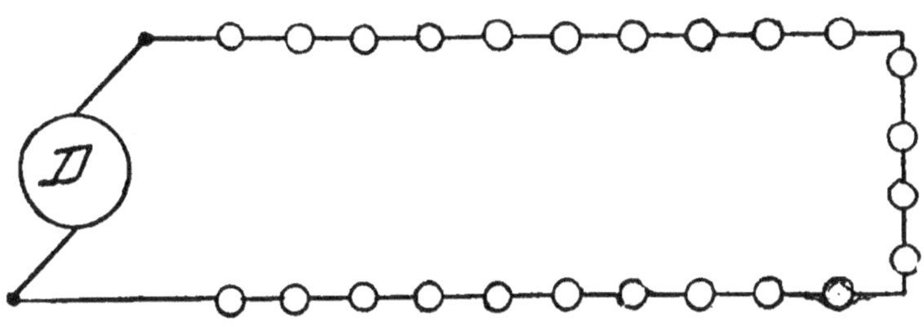

Fig. 5.

des conditions qui obligent de maintenir constantes,
soit la tension. soit l'intensité du courant. Ainsi, lorsque le courant est employé pour l'éclairage, chaque
lampe séparément exige une tension et un courant
déterminés, et l'on peut disposer les lampes de manière
à faire arriver le même courant à chacune d'elles et à
varier le voltage suivant le nombre des lampes en service. D'autre part, on peut relier les lampes entre elles
de façon à maintenir la tension constante et à varier
le courant suivant le nombre de lampes en service.
Dans le premier cas, c'est le système en série ; le conducteur va d'une borne de la dynamo à la première
lampe, de celle-ci à la seconde, et ainsi de suite jus-

qu'à ce qu'il ait atteint l'autre borne de la dynamo.

La figure 5 ci-dessus représente le système en série :
D marque la machine dynamo et les cercles indiquent
les lampes.

Dans le second cas, c'est le système en dérivation
(fig. 6 ci-dessous) : deux conducteurs sont reliés chacun
à une borne de la dynamo, et ensemble par un certain
nombre d'embranchements dans chacun desquels on
peut placer une lampe.

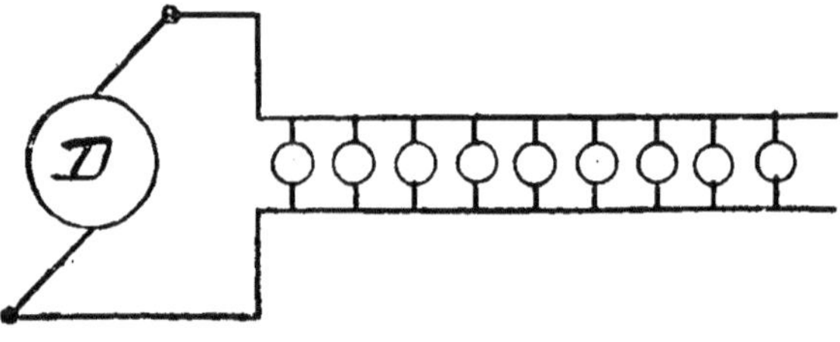

Fig. 6.

Il semblerait, à première vue, que le système en
série doit être le meilleur des deux, puisque la tension qu'on peut employer pour l'éclairage dans le système en dérivation a pour limite la différence de potentiel maxima nécessaire à une lampe à incandescence,
soit actuellement un peu plus de 100 volts, au lieu que
la tension qu'on peut employer dans le système en
série n'a d'autre limite que la difficulté d'isoler la machine dynamo et les conducteurs, et, dans le cas de
dynamos à courant continu, la difficulté de recueillir
le courant. C'est celui-ci qui, en réalité, fixe la limite ;
mais la tension, même avec des dynamos à circuit fermé,
peut atteindre 1.500 à 2.000 volts, et avec des dynamos
à circuit ouvert comme celles dont on se sert la plupart
du temps dans l'éclairage à arc, 3.000 ou 4.000 volts. Il
est évident que l'emploi d'aussi hautes tensions permet

de réaliser une grande économie dans le poids de cuivre des conducteurs. De plus, le système en série présente ce grand avantage que la chute de potentiel le long du conducteur n'affecte nullement la puissance lumineuse de la lampe, puisque celle-ci brûle à pleine intensité tant que le courant est maintenu constant.

Les avantages du système de distribution en série sont donc la possibilité de l'emploi de conducteurs plus petits et la faculté d'allonger très sensiblement la distance de la lampe la plus rapprochée à la lampe la plus éloignée sans modifier l'intensité lumineuse. Voici les désavantages : 1° la haute tension est introduite dans les locaux du consommateur, d'où une aggravation des dangers résultant d'un contact fortuit avec les conducteurs ; 2° la rupture du circuit en un endroit quelconque arrêtera complètement la circulation du courant (il faut donc prendre des arrangements spéciaux d'une nature plus ou moins compliquée pour empêcher cet arrêt au cas de rupture du filament d'une lampe ou si une lampe à arc ne fonctionne pas convenablement ; 3° enfin le nombre des lampes pouvant être alimentées par une dynamo se trouve forcément limité par le fait qu'actuellement on ne peut pas faire fonctionner à un potentiel moindre d'environ 6 volts une lampe à incandescence de la force moyenne habituelle. Les conditions les favorables à l'application du système en série sont plus celles de l'éclairage des rues ; les lampes sont placées à des intervalles réguliers et la distance est considérable de la lampe la plus éloignée à la dynamo et de chacune des lampes entre elles. Dans de pareilles conditions. l'emploi du système simple en dérivation est pratiquement impossible, parce que le poids de cuivre qui serait nécessaire dans les conducteurs pour maintenir la variation de tension dans les limites de fonctionnement raisonnables, est prohibitif.

Quant à l'économie à réaliser sur le chapitre des conducteurs, il faut noter un point qui diminue les avantages du système en série employé pour une distribution générale où la variation de charge est sensible, c'est que la perte d'énergie est la même dans le conducteur. qu'il fonctionne à pleine charge ou à 1 p. 0/0 seulement de la pleine charge, tandis que, dans le système en dérivation, la perte d'énergie décroît même plus rapidement que la charge. Par conséquent. lorsqu'on fait le calcul de la dimension économique d'un conducteur, on doit, dans le système en série. considérer le courant le plus élevé comme le courant équivalent, au lieu que, dans le système en dérivation. le courant équivalent n'est souvent, d'après les données connues, que de 20 à 25 p. 0/0 du courant maximum. Il en résulte qu'étant données une même section de conducteur et une même perte annuelle d'énergie, le système en série doit fonctionner, pour des conditions de distribution semblables, à une tension plus élevée (dans la proportion de 100 à 20 ou 25) que celle du système en dérivation. Mais, d'autre part, les machines de la station centrale fonctionneront plus économiquement à des charges légères que cela n'aurait lieu dans le système en dérivation, parce que, dans le système en série, toute réduction de charge est accompagnée d'une réduction de vitesse correspondante de la machine, tant qu'on conserve la pression effective moyenne dans le cylindre et conséquemment le même rendement par coup de piston.

Dans le système de distribution en dérivation, il importe essentiellement de maintenir la tension constante aux bornes de toutes les lampes, et c'est là une des plus

grandes difficultés qu'il y ait à surmonter dans ce
système, parce qu'on ne peut maintenir la tension
constante d'une manière absolue que s'il n'y a pas de
circulation de courant ou si les conducteurs ont une
section infiniment grande. Lorsqu'un courant circule
à travers un conducteur qui lui offre de la résistance,
une chute de potentiel se produit, laquelle, comme on
l'a déjà vu, varie proportionnellement à la densité du
courant et à la longueur du conducteur, et de même
que la densité de courant devrait être réglée par la
loi économique de Sir William Thomson, on peut dire
que la chute de potentiel dépend uniquement de la longueur du conducteur. En fait, le maximum de variation
de tension qu'on peut permettre aux bornes des lampes
est d'environ 4 ou 5 p. 0/0; mais dans un système de
distribution partant d'une station centrale, on doit
n'attribuer qu'une fraction de ces 4 ou 5 p. 0/0 aux
conducteurs de distribution, car il faut faire la part des
circuits de maisons, et que le maximum de variation
aux bornes de la maison n'excède pas 2 1/2 à 3 p. 0/0.
Étant donné que la tension de distribution est limitée
à 100 volts, ou environ, dans le système en dérivation,
à cause de la difficulté d'obtenir des lampes à incandescence satisfaisantes avec de hautes tensions, cette chute
de 2 1/2 à 3 p. 0/0 s'exprime numériquement en volts
par les mêmes chiffres; et il faut par conséquent que
la plus grande distance entre les lampes les plus
proches et les lampes les plus éloignées de la dynamo
soit faible, à moins qu'on ne se serve de conducteurs
d'une section de beaucoup au-dessus de celle dictée
par l'économie. On peut calculer les vraies distances

d'après l'équation $V = \dfrac{I}{s} \times 0.018 \times 2\,L$, si $V =$ la chute de potentiel en volts, $\dfrac{I}{s}$ = la densité de courant par m/m² et L la distance en mètres. En attribuant à V la valeur de 3 volts, on peut écrire $L = \dfrac{3}{0,036} : \dfrac{I}{s} = 83 : \dfrac{I}{s}$, ce qui prouve que, pour une densité de courant maxima

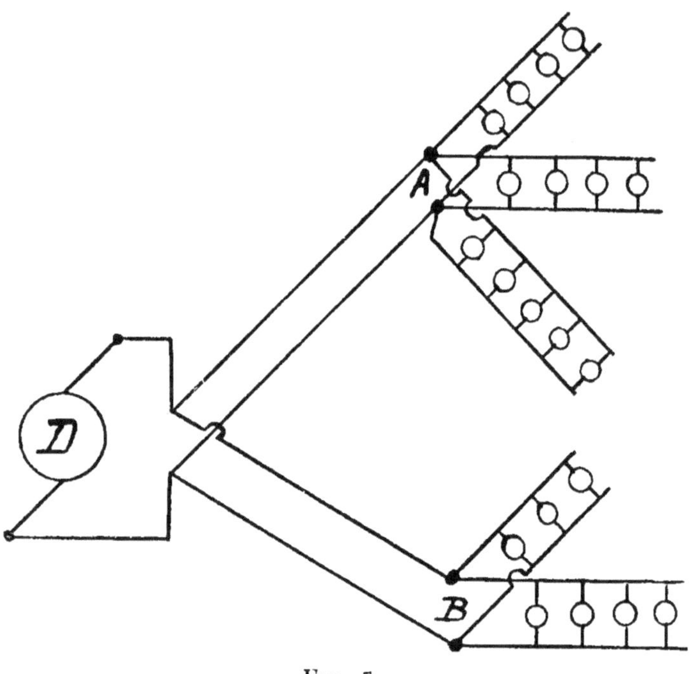

Fig 7.

de 1.5 ampère par m/m², la plus grande distance entre les lampes ne doit pas excéder 55 mètres, qu'elle peut être de 66 mètres à 1,25 ampère par m/m², de 83 mètres à 1 ampère par m/m², et ainsi de suite.

Le gros désavantage du système en dérivation est, on le voit, la dépense des conducteurs qui devient, en fait, inacceptable lorsqu'il y a un réseau étendu à desservir ; mais cet inconvénient n'est pas sans compensation. La question de l'isolation n'offre pas de grandes difficultés : aucun risque de secousses électriques dangereuses, arrangement des conducteurs d'une simplicité extrême ; aussi ce système est-il universellement appliqué dans les petites installations, on l'a même adopté dans une large mesure pour le service des stations centrales, en ajoutant les conducteurs d'alimentation dont nous avons parlé dans le précédent chapitre. Ces conducteurs d'alimentation ou feeders sont des conducteurs au moyen desquels on relie aux dynamos les points A et B (fig. 7) d'un district à éclairer, et sur lesquels il n'y a pas de branchements sauf à ces points. Dans ces conditions, on peut considérer chacun de ces points comme un centre de distribution et comme tenant lieu d'une machine dynamo qui serait fixée à l'extrémité du feeder, pourvu que les dispositions soient prises pour maintenir la tension à chaque point à une valeur constante, en la variant aux bornes de la machine dynamo.

On mesure la tension aux centres de distribution au moyen de fils témoins revenant de chacun de ces points à la station centrale, où un voltmètre ordinaire enregistre la tension à l'extrême limite du feeder. On se sert aussi d'un voltmètre à compensation ; cet instrument est pourvu d'une bobine parcourue par le courant principal ou par une portion de ce courant. et agissant en opposition avec la bobine particulière du voltmètre. La bobine du courant principal est disposée de manière à balancer toujours l'effet de l'excès de tension due au courant qui circule dans le feeder. et à faire indiquer par l'instrument la tension au centre de distribution. Dans tous les cas, on maintient l'indication du voltmètre constante en variant la tension aux bornes de la dynamo, ou en insérant ou retirant les résistances nécessaires dans le circuit d'alimentation. On voit, par ce qui précède, que l'emploi de feeders suffisants permet de surmonter entièrement les difficultés résultant des variations de tension aux lampes. Malgré cela, et bien que la chute dans les feeders n'ait aucune influence sur la tension aux lampes, la perte d'énergie qui s'ensuit et la grande dimension de conducteur nécessaire dans le système en dérivation sont des points d'une importance consi-

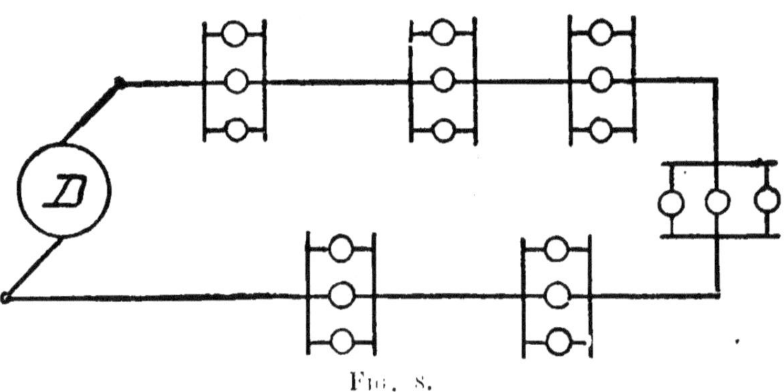

Fig. 8.

dérable, et l'on a peine à comprendre pourquoi on donne quelquefois encore la préférence au système en dérivation à deux fils sur le système à trois fils. Cette préférence s'explique d'autant moins, en effet, que le dernier système — la preuve en sera donnée ci-après — permet de desservir une distance double avec si peu de complications, qu'on peut véritablement se servir de la même base pour comparer les deux systèmes.

Dans l'espoir de réduire la dépense des conducteurs et la perte d'énergie qui s'y produit, on a essayé diverses combinaisons des systèmes en série et en dérivation, comme de mettre des groupes de lampes à incandescence dans un circuit en série, en installant parallèlement les lampes de chaque groupe ; puis, de placer deux ou plusieurs lampes en série dans chacune des branches d'un système en dérivation. La première combinaison, dont la figure 8 reproduit le diagramme, a été employée principalement dans le but d'introduire des lampes à incandescence dans un circuit d'éclairage à arc en série. La figure 9 représente la seconde combinaison, qui a été appliquée surtout pour des lampes de faible intensité lumineuse, qui ne peuvent être faites que pour des potentiels de 25 à 30 volts. Ni

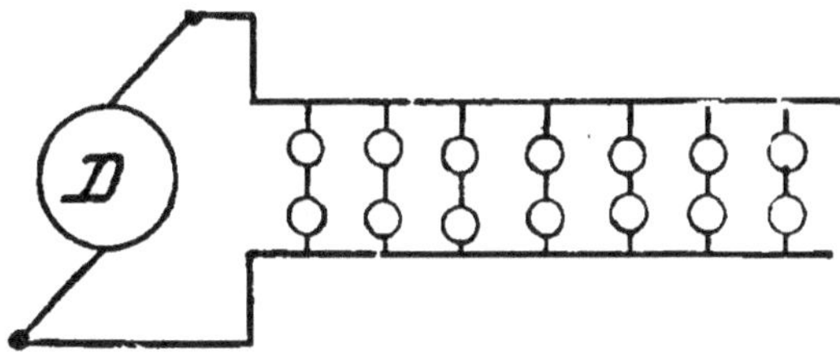

FIG. 9.

dans l'un ni dans l'autre de ces cas, les lampes ne sont individuellement indépendantes, chaque groupe est considéré comme ne formant qu'une lampe ; c'est pourquoi ces deux combinaisons n'ont eu qu'une application limitée, elles ne pouvaient décidément pas convenir aux besoins d'un service public.

Edison a introduit le premier en Amérique, et Hopkinson en Angleterre, une modification du second système qui a pourtant été accueillie très favorablement, parce qu'elle concilie l'emploi d'une tension plus élevée avec tous les avantages de manipulation facile qu'offre le système en dérivation. C'est le système à trois fils : il diffère du système représenté dans

5

la figure 9 par l'emploi d'un troisième fil auquel sont reliées toutes les bornes intérieures des lampes, et par l'emploi de deux machines dynamo séparées, reliées en série l'une à l'autre. La figure 10 montre la disposition des dynamos, des conducteurs et des lampes ; on voit que chaque dynamo possède autant dire un circuit indépendant complété par un des conducteurs externes, le conducteur de milieu, et le groupe de lampes relié avec eux. Le courant partant de la dynamo D_1 circule

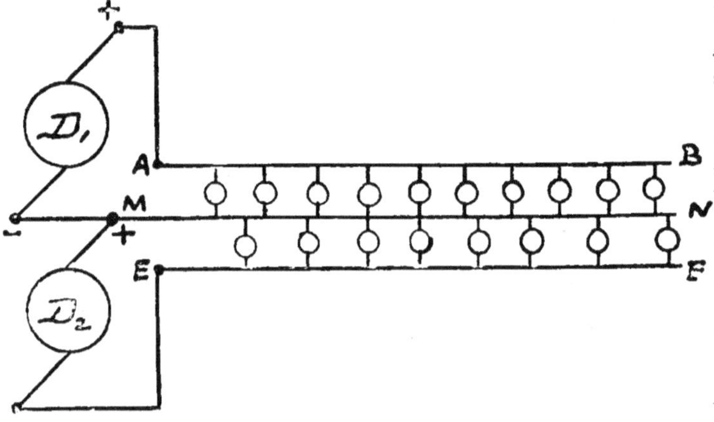

Fig. 10.

le long du conducteur extérieur dans la direction de B, traverse les lampes reliées entre AB et MN, et revient par le conducteur de milieu à la borne négative de la dynamo. Le courant sorti de D_2 se dirige par le conducteur de milieu vers N, dessert les lampes situées entre MN et EF, et effectue son retour par le conducteur extérieur de F à la borne négative de la dynamo. S'il y a égalité entre les courants nécessaires aux deux groupes de lampes, il est évident qu'aucun courant ne circule de M à N ; en effet, le courant sortant de la borne positive de D_1 passe par AB. dessert les deux rangées de lampes et revient par FE à la borne négative de D_2. Mais si les courants sont inégaux, alors un courant de I_1 ampères parti de la borne positive de D_1 se rendra, en passant par la rangée de lampes supérieure, dans le conducteur de milieu ; là il se divisera, un courant de I_2 ampères se dirigeant à travers la rangée de lampes inférieure vers la borne négative de D_2, et un courant de $I_1 — I_2$ ampères passant par le conducteur de milieu pour aboutir à la borne négative de D_1. Ainsi chaque dynamo fournit à son groupe de lampes le courant nécessaire ; de même, chaque conducteur extérieur apporte le courant dont a besoin le groupe de lampes auquel il est relié ; et le courant du conducteur de milieu varie en intensité et en direction suivant les valeurs relatives de I_1 et de I_2, c'est-à-dire qu'il est égal numériquement à la différence entre I_1 et I_2, et qu'il suit la même direction que le plus faible courant. Dans la pratique, on constate que la différence des valeurs de I_1 et de I_2 dans un circuit alimentant un grand nombre de lampes n'est jamais de plus de moitié du courant maximum. et qu'elle est généralement moindre, de sorte qu'il n'est pas utile de donner au conducteur de milieu une section qui excède la moitié de celle de l'un ou l'autre des conducteurs extérieurs.

D'après ce système, la tension étant doublée, il n'est besoin, pour alimenter le même nombre de lampes, que de la moitié du courant nécessaire dans le système à deux fils ; par conséquent. pour une même densité de courant, la section de chaque conducteur extérieur est la moitié, et celle du conducteur de milieu le quart de la section de l'un ou l'autre conducteur dans le système à deux fils, ce qui donne pour de

longueurs égales un rapport de poids de cuivre totaux
de 5 à 8. Supposons, par exemple, que 500 ampères
qui exigent 400 millimètres carrés de cuivre représentent le courant dans le système à deux fils, la
section combinée des conducteurs sera de 800 millimètres carrés ; au lieu de cela, dans le système à trois
fils, le courant sera de 250 ampères, la section de
chaque conducteur extérieur de 200 millimètres carrés,
et celle du conducteur de milieu de 100 millimètres
carrés, soit en tout 500 millimètres carrés de section
combinée. Il y aura, dans les deux systèmes, chute égale
de potentiel par mètre de conducteur ; mais comme la
tension de fonctionnement est, dans le système trois-
fils, deux fois celle du deux-fils, on double la longueur
du conducteur qui donnera le même pourcentage de
chute, et l'on peut, étant donnée une chute de 3 p. 0/0,
élever la distance maxima entre les lampes à 110 mètres pour une densité de courant de 1.5 ampère par
m/m², à 132 mètres pour 1.25 ampère par m/m², à 166
mètres pour 1 ampère par m/m², et ainsi de suite. Ces
distances sont encore beaucoup trop courtes pour les
besoins de la plupart des districts, de sorte que l'emploi de feeders est aussi nécessaire dans le système
trois-fils que dans le deux-fils, mais on peut alors
doubler la distance des centres de distribution entre
eux et, par suite, diminuer considérablement le nombre
des feeders.

On a recours parfois à une modification de ce système, qui dispense du troisième fil dans les conducteurs d'alimentation et permet l'emploi d'une dynamo
fournissant le courant à 200 volts, au lieu de deux dynamos fournissant le courant chacune à 100 volts.
La figure 11 donne la disposition des appareils :
D est la dynamo fournissant le courant à 200 volts,

lequel est amené par deux conducteurs d'alimentation
au centre de distribution A où se trouve une batterie
d'accumulateurs ; les trois fils distributeurs sont reliés
aux deux bornes extérieures et à la borne de milieu
de cette batterie. Les accumulateurs jouent ici le
même rôle que leurs homonymes dans un système
hydraulique ; la demi-batterie reliée au circuit qui a
besoin du plus fort courant se décharge dans ce circuit

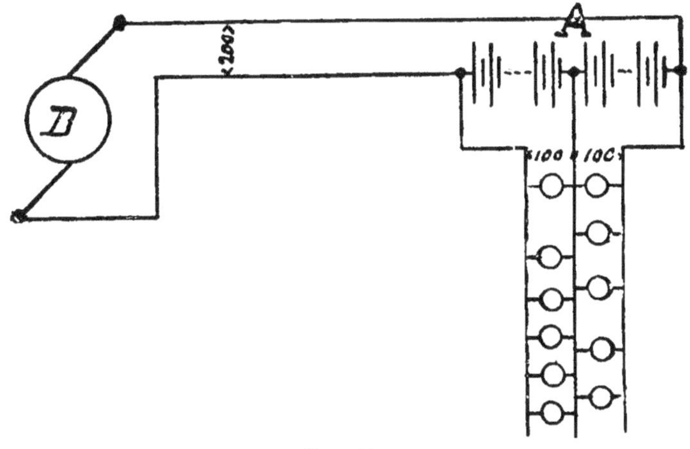

Fig. 11.

et vient en aide de cette manière à la machine dynamo ; quant à la demi-batterie reliée au circuit où la
demande est moins importante, elle se trouve chargée
par le surplus du courant. Supposons que les deux
circuits exigent chacun des courants de I_1 et I_2 ampères, la dynamo fournira un courant d'environ $\dfrac{I_1 + I_2}{2}$,

et une demi-batterie environ $\dfrac{I_1 - I_2}{2}$, ce qui représente

dans le circuit un total de $\dfrac{2\,I_1 + I_2 - I_2}{2} = I_1$ ampères ;

de son côté, l'autre demi-batterie sera chargée sur le pied de $\dfrac{I_1 - I_2}{2}$ ampères, de sorte que le courant du plus petit circuit se trouvera réduit à $\dfrac{I_1 + I_2 - (I_1 - I_2)}{2} =$ I_2 ampères.

Au point de vue de la dépense, ce système ne réalise pas d'économie, attendu que les frais des batteries placées aux centres de distribution font plus que contrebalancer l'économie résultant de l'absence de fil de milieu et de l'emploi d'une seule dynamo au lieu de deux à demi-puissance. Mais les batteries sont capables de fournir, aux heures de faible demande, tout le courant nécessaire sans l'intervention des machines dynamo, d'où économie possible dans la dépense de la salle des machines par l'arrêt quotidien des appareils pendant quelques heures. Cette économie a sa contrepartie dans les frais causés par l'entretien des accumulateurs et de leur appareil de régulation, et aussi par la perte d'énergie dans les accumulateurs, laquelle dépend naturellement des qualités du type d'accumulateurs employé. M. Crompton, qui a appliqué le premier ce système dans les stations centrales et l'a mis en pratique dans plusieurs installations, en vante hautement la valeur; mais il y a beaucoup d'ingénieurs qui persistent à préférer l'usage du système direct trois-fils sans batteries, à cause de la durée incertaine des plaques et à cause des frais d'entretien.

Le système à fils multiples, dont le système à trois fils est le cas le plus simple, est susceptible de développements qui permettent l'emploi de tensions encore plus élevées; ainsi, avec quatre fils, on peut obtenir aux bornes des lampes une tension trois fois plus élevée que la tension normale; avec cinq fils, une ten-

sion quatre fois plus élevée, et ainsi de suite. Ce développement du système offre dans la pratique les désavantages suivants : il donne lieu à de plus grandes
complications dans l'arrangement des conducteurs
principaux et de l'appareil de régulation, et l'introduction de tensions plus élevées dans les locaux du consommateur peut avoir des inconvénients. Il existe
cependant une ou deux entreprises où l'on emploie cinq
fils distributeurs avec des feeders à deux fils et des

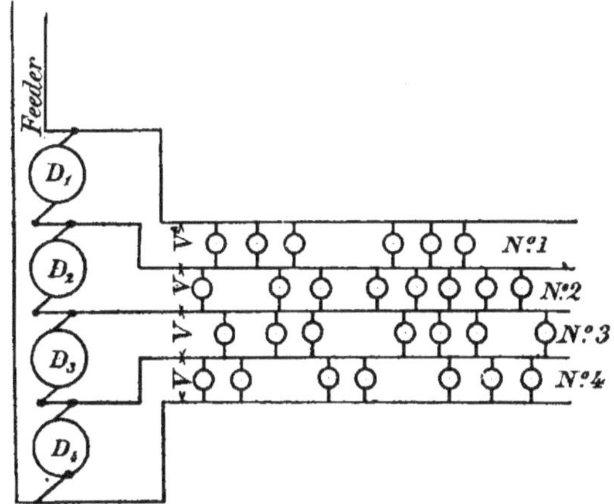

Fig. 12.

égalisateurs de tension aux centres de distribution.
Quelquefois les égalisateurs de tension sont des
accumulateurs comprenant quatre batteries de 100
volts reliées en série aux extrémités du feeder, avec
cinq fils distributeurs reliés individuellement à chacune des deux bornes extérieures et des trois bornes
intermédiaires ; dans d'autres cas, on égalise la tension au moyen de machines électro-dynamiques.

On a adopté parfois cette dernière méthode dans un
système récemment appliqué à Paris. L'appareil con-

siste en une quadruple machine dynamo, avec quatre induits de résistance très faible montés sur un arbre commun et reliés ensemble en série entre les feeders ; les deux bornes extérieures et les trois bornes intermédiaires de ces induits sont reliées séparément à chacun des cinq fils distributeurs, comme on le voit dans la figure 12 (qui, pour la commodité du lecteur, présente les quatre armatures côte à côte, au lieu de les donner alignées sur champ). Chaque induit se meut dans un champ magnétique de même intensité et de même direction ; chacun porte le même nombre de tours de fil, et tous sont obligés de tourner avec la même vitesse parce qu'ils sont montés sur un arbre unique ; par conséquent, il y aura partage égal entre les quatre induits de la différence de potentiel entre les feeders, tant qu'il y aura égalité de résistance dans les quatre circuits des lampes, qui sont reliés chacun en dérivation à un des induits. Dans ces conditions, il ne circule qu'un faible courant à travers les induits, juste assez pour maintenir leur marche à une vitesse normale, malgré la charge due au frottement des coussinets et les pertes causées par l'hystérésis et les courants de Foucault dans les induits mêmes. Supposons maintenant que le nombre des lampes, et par suite le courant, augmente dans le circuit n° 1, et diminue dans le circuit n° 2 ; il faut alors, comme la somme des courants dans chaque circuit et dans son induit correspondant doit être la même pour tous, qu'il y ait diminution du courant de l'induit n° 1 et augmentation de celui de l'induit n° 2. Les tensions V_1 et V_2 tendront à se modifier de la même manière et auront cet effet d'accélérer la marche de l'induit n° 2 et de ralentir la marche de l'induit n° 1. Les deux induits étant

sur le même arbre et devant par conséquent fonctionner avec la même vitesse, le n° 2 remplira l'office
d'électro-moteur et fera marcher le n° 1, qui deviendra
générateur et produira le courant. Étant donné que les
courants nécessaires dans les circuits de lampes sont
respectivement I_1, I_2, I_3, I_4, le courant I fourni par la
station où sont situées les machines génératrices égalera
$\frac{I_1 + I_2 + I_3 + I_4}{4}$, plus une petite quantité pour couvrir
les pertes du régulateur. Mais si l'on suppose I_1 et I_4
plus intenses que I, et I_2 et I_3 moindres, dans ce
cas, les induits n°s 2 et 3 feront fonction de moteurs
et recevront des courants égaux respectivement à
$I - I_2$ et $I - I_3$, et les induits n°s 1 et 4 faisant office
de générateurs fourniront à leurs circuits des courants
égaux respectivement à $I_1 - I$ et $I_4 - I$. Les tensions
V_2 et V_3 excéderont V_1 ou V_4 d'une quantité qui
dépendra des courants dans les induits correspondants
et des résistances de leurs conducteurs, mais on peut
rendre très faible cette variation de tension en diminuant aussi la résistance des induits.

Bien qu'il y ait quelques exemples de production directe à des tensions d'environ 400 volts, ce système n'a
pas rencontré grand crédit en Angleterre, parce que,
par le contact avec un conducteur à l'intérieur d'un
bâtiment, même si l'isolement de ce circuit est parfait, on peut recevoir une secousse due à la pleine
tension. En effet, les circuits dans toutes les maisons sont reliés ensemble ; par conséquent, en cas
de perte sur le conducteur principal extérieur d'une
maison, une personne en contact avec les fils d'une
maison reliée à l'autre conducteur principal extérieur
peut compléter à travers son corps un circuit de
400 volts. En supposant même qu'il n'y ait de défauts

dans aucune maison, la perte générale qui se produit dans un circuit d'un grand nombre de lampes suffit pour déterminer une commotion désagréable; enfin le même résultat peut se produire si deux personnes dans des maisons différentes touchent simultanément les deux fils. Bien qu'on n'ait pas à redouter de conséquences graves d'une commotion à cette tension dans des circonstances ordinaires, cependant les objections sur ce point, jointes à celles tirées de la plus grande complication du système, ont empêché son emploi en Angleterre; lorsque le potentiel sur les conducteurs d'alimentation dépasse 200 volts ou environ, on se sert d'appareils transformateurs pour le ramener à une valeur convenable pour les fils d'intérieur.

Cet appareil de transformation comprend deux circuits isolés l'un de l'autre : l'un est relié aux conducteurs primaires ou d'alimentation, et l'autre aux conducteurs secondaires ou de maisons. C'est l'isolement des conducteurs d'alimentation d'avec les conducteurs de maisons qui constitue le grand avantage du système à transformateurs; il divise les circuits de distribution en sections dont chacune contient un nombre relativement faible de lampes et qu'on peut disposer de manière à réduire extrêmement la perte générale, et en outre on n'a jamais besoin, entre deux points quelconques des circuits secondaires, d'une tension maxima de plus de 100 volts, et cette tension peut être moindre, si on le désire.

Le nom de transformateur sans autre qualificatif s'applique en général à une modification de la bobine d'induction dont on se sert pour les courants alternatifs, mais on peut se servir de moteurs-générateurs ou accumulateurs comme transformateurs, quand on emploie un courant continu. Le transformateur de courants alternatifs consiste en deux bobines de fil isolé embrassant un circuit magnétique ; l'une de ces bobines en communication avec les conducteurs primaires est traversée par le courant alternatif généré par la dynamo ; ce courant alternatif produit des renversements d'aimantation dans le circuit magnétique qui induisent à leur tour un courant alternatif dans l'autre bobine, reliée au circuit des lampes ou circuit secondaire. Le moteur-générateur est la combinaison de deux machines dynamo dont l'une reçoit le courant des conducteurs primaires et, agissant alors comme moteur, fournit la puissance nécessaire pour faire marcher l'autre dynamo et la faire générer un courant électrique. On peut se servir, à cet effet, de deux machines séparées couplées ensemble par un moyen mécanique ; mais, dans la pratique, on emploie généralement une machine dont l'induit est pourvu de deux enroulements séparés. En cas d'emploi des accumulateurs comme transformateurs, on dispose deux batteries indépendantes de manière que l'une est en charge dans le circuit primaire, tandis que l'autre est reliée au circuit secondaire et se décharge à travers les lampes. Cette séparation des circuits primaire et secondaire est ce qui constitue la différence entre le transformateur et le régulateur.

On peut coupler en série ou en dérivation les uns avec les autres les circuits primaires de ces transformateurs, on peut également relier de l'une ou l'autre manière les lampes du circuit secondaire ; mais l'une de ces quatre combinaisons présente de telles difficultés de régulation, qu'au point de vue de la pratique il n'y en a que trois à examiner. Ce sont :

1° Les transformateurs en série, lampes en série ;

2° Les transformateurs en série, lampes en dérivation :

3° Les transformateurs en dérivation, lampes en dérivation.

I. — M. Bernstein a proposé ce système comme moyen de surmonter quelques-unes des difficultés qu'on rencontre dans le système direct en série : entre autres difficultés, l'obligation de restreindre beaucoup trop le nombre des lampes de chaque circuit et d'adopter des unités génératrices beaucoup trop faibles, et aussi l'obligation d'introduire de hautes tensions dans les circuits de maisons. M. Bernstein propose d'employer le courant continu et d'installer un moteur-générateur dans chaque maison à éclairer, les circuits primaires étant reliés en série et transmettant un courant de 50 ampères ou plus, tandis que les circuits secondaires fourniront chacun un courant de 10 ampères aux groupes de lampes disposés en série comme dans la figure 13. De cette manière, on peut, pour le même maximum de tension, augmenter de cinq fois ou davantage la dimension de l'unité de machine génératrice et le nombre des lampes de chaque circuit, ce qui supprime l'inconvénient de la multiplication des machines et des circuits ; mais il reste encore cet autre inconvénient qu'à moins de limiter, dans chaque cas, à environ 50 lampes de 16 bougies la production du moteur-générateur, la tension devient trop élevée dans le circuit secondaire ou de maison.

En ce qui touche l'économie possible de ce système, nous ne pouvons que répéter ce qui a déjà été dit pour le système direct en série : on peut réaliser une économie plus grande sur la génération du courant, mais, avec les facteurs de charge généralement constatés, le système de distribution n'est pas économique. L'examen des conditions de fonctionnement prouve aussitôt l'évidence de cette assertion. En effet, aux frais d'in térêts et de dépréciation du chef des conducteurs et à la dépense d'énergie perdue, vient se joindre, comme dans tous les systèmes à transformateurs, la même charge annuelle pour les moteurs-générateurs. Car il

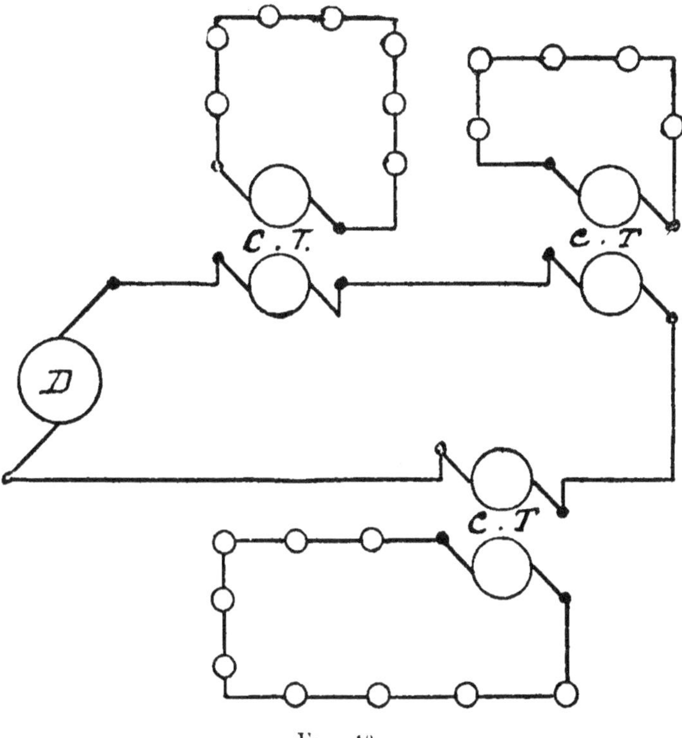

Fig. 13.

faut que chacun de ces moteurs-générateurs soit capable de fournir le courant à toutes les lampes en communication avec lui, tandis que la charge maxima sur le circuit n'excède peut-être jamais 60 p. 0/0 de celle qui est nécessaire pour toutes les lampes, et la charge moyenne ne dépasse pas 20 p. 0/0 du maximum, ou 12 p. 0/0 de la production totale de tous les transformateurs. Si l'on attribue un rendement électrique de 90 p. 0/0 à chaque moteur-générateur en pleine charge, ce qui est probablement beaucoup trop pour des machines aussi faibles, et si l'on concède une perte d'environ 3 p. 0/0 dans les conducteurs principaux, on arrive à un total de perte dans le circuit d'environ 12 p. 0/0 de la production maxima des transformateurs, sans tenir compte des pertes dues au frottement ou à l'échauffement des noyaux d'induit. Or, cette perte continue d'être la même, quel que soit le nombre de lampes en service; par conséquent, on constate qu'avec une charge moyenne de 12 p. 0/0 de la capacité du transformateur, il faut générer au moins deux unités à la station par chaque unité employée dans les lampes.

On peut appliquer le même système avec courants alternatifs pour le fonctionnement des lampes à arc ou à incandescence : c'est ce qu'a fait la Compagnie Westinghouse en Amérique pour l'éclairage des rues et pour l'éclairage privé avec les lampes à arc. On dispose le circuit comme l'indique la figure 14, dans laquelle D représente la machine, et AT, AT, les transformateurs qui desservent une, deux ou trois lampes à arc en série. On peut obtenir par ce système une production plus grande d'une machine dynamo sans employer des tensions trop élevées, puisque le courant du circuit primaire peut être plus intense, au degré voulu quel qu'il soit, que celui qui est nécessaire pour les lampes. On isole les lampes elles-mêmes du circuit à haute tension, afin de pouvoir les introduire sans danger dans les maisons. On pourrait également faire fonctionner sur le même circuit des lampes à arc de puissances lumineuses différentes exigeant des courants différents, et des lampes à incandescence, en se servant

de transformateurs à enroulements inducteur et induit
de rapports différents entre eux.

II. — Lorsque les transformateurs sont en série, et
les lampes du circuit induit en dérivation, l'appareil
de transformation consiste généralement en accumulateurs divisés en deux batteries indépendantes, l'une
dans le circuit primaire ou de charge, l'autre dans le
circuit secondaire ou de décharge; ces deux batteries
sont installées de façon à pouvoir, soit à la main, soit
automatiquement, passer du circuit primaire dans le

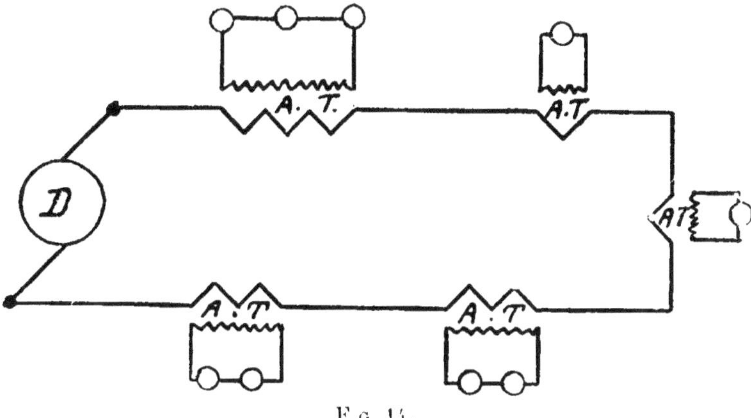

Fⅰɢ. 14.

secondaire et *vice versa*, selon leur état de charge.
Dans l'application qu'a faite de ce système la *Chelsea
Electricity Supply C°*, tous les changements de connexions et la régulation des accumulateurs s'accom-
plissent automatiquement aux stations de distribution
où sont groupées les batteries.

La figure 15 montre la disposition générale du circuit
primaire et des circuits secondaires; D est l'appareil
générateur, et les doubles batteries d'accumulateurs
aux stations de distribution sont marquées AB. On voit

que les trois batteries A A A sont reliées en série dans le circuit primaire de charge, et que les batteries B B B se déchargent dans les circuits secondaires, où les lampes sont reliées en dérivation. Chaque station est pourvue d'un appareil automatique, qui effectue la transposition des deux batteries en reliant B au circuit primaire et A au circuit secondaire, ou qui peut

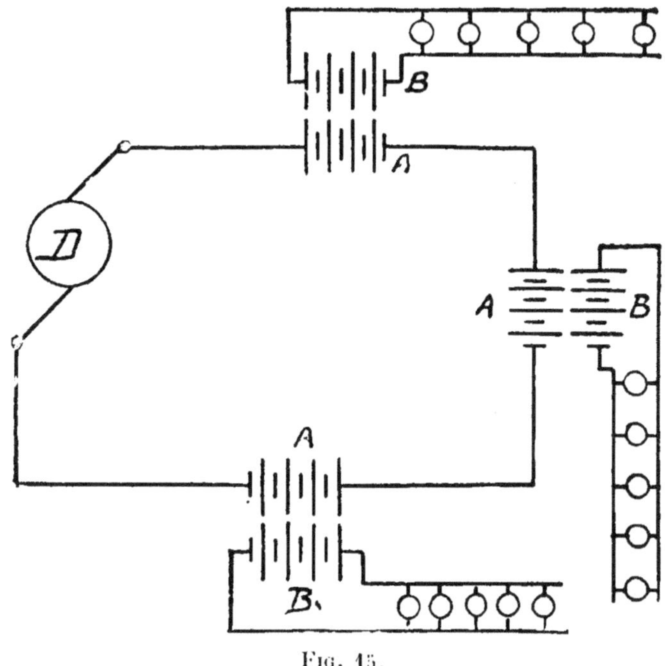

Fig. 15.

relier les deux batteries A et B en dérivation dans le circuit secondaire, en interrompant en même temps leur connexion avec les conducteurs principaux primaires; on est libre ainsi de relier ceux-ci aux moteurs-générateurs dont on peut se servir pour augmenter la production aux heures de pleine charge. A chaque station, la distribution secondaire s'opère exactement de la même manière que si chaque station possédait son propre appareil générateur; on peut l'organiser d'après le système en dérivation simple ou d'après le système trois-fils, avec ou sans feeders, suivant les conditions de production.

Voici les avantages de ce système. La distribution aux lampes est faite à basse tension par les sous-stations auxquelles on peut fournir le courant à haute tension. L'emploi d'accumulateurs est une garantie contre le manque de courant par suite d'un accident à l'appareil générateur; il permet en outre l'arrêt total de toutes les machines pendant les heures de charge légère. On peut, grâce à l'installation de l'appareil de transformation, fournir un maximum de charge plus élevé avec le même appareil générateur, puisque ce dernier, en dehors des réserves, n'a à charger qu'une série de batteries à chaque station, considérant, d'ailleurs, qu'on peut coupler ensemble les deux séries et suppléer à leur décharge au moyen du courant produit par les moteurs-générateurs au moment de la plus grande demande. Enfin on peut toujours, lorsque l'appareil générateur est en fonction, le faire travailler à la charge la plus efficace. D'un autre côté, il faut mettre en regard de l'accroissement de production de l'appareil générateur l'achat des accumulateurs qui est une très grosse dépense, et les frais annuels d'entretien et d'énergie perdue, de sorte que, selon toutes probabilités, les avantages et les désavantages se balanceront à peu près, la différence, s'il en existe, dans l'économie de ce système et des autres, dépendant de la durée des batteries, durée qu'on ne peut apprécier définitivement qu'après un très long emploi.

III. — On se sert universellement du transformateur à courants alternatifs, lorsque les transformateurs sont disposés en dérivation dans le circuit primaire. La distribution se fait soit au moyen d'un réseau de conducteurs à haute tension avec transformateur dans chaque maison où l'on a besoin de courant, ou bien par des feeders à haute tension alimentant des transformateurs aux sous-stations d'où est distribué le courant aux lampes par un système de conducteurs à basse tension. Jusque tout récemment, la première méthode a été la seule pratiquée, parce qu'elle convient spécialement au service des districts où la lumière est distribuée de loin en loin sur une grande superficie; mais il est probable que la seconde méthode la supplantera de plus en plus, à mesure de l'augmentation de la demande de courant électrique. Avec un réseau à haute tension, les difficultés pour maintenir l'isolation s'accroissent par le fait du nombre forcément considérable des joints et connexions dans les conducteurs principaux de distribution; de même, la perte d'énergie dans les transformateurs est plus grande lorsqu'il y en a un dans chaque maison, que si l'on effectuait une distribution à basse tension des sous-stations. Mais, en regard de ces inconvénients, il faut considérer le fait que la section des conducteurs de distribution sera beaucoup plus faible et qu'on pourra maintenir plus aisément la chute de potentiel dans des limites raisonnables.

La figure 16, où D représente la dynamo à courants alternatifs et AT les transformateurs, montre la disposition du circuit avec un transformateur dans chaque maison. Lorsqu'on fait le calcul de la variation de tension aux bornes de maisons, on doit tenir compte de la perte survenue dans le transformateur; par exemple, si la chute de potentiel maxima entre la dynamo et les bornes de maisons est de 3 p. 0/0, on compte, en règle générale, 2 p. 0/0 pour le transformateur ; il ne reste donc que 1 p. 0/0 pour les conducteurs, soit 10 volts dans un circuit de 1.000 volts, et 20 volts dans un circuit de 2.000 volts. La densité du courant économique étant évaluée à 1 ampère par m/m², il se produira une chute de potentiel de 1 volt par chaque 55 mètres de conducteur ; de telle sorte que la distance maxima qu'on puisse admettre entre la dynamo et les lampes est limitée à 275 mètres pour un circuit de

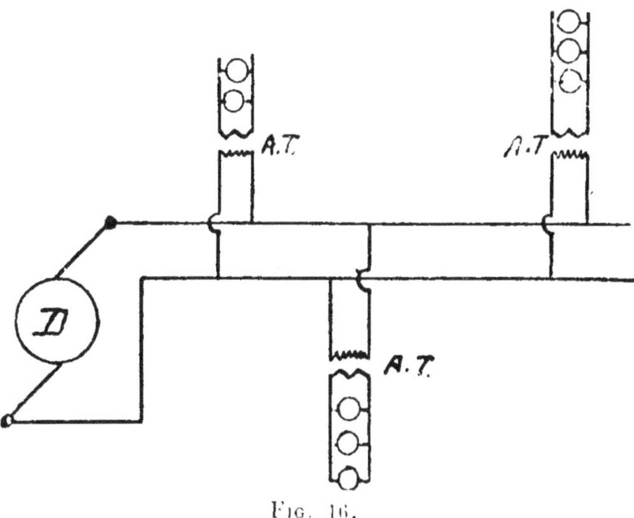

Fig. 16.

1.000 volts et à 550 mètres pour un circuit de 2.000 volts, à moins qu'on n'emploie des feeders et qu'on ne maintienne le potentiel constant à leurs extrêmes bouts.

Dans les stations avec transformateurs, qui distribuent le courant à basse tension d'après le système en dérivation simple ou d'après le système à trois fils, la tension est maintenue constante aux bornes secondaires du transformateur, et les conducteurs à haute tension, ajoutés aux transformateurs, remplacent simplement

le feeder du système à courant continu (voir fig. 17).
Dans ce système, la chute de potentiel dans les circuits
distributeurs secondaires règle la distance entre les
stations de transformateurs exactement de la même
manière que dans un système de feeders à basse tension; et dans les deux cas, les conducteurs de
distribution sont les mêmes; si bien qu'en compa-

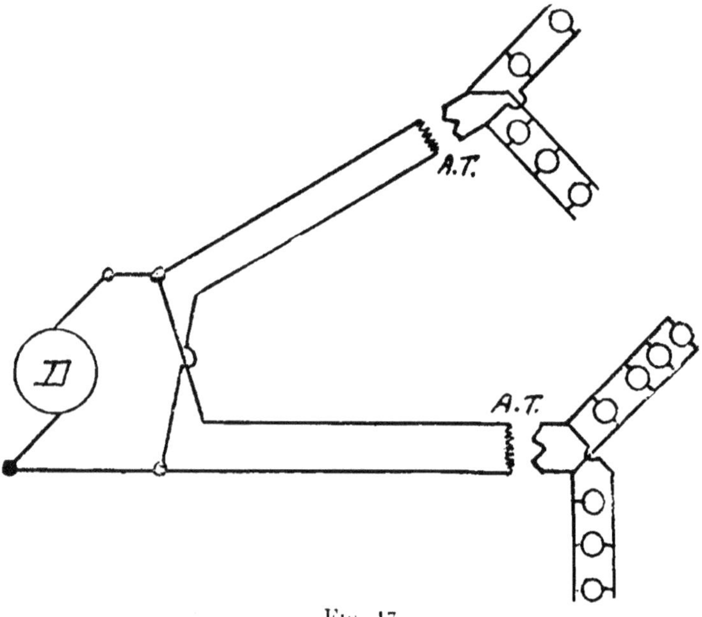

Fig. 17.

rant l'économie relative de ce système avec un système
quelconque à basse tension, il ne reste plus qu'à décider si le coût d'entretien et d'énergie perdue pour des
feeders plus faibles, joint à la dépense des transformateurs, est supérieur ou inférieur aux dépenses similaires pour les conducteurs plus forts qu'exige le système à basse tension.

Quand il y a de très grandes distances entre la station
génératrice et les lampes, on peut avoir recours à une
double transformation, c'est-à-dire à la transmission
du courant, à une tension exceptionnellement élevée,
de la dynamo aux sous-stations du district à éclairer,
et à la distribution subséquente du courant par ces
sous-stations, soit au moyen d'un réseau à haute tension
avec transformateur dans chaque maison, ou bien au
moyen de feeders à haute tension et de conducteurs
de distribution à basse tension.

L'économie de chacun de ces systèmes de transformateurs dépend presque entièrement du rendement de
l'appareil de transformation à des charges variables;
ce rendement, quoique très grand à pleine charge, peut
être très faible avec les charges légères qui règnent
pendant la plus grande partie des vingt-quatre heures.
Le rendement des transformateurs à courants alternatifs à des charges variables a fait dernièrement
l'objet de nombreuses discussions qui aboutiront, il
faut l'espérer, à des perfectionnements de cet appareil;
l'économie comparative des systèmes direct et à transformation, qui dépend de ce rendement, a également
attiré l'attention. Bien qu'il ne soit pas possible
de définir exactement les conditions dans lesquelles
l'un des deux systèmes est préférable à l'autre, nous
donnerons dans le chapitre suivant quelques calculs
pouvant fournir une idée générale de leur économie
comparative.

CHAPITRE V

Parmi les divers systèmes de distribution dont on a parlé dans le chapitre précédent, les plus usités sont les systèmes directs à deux et trois fils à basse tension, et le système deux-fils avec transformateurs à courants alternatifs de haute tension. Le choix de chacun de ces systèmes est subordonné aux conditions locales du district : la distance qui existe entre la lampe la plus éloignée et la station génératrice, le nombre probable de lampes par mètre de conducteur principal, et les facteurs de charge annuel et quotidien. Il est donc impossible de dire que l'un ou l'autre système convient le mieux dans toutes les circonstances, puisqu'il faut examiner pour chaque district les mérites respectifs des différents systèmes.

Il est avantageux, dans beaucoup de cas, de placer la station en dehors de la région à éclairer, de façon à payer un loyer moins cher, à avoir le charbon ou l'eau à meilleur marché, à éviter tous risques d'ennuis à cause du bruit, de la vibration ou de la fumée. Un autre point appelle l'examen, c'est l'économie relative que constitue une station importante desservant une surface étendue, avec un certain nombre de petites stations desservant chacune une partie de la région. Beaucoup d'ingénieurs sont d'avis que l'économie et la commodité conduiront à l'établissement de stations importantes de production dans les faubourgs des villes, parce que le terrain y est moins cher, et qu'on peut plus facilement prendre livraison du combustible et se débarrasser des rebuts, parce que si on a l'eau en abondance, on peut employer des machines à condenseurs et réaliser une plus grande économie, enfin parce que les frais de surveillance des machines et d'administration générale sont moins élevés qu'avec plusieurs stations placées à différents points de la région à éclairer.

Jusque maintenant, les compagnies d'électricité n'ont pas fonctionné sur un pied suffisamment grand pour faire ressortir la plupart des inconvénients de l'établissement de stations importantes au centre d'un secteur où la population est dense ; mais il est probable, si l'éclairage électrique fait des progrès satisfaisants, que les usines d'électricité suivront les usines à gaz et que plus tard on les trouvera en dehors ou sur la lisière du secteur à desservir. Cet éloignement de la station du centre entraine naturellement, ou une grande augmentation de la dépense de conducteurs principaux, ou l'emploi de hautes tensions, et cette dernière alternative nécessite l'application d'un système à transformateurs, qui amoindrit le rendement de la distribution et présente le désavantage qu'actuellement, l'appareil générateur est plus coûteux et moins efficace que l'appareil exigé pour les systèmes de courants continus à basse tension.

Toutefois il y a, pour les deux systèmes, une différence dans la nature de la perte qui contre-balance singulièrement le rendement plus grand et le meilleur marché de l'appareil à basse tension, c'est que, dans le dernier cas, le pourcentage de perte le plus élevé a lieu au moment de la pleine charge, tandis que, dans le système à transformateurs, le rendement augmente à mesure que la charge s'accroît. Par conséquent, étant donnée une moyenne égale de perte, le rapport de la production maxima à la station avec le maximum de production utile est considérablement plus élevé dans le système direct, lorsque les conducteurs principaux sont longs ; pareillement, la capacité de l'installation doit être plus grande que celle qui est nécessaire pour le même nombre de lampes dans un système à transformateurs. Dans ces conditions, il est probable que le prix de l'unité d'électricité livrée aux bornes de la dynamo est en fait le même dans les deux systèmes ; en faisant donc la comparaison de l'économie de la distribution directe et avec transformateurs dans différentes conditions, nous évaluons à vingt centimes, suivant cette hypothèse, le prix de l'unité de 1.000 watt-heures.

Dans le système direct, la perte d'énergie qui vient grever le coût de la distribution est due entièrement aux pertes qui se produisent dans les conducteurs ; mais dans un système à transformateurs, les pertes dans les transformateurs eux-mêmes représentent un très fort pourcentage de la perte totale. Pour calculer les pertes dans les conducteurs, il faut connaître les variations qui existent dans la demande de courant à différentes époques, et le rapport de la demande moyenne avec la demande maxima pendant l'année. Prenons 17 p. 0/0 comme chiffre représentant assez bien le facteur de charge annuel dans un secteur urbain ordinaire; supposons, en outre, que les courbes de consommation offrent le même exemple que celui dont nous avons donné les détails, page 32. Nous avions trouvé que le courant qui, maintenu constant toute l'année, donnerait la même perte totale d'énergie dans les conducteurs que les courants divers réellement transmis, représentait environ 26 p. 0/0 du courant maximum, ce qui donnait une perte égale à environ 1/15e de celle qui se produirait avec le courant maximum émis d'une façon continue. Avec le système à transformateurs, il y aura, à cause du courant d'excitation exigé par les transformateurs, une augmentation appréciable de la quantité d'énergie perdue dans les conducteurs durant les 6.000 ou 7.000 heures de charge très légère ; pour en tenir compte, nous proposons d'élever la perte totale dans les conducteurs à 1/13e de celle qui se produirait avec le courant maximum.

La valeur qu'on donne au facteur de charge a une portée considérable sur l'économie relative des deux systèmes de distribution. En effet, avec le système direct, la perte est tout entière dans les conducteurs, et toute augmentation du facteur de charge, en élevant le pourcentage du courant équivalent par rapport au maximum, entraîne une perte plus grande proportionnelle au carré de ce pourcentage ; au contraire, dans le système à transformateurs, une partie de la perte seulement, et une partie faible, a lieu dans les conducteurs, ce n'est donc que cette partie de la perte totale que vient accroître l'élévation du facteur de charge. Supposons, par exemple, que 5/6 de la perte aient lieu dans le noyau de fer du transformateur et 1/6 dans les conducteurs, le facteur de charge étant à 20 p. 0/0 ; si l'on porte le facteur de charge à 40 p. 0/0, on exprime ainsi le rapport des pertes entre elles : $5 + 1 \left(\dfrac{40}{20}\right)^2 : 6,$

ou 9 : 6. Dans le système direct, une augmentation semblable de la production moyenne aurait pour résultat de quadrupler les pertes.

Les pertes qui ont lieu dans les transformateurs dépendent non seulement du rapport de la charge moyenne à la charge maxima, mais encore, dans quelques cas, du rapport du nombre maximum de lampes allumées à un moment quelconque au nombre total de lampes installées. On doit tenir compte de ce dernier rapport pour un réseau à haute tension avec transformateurs pour chaque maison ou couple de maisons; mais il n'y a pas à s'en préoccuper lorsque les transformateurs sont placés aux sous-stations d'où le courant est distribué aux maisons par des conducteurs à basse tension; aussi est-il nécessaire d'envisager séparément l'un et l'autre cas. Supposons une maison pourvue de 50 lampes de 60 watts chacune, il faut que le transformateur puisse fournir 3.000 watts, bien que, sauf dans de très rares circonstances, le nombre maximum de lampes allumées à la fois n'excède guère 30 et que la charge moyenne pendant l'année ne dépasse pas la charge nécessaire à 5 ou 6 lampes. En supposant que la charge maxima ordinaire soit de 60 p. 0/0 des lampes installées, et la moyenne de 17 p. 0/0 du maximum, on trouve que le transformateur de 3.000 watts produira une moyenne de 306 watts, ou environ 10 p. 0/0 de sa production maxima possible. On peut évaluer à 3 p. 0/0 de sa production maxima les pertes dues à l'aimantation du noyau de fer, et à 2 p. 0/0 celles qui se produisent dans les bobines à pleine charge; par conséquent, il y a une perte continuelle de 90 watts dans le noyau de fer, et comme le débit moyen n'est que de 10 p. 0/0 de la pleine charge, la perte est d'environ 2 watts dans les bobines. La perte

moyenne est donc de 92 watts et la production moyenne
de 306 watts, c'est-à-dire que la perte s'élève à 300 watts
par chaque 1.000 watts fournis aux lampes.

Passons maintenant à l'examen du second cas, celui
où la charge maxima est égale à la capacité du transformateur, et prenons de plus grands transformateurs,
par exemple ceux qu'on emploierait aux stations de
distribution, et qui donnent 2 1/2 p. 0/0 de perte dans
le noyau et 1 1/2 p. 0/0 dans les bobines, on verra que
la perte s'élève à environ 155 watts par chaque 1.000
watts fournis aux lampes.

Le point à considérer ensuite est la section des conducteurs ce qu'ils coûtent d'isolement et de pose, et le
pourcentage de cette dépense à allouer pour l'intérêt
du capital et la dépréciation du matériel. Il faut examiner la section des conducteurs au double point de
vue de l'économie et de la variation de tension, car,
dans bien des cas, c'est cette variation qui détermine
la section à donner aux câbles de distribution, tandis
que la considération d'économie détermine la section
à donner aux feeders et aussi aux conducteurs du
réseau de distribution, lorsque ceux-ci n'excèdent pas
une certaine longueur qui dépend de la variation de
tension qu'on peut permettre et de la densité de courant économique. Pour pouvoir se prononcer sur la
densité de courant la plus économique, il faut connaitre le coût exact des conducteurs en fonction de la
section, et c'est ce que nous examinerons en premier.

. Pour les conducteurs à basse tension, on emploie le
plus généralement les câbles isolés sans solution de
continuité introduits dans des tuyaux en fonte ou
dans des gaines de bitume, les câbles armés posés
en terre, ou le fil de cuivre nu supporté par des isolateurs dans un caniveau. On reconnaitra que les

estimations de prix que nous donnons plus loin pour chacune de ces méthodes, et qui ont été contrôlées avec soin, sont, dans les conditions ordinaires, aussi exactes que possible. On peut, dans chaque cas, exprimer le coût du conducteur tout installé par l (A + Bs), l figurant la longueur en mètres, s la section d'un conducteur en m/m², et A et B des constantes dépendant de la nature de l'isolement et du système de pose. La valeur de A dépend surtout de la dépense d'affouillement du sol et de réfection du pavage, et du coût du tuyau ou conduit dont on se sert pour protéger mécaniquement le câble ; c'est principalement la qualité et l'épaisseur de la matière isolante qui déterminent la valeur de B.

En général, le prix d'un câble isolé ne varie pas en stricte proportion de la section du cuivre, les câbles les plus gros coûtant comparativement meilleur marché que les plus faibles ; mais, dans des limites de variation de section raisonnables, l'exception à la règle de proportionnalité est peu importante, car la réduction de prix par m/m² de section de cuivre, à mesure que la section augmente, peut être contre-balancée par l'augmentation du coût du conduit, et de la dépense de manipulation, de pose et de confection des joints du câble, si l'on a déterminé les valeurs respectives de A et B pour une dimension moyenne de conducteur. Il ressort de la comparaison des prix de différents types de câbles que, dans les dimensions les plus employées pour les systèmes à basse tension, le prix varie de 0,044 à 0.056 fr. par mètre de conducteur et par m/m² de section ; le dernier prix est celui du câble isolé au caoutchouc de première qualité, les prix inférieurs s'appliquent aux câbles couverts de matières fibreuses et sous plomb.

Le coût des gaines de bitume ou des tuyaux de

fonte, y compris la livraison à pied-d'œuvre et la matière pour les joints, varie de 1 fr. 70 à 2 francs par mètre pour une conduite de 5 centimètres ; quant à la dépense des boites de surface pour le contrôle, d'affouillement du sol et de pose du conduit sous le pavé, elle est, en comprenant 4 fr. 75 par mètre pour la réfection du pavage, d'environ 8 fr. 50 à 9 fr. 50. On peut donc considérer qu'une canalisation à deux fils coûte de 12 fr. à 13 fr. 50 par mètre, plus la somme obtenue en multipliant 0,044 fr. à 0,056 francs par deux fois le nombre de millimètres carrés de la section de chaque conducteur ; mettons un chiffre moyen : $(13 + 0,1\ s)$ fr. D'après les mêmes bases de calcul, on peut estimer qu'une canalisation à trois fils, dont le fil de milieu a une section de moitié de celle des fils extérieurs, coûte 15 francs, plus 0,05 francs multipliés par 2,5 fois le nombre de millimètres carrés de section d'un conducteur extérieur, soit environ $(15 + 0,125\ s)$ fr.

Pour les câbles armés posés en terre et non protégés par un conduit, il y a une économie de ce dernier chef, mais elle est dans une certaine mesure contre-balancée par le coût de l'armature. Ce prix ne varie pas exactement avec la section, puisqu'il est proportionnellement plus élevé pour les câbles faibles ; il faut ajouter environ $(0,004\ s + 1,375)$ fr. par mètre au prix du câble non armé. En évaluant à 10 francs par mètre la dépense d'affouillement du sol et de boites de joints, y compris le repavage, et à $0,05\ s$ fr. comme ci-dessus le coût par mètre du câble non armé, on obtient $(12,75 + 0,108\ s)$ fr. comme prix par mètre de la canalisation à deux fils, et $(12,75 + 0,135\ s)$ francs comme prix par mètre de la canalisation à trois fils.

Le coût de la canalisation pour un système à fil de

cuivre nu varie quelque peu suivant les différents projets, cependant le prix moyen va de 25 fr. à 28 fr. par mètre pour un caniveau en béton, avec boites de regard, isolateurs, etc., y compris la réfection du pavage au même taux que dessus. On peut évaluer à 0,021 fr. par mètre et par millimètre carré de section le prix de la bande de cuivre dressée et fixée en place ; par conséquent, on peut évaluer à $(25 + 0,042\ s)$ fr. par mètre le prix d'une canalisation à deux fils, et à $(27 + 0,0525\ s)$ fr. par mètre celui d'une canalisation à trois fils. Dans ce système, il faut le plus souvent poser des câbles isolés, à cause de l'impossibilité de trouver sous le pavage la place d'une canalisation à fil nu ; c'est pourquoi nous proposons de prendre comme prix moyen d'une canalisation à basse tension un chiffre basé sur des longueurs à peu près égales de fil nu et de câble isolé : mettons $(19 + 0,072\ s)$ fr. pour la canalisation à deux fils et $(20,5 + 0,09\ s)$ fr. pour la canalisation à trois fils.

On doit toujours se servir de câbles isolés pour les distributions à haute tension, et il importe que l'isolation ne laisse rien à désirer comme qualité et comme durée, et aussi que les câbles soient posés, de manière à pouvoir être introduits et retirés, dans des tuyaux offrant une bonne protection mécanique. Grâce à la section relativement petite des conducteurs, leur prix, même en tenant compte d'une isolation plus coûteuse, est beaucoup plus faible, proportionnellement au prix total de la canalisation, qu'il n'est dans les systèmes à basse tension ; aussi est-il économique de dépenser davantage pour l'isolation, si l'on peut par ce moyen réaliser une économie dans les frais d'entretien. Le système le plus usité en Angleterre pour les fils souterrains à haute tension est celui dans lequel on introduit les câbles isolés de caoutchouc dans des tuyaux en fonte ; prenons comme type un tuyau en fonte de 7,5 centimètres contenant deux câbles dont chacun peut avoir une section d'environ 65 millimètres carrés. Quand il faut une section plus grande, ce qui n'arrive pas souvent avec des tensions de 2.000 volts, on peut poser un second tuyau dans la même tranchée ou employer un tuyau de plus de 7,5 centimètres de diamètre. Le prix d'affouillement du sol, de pose du tuyau, y compris les boîtes de regard, l'introduction du câble et le repavage, est d'environ 10 francs par mètre ; le prix du câble lui-même varie de 0,085 fr. à 0,105 fr. par mètre et par millimètre carré de section, suivant la dimension du conducteur ; on peut donc prendre comme chiffre moyen $(10 + 0,19\,s)$ fr. pour une canalisation à deux fils.

Le taux à allouer pour l'intérêt et la dépréciation varie beaucoup avec les circonstances et il a sur l'économie du système ce double effet, qu'un taux bas est favorable au système à basse tension où la dépense première de la canalisation est lourde, et qu'un taux élevé est favorable au système à haute tension : toutefois nous considérons que l'allocation équitable à fixer est, pour tous les systèmes, de dix pour cent de la dépense totale des organes de distribution.

Nous pouvons calculer maintenant la densité de courant la plus économique dans les conducteurs pour chacun des trois systèmes, en substituant les valeurs convenables dans l'équation :

$$s = I \sqrt{\frac{t\,w\alpha}{pk}}, \text{ ou, ce qui revient au même, } \frac{I}{s} = \text{la}$$

$$\text{densité de courant} = \sqrt{\frac{p}{t\,w\alpha}}\sqrt{k}.$$

L'expression $\sqrt{\dfrac{p}{t\,w\,\varkappa}}$ est une constante dans laquelle

$p = 0,1$;

$t = 8.760$ heures $\Big)$ $t\,w =$ le coût annuel d'un watt

$w = 0,02$ centimes $\Big)$ $\qquad = $ fr. 1.75 ;

$\varkappa = \dfrac{R\,s}{l}$, R représentant la résistance de l mètres de canalisation, c'est-à-dire de $2\,l$ mètres de conducteur d'une section de s millimètres carrés, et parce que la résistance de $2\,l$ mètres de conducteur $= \dfrac{2l \times 0.018}{s}$;

$$\varkappa = \frac{0,036\ ls}{ls} = 0,036.$$

En substituant ces valeurs de p, l, w et $\varkappa$, on obtient

$$\frac{I}{s} = 1.26\,\sqrt{k}.$$

k représente la portion du prix de la canalisation qui varie en raison directe de la section du conducteur; par conséquent, k est égal dans chaque cas à la constante par laquelle on multiplie s. En substituant ses valeurs, on obtient :

Pour le système direct à deux fils, $\dfrac{I}{s} = 1,26\,\sqrt{0,072}$

$= 0,338$;

Pour le système direct à trois fils. $\dfrac{I}{s} = 1,26\,\sqrt{0,09}$

$= 0,378$;

Pour le système à transformateurs. $\dfrac{I}{s}\ 1,26 = \sqrt{0,19}$

$= 0.550$.

Il faut se souvenir que ces densités de courant se rapportent à ce qu'on a appelé le courant équivalent, et qu'on doit les diviser par 0.26 pour les systèmes

directs, et par 0,28 pour le système à transformateurs,
pour obtenir les densités se rapportant au courant maximum : ces densités sont respectivement, en nombres
ronds, de 1,3, 1,5 et 2 ampères par millimètre carré.

En ce qui concerne la dépense première de l'appareil
distributeur, il reste à fixer le prix des transformateurs
eux-mêmes ; nous l'évaluons à 150 francs par kilowatt
pour les plus petits transformateurs desservant chacun
une ou deux maisons, et à 125 francs par kilowatt pour
les plus grands transformateurs placés aux sous-stations ; ces prix comprennent les frais de pose et accessoires et la dépense de loyer d'une cave ou la construction d'un local ou d'une fosse pour le transformateur.

Nous possédons à présent toutes les données néces-

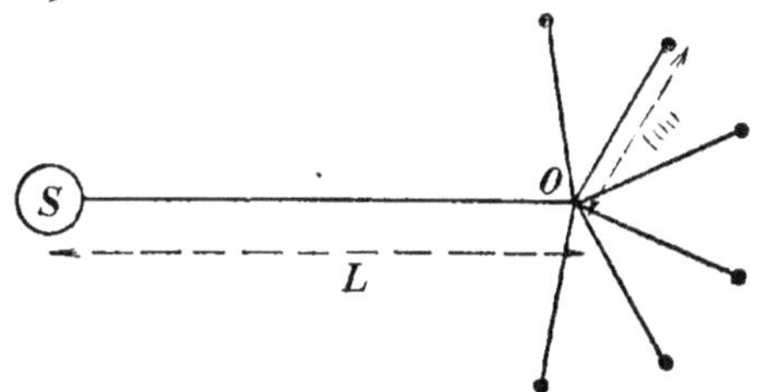

Fig. 18.

saires pour nous permettre de comparer les dépenses
annuelles de distribution d'après les différents systèmes ; nous commencerons par envisager un exemple
qui montre l'importance de l'emploi de feeders, principalement dans les systèmes à courant continu. Pour
éviter toute complication inutile, prenons une petite
surface pouvant être aisément alimentée par un
feeder ; on peut, sans erreur appréciable, appliquer
les résultats ainsi obtenus à des surfaces plus grandes,
en considérant celles-ci comme la réunion d'un certain
nombre de petites surfaces. Supposons qu'il y ait à
fournir un maximum de 60.000 watts à des lampes

groupées aux extrémités de six canalisations longues chacune de 100 mètres, et rayonnant d'un point O, qui est relié à la station par une canalisation longue de L mètres (voir fig. 18); que le maximum de chute de potentiel dans les canalisations de distribution soit de 3 p. 0/0 pour les systèmes directs, et, pour tenir compte de la chute dans le transformateur, mettons 1 p. 0/0 dans le système à transformateurs.

On peut résumer ainsi les données sur lesquelles nous avons à opérer :

Maximum de charge = 60.000 watts.

Moyenne de charge = 10.000 watts.

Moyenne de perte d'énergie dans les conducteurs à courant continu $= \dfrac{1}{15} \times$ la perte résultant du courant maximum.

Moyenne de perte d'énergie dans les conducteurs à courants alternatifs $= \dfrac{1}{13} \times$ la perte résultant du courant maximum.

Moyenne de perte d'énergie dans les transformateurs de maisons = 3.000 watts.

Moyenne de perte d'énergie dans les transformateurs de sous-stations = 1.550 watts.

Prix d'un watt par an = 1 fr. 75.

Prix par mètre d'une canalisation de deux fils à basse tension = (19 + 0,072 s) fr.

Prix par mètre d'une canalisation de trois fils à basse tension = (20,5 + 0,09 s) fr.

Prix par mètre d'une canalisation de deux fils à haute tension = (10 + 0,19 s) fr.

Prix de transformateurs de maisons (capacité de 100.000 watts) = 15.000 francs.

Prix de transformateurs de sous-stations (capacité de 60.000 watts) = 7.500 francs.

Taux d'intérêt et de dépréciation = 10 p. 0/0.

Les densités de courant économique sont respectivement de 1,3, 1,5 et 2 ampères par millimètre carré. pour les deux fils à 100 volts, pour les trois fils à 200 volts, et pour les deux fils à 2.000 volts. Avec ces densités de courant, 64, 111 et 278 mètres sont les plus grandes longueurs de conducteur de distribution qu'on puisse employer sans excéder la variation de potentiel permise. Lorsque les distances sont plus grandes, on doit calculer la section du conducteur d'après la formule $s = \dfrac{0{,}036\ (L + 100)}{V_1}$ I, I étant le courant transmis par le conducteur, et V_1 la chute de potentiel en volts qu'on peut permettre.

En se servant de cette valeur de s et en l'introduisant dans l'expression du prix du conducteur, on obtient ce qui suit :

La canalisation à deux fils à 100 volts coûte :

$\{ 11.400\ \text{fr.} + 19\ L + 0{,}5184\ (L + 100)^2 \}$ fr.

La canalisation à trois fils à 200 volts coûte :

$\{ 12.300 + 20{,}5\ L + 0{,}162\ (L + 100)^2 \}$ fr.

La canalisation à deux fils à 2.000 volts coûte :

$\{ 6.000 + 10\ L + 0{,}01026\ (L + 100)^2 \}$ fr.

Comme, à pleine charge, la perte d'énergie dans les conducteurs est de 3 p. 0/0 pour les systèmes à courant continu, et de 1 p. 0/0 pour le système à transformateurs, la moyenne de perte sera de $\dfrac{0{,}03 \times 60.000}{15} = 120$ watts pour les systèmes directs.

coûtant 210 fr. par an, et de $\dfrac{0{,}01 \times 60.000}{13} = 46$ watts pour le système alternatif, coûtant 80,5 francs par an.

Lorsque les longueurs de conducteurs de distribution sont moindres que celles mentionnées précédemment, savoir 64, 111 et 278 mètres, on doit, pour fixer la valeur de s, tenir compte de la densité de courant économique : la même règle s'applique au calcul du prix des feeders. Pour ces derniers, on obtient les expressions suivantes :

Deux fils à 100 volts. Prix des feeders = (52,23 L) fr. Moyenne de perte dans les feeders = 1,872 L watts coûtant (3,276 L) fr. par an.

Trois fils à 200 volts. Prix des feeders = (38,50 L) fr. Moyenne de perte = 1,08 L watts coûtant (1,89 L) fr. par an.

Deux fils à 2.000 volts. Prix des feeders = (12,85 L) fr. Moyenne de perte = 0,166 L watts coûtant (0,291 L) fr. par an.

Quand on se sert de transformateurs, il faut ajouter 15.000 francs de ce chef à la dépense de la canalisation, plus 5.250 francs pour la dépense annuelle d'énergie perdue.

TABLEAU VI. — *Coût annuel de la distribution.*

L. en mètres.	DEUX FILS A 100 VOLTS		TROIS FILS A 200 VOLTS		DEUX FILS A 2000 VOLTS	
	sans feeders	avec feeders	sans feeders	avec feeders	sans feeders	avec feeders
	fr.	fr.	fr.	fr.	fr.	fr.
0	1.868	»	1.599	»	7.408	»
200	6.395	3.568	3.308	2.747	7.723	7.723
500	20.962	6.118	8.297	4.469	8.300	8.196
1000	65.976	10.367	23.092	7.339	9.672	8.984
2000	233.764	18.866	76.982	13 079	13.963	10.560
3000	505.232	27.365	163.272	18.819	20.290	12 136

On a rédigé le tableau VI d'après ces chiffres. Il montre la dépense totale annuelle de distribution suivant chaque système, avec et sans feeders pour des distances différentes entre la station et le point O, y compris 6.750 francs pour l'intérêt et la dépense d'énergie perdue dans les transformateurs.

Les chiffres ci-dessus démontrent l'impossibilité d'un fonctionnement économique avec l'un ou l'autre des systèmes directs sans feeders, lorsque L dépasse 200 à 300 mètres ; ils démontrent également que, dans le système à transformateurs, la différence de dépense annuelle, avec ou sans feeders, ne devient importante que si L excède mille mètres. Au point de vue de l'économie relative des trois systèmes, on constatera que le système direct à trois fils est toujours considérablement meilleur marché que le deux-fils, et que tous deux coûtent moins cher, pour de courtes distances, que le système à transformateurs. Cependant le prix du dernier augmente beaucoup moins rapidement, et l'on verra qu'il est égal à celui du conducteur à 100 volts avec feeders lorsque L = 800 mètres, et à celui du conducteur à 200 volts quand L = 1.400 mètres. Mais il y a cette différence autrement importante entre les systèmes directs et le système à transformateurs : la perte dans les feeders s'élève à 37 1/2 volts pour 800 mètres du conducteur à 100 volts, et à 75 volts pour 1.400 mètres du conducteur à 200 volts, soit 37 1/2 p. 0/0 dans chaque cas, tandis que la perte dans les feeders du circuit de 2.000 volts est de 58 volts pour 800 mètres et de 100 volts pour 1.400 mètres, soit 2,9 p. 0/0 et 5 p. 0/0 respectivement. Cela signifie que, dans le système direct, il faut que la station génératrice produise 30 p. 0/0 de plus que celle à courants alternatifs, d'où une augmentation très considérable des dépenses premières de station, chaudières, machines et dynamos.

Il y a une autre manière d'employer le transformateur, qui est économique, car elle diminue très considérablement la quantité d'énergie perdue, c'est quand on le place dans une sous-station à l'extrémité d'un feeder à haute tension et que la distribution est faite aux différentes maisons par des conducteurs à basse tension. Pour permettre la comparaison, nous avons préparé le tableau VII ; il montre la dépense annuelle de feeders seulement pour un système à trois fils, et celle de feeders et de transformateurs pour un système à courants alternatifs, le réseau de distribution étant dans l'un et l'autre cas identiquement le même.

TABLEAU VII.

LONGUEUR en mètres.	FEEDER pour trois fils à 200 volts.	FEEDER avec transformateur pour 2000 volts.
	fr.	fr.
200	1.148	3.777
500	2.870	4.250
1000	5.740	5.038
2000	11.480	6.614
3000	17.220	8.190

La longueur de feeder donnant dans les deux cas la même dépense annuelle est de 830 mètres, et la chute de potentiel pour cette longueur d'environ 22,5 p. 0/0 pour le conducteur à 200 volts, et de 3 p. 0/0 pour celui à 2.000 volts.

On se souvient que nous avons maintenu constamment le même taux d'intérêt et de dépréciation, par cette raison que nous avons choisi un câble à haute

tension de qualité telle qu'il puisse supporter la tension
à laquelle il sera soumis aussi bien que le câble à
basse tension; mais, même en doublant le taux de
dépréciation, soit 10 p. 0/0 au lieu de 5 p. 0/0, l'augmentation de dépense annuelle serait très légère, seulement d'environ 150 francs par mille mètres de
longueur de feeder.

On peut tirer des chiffres donnés dans les deux
tableaux ci-dessus cette conclusion que, d'une manière
générale, il y a économie à se servir du courant alternatif à haute tension avec transformateurs lorsque la
distance moyenne entre la station et les lampes excède
1.000 à 1.100 mètres. Passé cette distance, la chute de
potentiel dans les conducteurs de courant continu à
200 volts ou au-dessous devient excessive, à moins
qu'on n'emploie des conducteurs beaucoup plus lourds
que ceux que commande l'économie; au-dessous de
1.000 ou 1.100 mètres, l'économie conseille d'employer
le système direct; on évite ainsi la lourde dépense
d'aimantation des noyaux de fer des transformateurs,
lorsque ceux-ci sont reliés à des circuits fonctionnant
sans interruption nuit et jour.

CHAPITRE VI

La forme de la section d'un conducteur (que ce conducteur soit massif ou qu'il se compose d'un certain nombre de fils câblés ensemble) influe, pour des sections égales, sur l'élévation de température due au passage d'un courant électrique, sur la chute de potentiel le long du conducteur, sur la dépense d'isolement et la facilité de manipulation. En général, les conducteurs sont de section circulaire, parce que cette forme est la plus commode à recouvrir de matière isolante; mais on se sert parfois de bandes rectangulaires, lorsque la section est grande et que le conducteur repose sur des supports isolants placés à intervalles, au lieu d'être isolé au moyen d'une enveloppe ininterrompue. Comme nous venons de le dire, le conducteur circulaire peut être un fil unique, ou se composer d'un certain nombre de fils câblés ensemble; il peut aussi avoir une forme tubulaire, consistant en un tube de cuivre étiré ou en un certain nombre de fils posés sur une âme circulaire. Le fil unique est généralement le plus facile et le meilleur marché à fabriquer, mais il est trop rigide pour les fils de grande section; lorsqu'on a besoin de flexibilité, on prend de préférence un conducteur câblé. En Angleterre, on n'emploie pas d'ordinaire de fil unique au-dessus de 2 millim. de diamètre, et même pour de plus petites dimensions, on préfère souvent le conducteur câblé ; mais, en Amérique et ailleurs, on se sert fréquemment du fil unique pour de plus grandes dimensions, surtout pour le service aérien.

Les torons naturels sont ceux dans lesquels on réunit le plus grand nombre de fils possible pour former chaque couche, de manière à remplir la place et à conserver à la section une forme circulaire ; on peut toujours exprimer le nombre total de fils de chaque conducteur ainsi câblé par $3n (n + 1) + 1$, n étant un nombre entier ; le diamètre de ce conducteur, qui se compose de $3n (n + 1) + 1$ fils chacun du diamètre d, est rendu par l'expression $(2n + 1) d$. Par exemple, si les fils doivent être posés autour d'un fil central du diamètre d, il est évident que la circonférence du cercle passant à travers leurs centres sera $\pi (2 d)$ ou $6.28 d$, ce qui permettra de poser six fils qui, avec le fil central. composeront un câble à sept fils ayant un diamètre de $3 d$. Si sur ce câble on ajoute une autre couche de fils, la circonférence sur laquelle leurs centres doivent être situés sera $\pi (4 d)$ ou $12.56 d$. ce qui permettra d'ajouter douze fils et de faire un câble à 19 fils ayant un diamètre de $5 d$. Chaque couche successive ajoutera $2 d$ au diamètre et augmentera le câble d'un nombre de fils croissant à raison de six. ce qui donne la série suivante : 7, 19, 37, 61, 91..... pour des diamètres de 3, 5, 7, 9, 11..... fois celui du fil unique.

Le poids par unité de longueur du conducteur câblé est toujours, dans la proportion de 1 1/2 à 2 1/2 p. 0/0, supérieur au poids d'une égale longueur d'un seul fil multiplié par le nombre de fils du câble. Cela tient à ce que les fils sont tordus en hélice, de manière que chaque fil (une fois dans le pas) entoure complètement le toron auquel on l'ajoute. On constate dans la pratique que

la résistance d'un conducteur câblé est toujours moindre
que celle d'une égale longueur de fil unique divisée par
le nombre de fils du conducteur ; cette infériorité présente presque la même proportion de pourcentage que
celle que nous avons indiquée ci-dessus (1 1/2 à
2 1/2 p. 0/0) pour l'augmentation de poids. Si l'on tient
compte de ce correctif et que l'on compare la résistance
du toron avec celle d'un conducteur unique de même
diamètre, on verra que la résistance du premier est de
27 à 30 p. 0/0 plus grande que celle du dernier, la
moyenne étant d'environ 28 p. 0/0 pour les torons le
plus généralement employés. De même, la comparaison
des diamètres d'un toron et d'un conducteur unique
ayant la même résistance fera ressortir la supériorité,
dans la proportion de 12 1/2 à 14 p. 0/0, du premier sur
le dernier.

Cette augmentation de diamètre par rapport à celui
d'un fil unique de même résistance permet, à la vérité,
de transporter un courant légèrement plus intense
sans élévation de température ; par malheur, elle a
une autre conséquence beaucoup plus importante, qui
concerne le prix de l'isolement : il faut augmenter de
près de 30 p. 0/0 le poids de matière isolante qui serait
nécessaire pour donner la même résistance avec un
fil unique. Dans l'espoir de surmonter cette difficulté,
on proposa pour un des premiers câbles sous-marins
un conducteur composé de fils de forme segmentaire,
qui s'ajusteraient bien ensemble et rempliraient l'espace
laissé inoccupé par les fils ronds ; mais la diminution
de flexibilité et les difficultés plus nombreuses de
la fabrication du toron s'opposèrent à l'adoption de
cette forme de conducteur.

Lorsqu'on a besoin d'une très grande flexibilité,
on peut former le conducteur d'un certain nombre de

torons, dont chacun est lui-même un conducteur câblé ;
on peut encore tordre ensemble en même temps un
certain nombre de fils très petits (on en a employé
parfois jusqu'à 300), au lieu de former le câble par
couches successives, à la manière habituelle.

On se sert quelquefois du conducteur de forme
tubulaire pour les courants alternatifs, parce qu'on
peut alors employer une grande section avec une augmentation de résistance apparente moindre qu'il n'ar-
riverait avec un fil unique ; mais il sert surtout comme
conducteur extérieur d'un câble concentrique : ce
câble contient à la fois les conducteurs d'aller et de
retour, le conducteur extérieur ayant la forme d'un
tube qui renferme entièrement le conducteur intérieur
et son enveloppe isolante. Voici les avantages qu'il y a
à placer concentriquement les deux conducteurs : avec
des courants alternatifs ou variables, l'action induc-
trice d'un conducteur sur les fils avoisinants est neu-
tralisée par celle de l'autre conducteur; et. en tous
cas, on peut disposer le système de conducteurs
de manière que le conducteur intérieur ne puisse ni
être touché, ni prendre contact avec la terre, sans
prendre d'abord contact avec le conducteur extérieur.

Le premier point a une importance considérable lorsque les conducteurs passent très près des fils de circuits téléphoniques; mais, dans les circonstances ordinaires, il n'y a rien de sérieux à redouter, pour le fonctionnement du téléphone, de la présence côte à côte dans
un seul tuyau de deux conducteurs bien isolés séparés.
Aussi est-il très douteux que, pour cette unique raison,
l'avantage obtenu par l'emploi du câble concentrique
suffise à contre-balancer les difficultés plus grandes de
jonction et la dépense plus grande d'isolation qui ré-

sultent de ce qu'il faut que le conducteur extérieur ait la même résistance d'isolement que les conducteurs de l'un ou l'autre des câbles séparés. Lorsqu'on emploie de très hautes tensions et que le maniement du câble pourrait occasionner des accidents, le danger se trouve singulièrement conjuré par ce fait que le conducteur extérieur, le seul qui soit accessible, est presque au même potentiel que la terre ; mais cet état de choses ne dure qu'autant que l'isolement de toutes les parties du circuit est parfait, à moins que le conducteur extérieur lui-même ne soit d'une manière quelconque en communication avec la terre.

On considère le fait que toute fuite du conducteur intérieur doit se produire vers le conducteur extérieur et qu'elle est par conséquent de la nature d'un court circuit ; on considère, disons-nous, ce fait comme une sauvegarde contre l'incendie à bord des navires ou dans les édifices pourvus de ces câbles, parce qu'on peut protéger les circuits par des plombs fusibles et que toute fuite trop considérable du conducteur intérieur rompra le coupe-circuit et arrêtera l'arrivée du courant.

Dans une brochure sur *La manière d'empêcher l'échauffement des conducteurs*, lue à la *Society of Telegraph Engineers*, en 1884, le professeur George Forbes a démontré, en ce qui concerne le conducteur à section rectangulaire, que des rubans ou feuilles de métal relativement minces peuvent, sans élévation de température, transmettre des courants beaucoup plus intenses que les fils ronds, et l'on profite parfois de cet avantage quand les conducteurs sont nus ; mais lorsqu'il faut les couvrir d'une enveloppe ininterrompue de matière isolante, l'augmentation de la dépense d'isolement fait plus que contre-balancer le bénéfice ré-

sultant du poids plus faible de cuivre employé pour
transmettre le courant.

La jonction de deux conducteurs ensemble est une
opération qui s'accomplit fréquemment, et la méthode
adoptée dépend de la dimension et de la forme du conducteur et selon que le joint doit être isolé ou non
isolé ; mais, dans tous les cas, le premier desideratum
est que les surfaces à mettre en contact soient d'une
étendue considérable et que le contact lui-même soit
aussi parfait que possible, de manière qu'il ne se produise aucun échauffement anormal par suite d'une
augmentation de résistance à l'endroit du joint. Avec
des conducteurs très gros, ou avec des conducteurs ne
devant pas être recouverts de matière isolante, on

FIG. 19.

peut faire le joint en attachant fortement les deux
bouts ensemble, après avoir pris soin que les surfaces
soient bien nettoyées et étamées ; on adopte la même
manière dans beaucoup de cas où il est désirable, pour
le contrôle ou d'autres besoins, de pouvoir défaire la
jonction à un moment quelconque. La méthode générale
consiste donc à joindre les deux conducteurs ensemble
au moyen d'une soudure, et quand ils doivent être exposés à de fortes tractions, à les lier en outre avec du
fil, à les épisser, ou à enfermer les bouts dans des
couplages spéciaux.

La figure 19 montre un joint excellent pour fil unique
aérien. Le bout de chaque fil est recourbé, les deux
fils sont fixés côte à côte dans un étau et étroitement
liés avec le fil d'attache, et le tout est soudé en-

semble. Il est préférable que le fil d'attache soit toujours de la même matière que les deux fils à joindre, et si les fils sont de cuivre écroui, on aura soin de les chauffer juste assez pour que la soudure se répande librement ; l'emploi d'un fer très chaud ou la chaleur trop prolongée aurait pour effet d'affaiblir considérablement le fil. Pour les conducteurs câblés, on emploie quelquefois le couplage du genre de la figure 20 ; il consiste

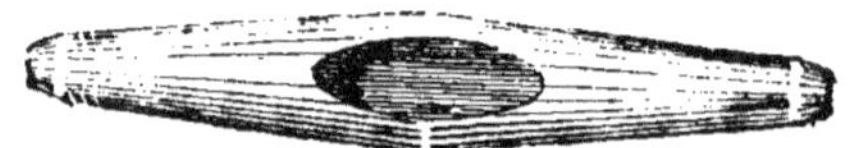

Fig. 20.

en une pièce de métal tubulaire, élargie au milieu de manière à former un double cône et pourvue d'une ouverture au centre. On passe le conducteur câblé par le trou de l'une des extrémités et on le fait sortir par le trou central ; puis on le recourbe sur lui-même et on le repousse par l'ouverture centrale, en le tirant de manière qu'il soit bien tendu et serré dans le couplage en forme de cône. Quand les conducteurs sont ainsi

Fig. 21.

fixés, on coule de la soudure dans le trou central pour les maintenir en place et améliorer le contact.

Lorsque le conducteur doit être isolé, il importe que le joint ait autant que possible le même diamètre que le conducteur lui-même et qu'il présente une surface parfaitement unie. On obtient ce résultat par les méthodes suivantes :

Le joint en écharpe indiqué figure 21 est le meilleur

à employer pour un fil unique ou un toron à 7 fils. Chaque conducteur, s'il est câblé, est soudé à son extrémité, de manière à ne former qu'un fil, et on lime les bouts en biseau allongé, afin d'obtenir une grande surface de contact. Puis on serre les deux conducteurs ensemble dans un étau, on les lie étroitement ensemble avec un fil d'attache en cuivre étamé de petit diamètre. et on les soude ; après quoi, on lisse la surface à la lime. afin qu'aucune saillie ne puisse percer la couche iso-

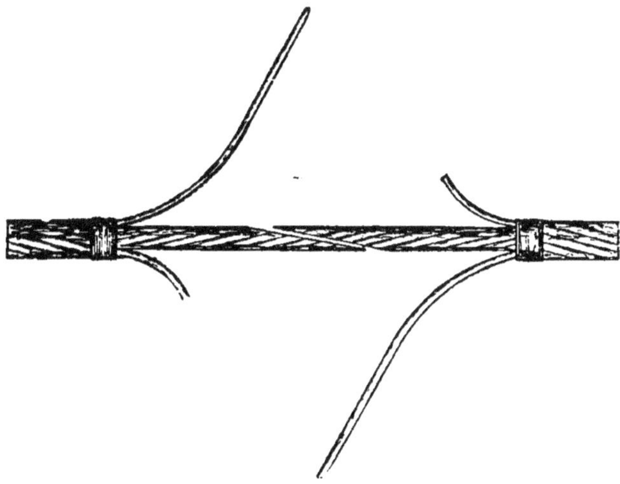

Fig. 22.

lante. On doit toujours se servir de résine comme fondant, soit naturelle, soit dissoute dans l'esprit-de-vin. quand elle a l'aspect de pâte mince ; également, avant de lier les fils ensemble, on doit les nettoyer avec soin afin que la soudure prenne bien sur eux.

Pour les conducteurs de 19 fils ou plus, on peut employer le joint marié ou le joint télescope. Pour faire un joint marié, on enroule plusieurs fois le fil d'attache autour du conducteur pour maintenir les brins en place, puis on ramène en arrière les fils extérieurs de façon à découvrir le toron central. On soude ce dernier en un seul bloc coupé en biseau, et les torons centraux des deux conducteurs sont joints de la manière déjà indiquée. Alors on coupe les fils extérieurs à des longueurs convenables, chaque conducteur en ayant de longs et de courts alternés (fig. 22), et l'on applique les deux séries de fils sur les torons centraux, de manière qu'un fil long d'une série aboutisse à un fil court de l'autre série. Par ce moyen, la moitié des joints des fils extérieurs se trouve à chaque extrémité du joint du conducteur central. Ensuite on garnit le joint de fil d'attache à chaque extrémité, on soude et l'on unit la surface avec une lime (fig. 23). Pour les très grands

Fig. 23.

conducteurs, qui demandent de la flexibilité, on peut répéter le mariage. Ainsi, pour un conducteur de 61 brins, on fait un joint en écharpe du toron central à 19 brins, puis on marie ensemble les 18 fils qui forment la couche enveloppante, les joints étant arrangés de manière à venir à quelques centimètres au delà du biseau et de chaque côté ; on marie également les 24 fils de la couche extérieure, de manière que les joints soient éloignés de quelques centimètres des précédents. Dans chaque cas, on ne soude le joint que juste à l'endroit où les fils buttent ensemble, et par ce moyen on fait un joint qu'on peut plier en tous sens sans beaucoup de difficulté.

Pour faire un joint télescope, on coupe à courte longueur les fils extérieurs d'un conducteur et les fils intérieurs de l'autre (fig. 24), après avoir au préalable pratiqué une ligature pour maintenir les torons en place. On soude en bloc les fils centraux *a*, et l'on remet en place les fils extérieurs *bb*, de manière qu'ils forment un cylindre creux dans lequel on pousse le

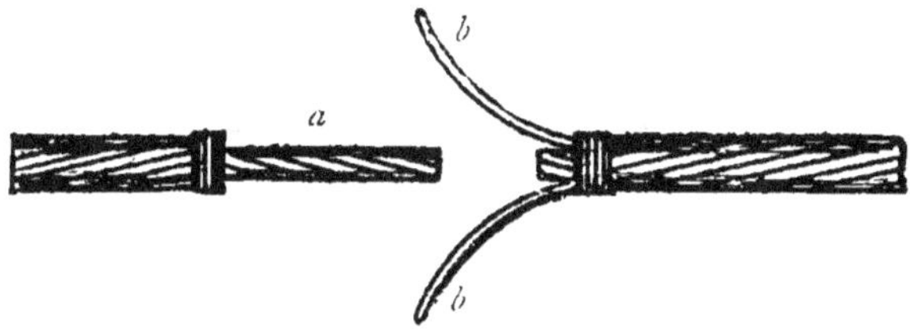

Fig. 24.

bout en saillie *a*. On fait quelques tours de fil d'attache sur les fils *bb* pour les maintenir fermement en place, et l'on soude le joint.

Outre le joint droit entre deux conducteurs, il y a le

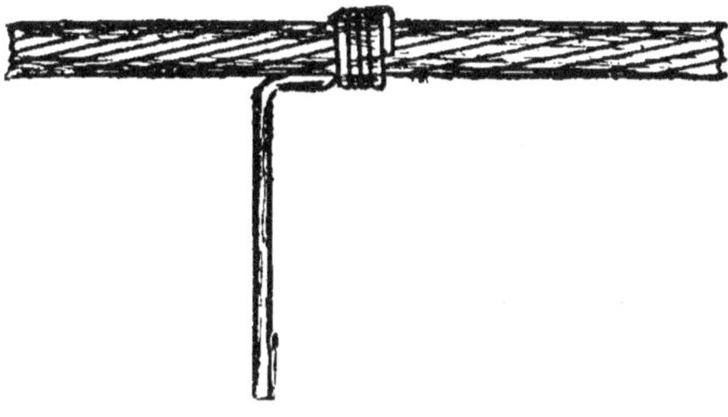

Fig. 25.

joint en **T**, qui sert à brancher un fil plus petit sur un câble principal. Si le conducteur d'embranchement est un fil unique, on peut le rouler en spirale autour du conducteur plus gros et le souder à celui-ci, en prenant soin toutefois de ne pas faire la soudure juste au point où le fil d'embranchement quitte le conducteur plus gros, parce que si on le plie, il pourrait se casser. On peut laisser sans soudure un tour de la spirale, ou poser le fil le long du câble sur un centimètre environ (fig. 25). Si le conducteur branché est à sept brins, il faut détordre les fils, en enrouler trois en spirale autour du conducteur principal dans un sens, et les quatre autres en sens inverse (fig. 26) ; on ne soude que

Fig. 26.

les extrémités de ces spirales, afin de permettre au conducteur branché d'être courbé d'un côté ou de l'autre sans danger de rupture d'aucun des fils.

Fig. 27.

Quand les deux conducteurs sont gros, il vaut mieux faire un joint en forme d'**Y** plutôt qu'un joint en **T** à angles droits. On soude les deux conducteurs en une masse, on biseaute le conducteur branché, et l'on pratique sur le conducteur principal une entaille dans laquelle vient s'ajuster le bout en biseau ; puis on lie ensemble les **deux** conducteurs et on les soude, comme le fait voir la figure 27.

Les joints des conducteurs intérieurs des câbles concentriques sont faits presque de la même manière que les joints des câbles ordinaires à âme unique, mais les conducteurs extérieurs exigent des méthodes quelque peu différentes. Pour un joint droit, on biseaute ou l'on marie le conducteur intérieur suivant sa dimension.

Fig. 28.

puis on l'isole, après avoir au préalable ramené en arrière les fils formant les conducteurs extérieurs. On place ensuite un manchon de cuivre étamé sur l'isolant intérieur, et l'on pose dessus les fils extérieurs, mariés, liés avec un fil d'attache et soudés de la façon déjà indiquée,

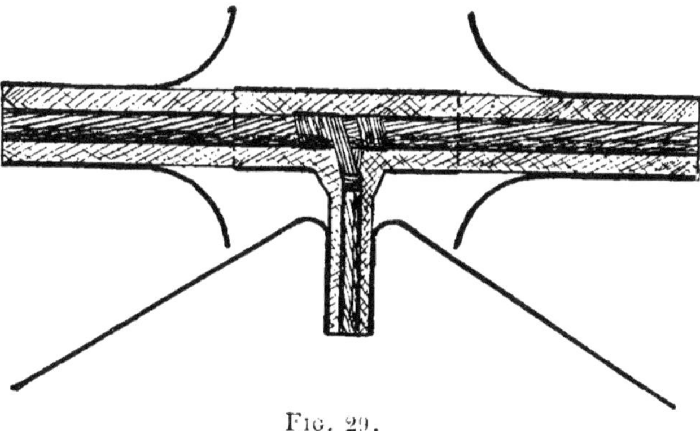

Fig. 29.

Pour le joint en **T**, on coupe et l'on ramène en arrière les fils du conducteur extérieur, on fait le branchement sur le conducteur intérieur et on l'isole ; enfin on applique un manchon (fig. 28) sur l'isolant, de manière que le fil branché sorte libre par le trou central. Ensuite les conducteurs extérieurs du câble principal sont posés, liés et soudés sur le manchon de cuivre, et les fils extérieurs du conducteur branché sont séparés en deux séries et placés en spirale sur le manchon (voir fig. 29). La confection de ce joint exige un très grand soin pour éviter d'endommager l'isolant intérieur, en faisant le joint du conducteur extérieur; elle demande plus de temps et est plus difficile que la confection de deux joints de conducteurs séparés. Dans le système des conducteurs concentriques d'Andrews, on fait,

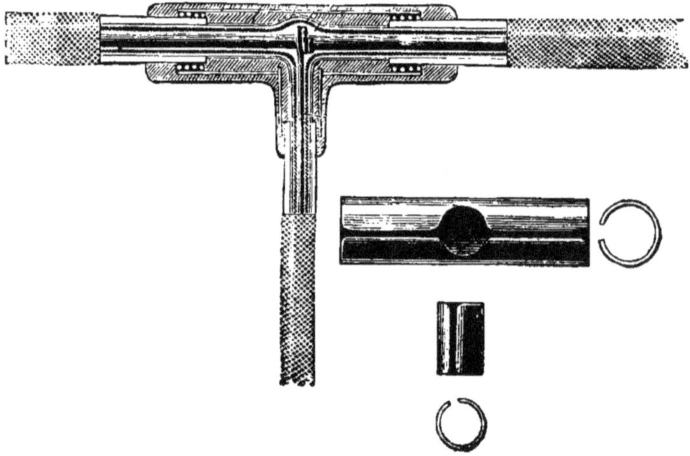

Fig. 30.

comme on l'a déjà décrit, le joint intérieur, on l'isole et l'on place dessus deux gaines de cuivre qui forment ensemble un **T** (fig. 30) et enferment les extrémités du conducteur extérieur, lequel est, dans ce système, en communication avec la terre. On fixe alors avec des vis un moule en fonte autour du joint et l'on verse dedans du métal à basse température de fusion; lorsque le joint est refroidi, on enlève le moule, en laissant les manchons et une courte longueur de chaque conducteur extérieur emprisonnés dans une masse de métal.

CHAPITRE VII

Lorsqu'on place un appareil récepteur et un appareil
générateur dans un circuit traversé par un courant, il
faut isoler les conducteurs qui forment le lien de communication entre eux, de manière à empêcher le courant de trouver une autre voie par laquelle il puisse
retourner au générateur, sans avoir passé d'abord par
l'appareil de réception. On effectue cet isolement en
entourant le conducteur, sur toute sa longueur, d'une
matière ou de matières offrant une très grande résistance au passage du courant, comme l'air sec, le verre,
l'ébonite, la porcelaine, le bois, l'ardoise, le mica, la
soie, le coton ou autres matières fibreuses, le papier,
le caoutchouc, la gutta-percha, et une variété d'huiles,
de cires et de composés bitumineux ou résineux. Quelques-uns d'entre eux, comme le bois, la soie, le coton,
le papier, etc., perdent en grande partie leurs propriétés isolantes lorsqu'ils sont humides, et comme l'atmosphère contient toujours une certaine quantité de
vapeur, il faut, quand on emploie ces substances comme
isolateurs, les protéger contre l'air au moyen d'une
enveloppe imperméable. Le diélectrique, outre qu'il

doit empêcher toute fuite capable de causer une perte d'énergie appréciable ou de donner une secousse désagréable à quelqu'un en contact avec un point du circuit, doit être de qualité telle qu'on puisse manier impunément les conducteurs isolés, et d'une épaisseur suffisante pour empêcher toute décharge disruptive d'un conducteur à un autre, ou de l'un ou l'autre à la terre.

On a recours à deux méthodes distinctes pour obtenir ces résultats : dans l'une, le conducteur repose de distance en distance sur des supports de matière isolante et, dans l'intervalle, l'air l'entoure ; dans l'autre, le conducteur est complètement renfermé dans une enveloppe ininterrompue de matière isolante. Tout d'abord, la première méthode semble la plus avantageuse, parce que l'air est un genre d'isolateur à bon compte ; malheureusement, en règle générale, l'air n'est pas sec, et la couche d'humidité qui se condense à la surface du support isolateur (surtout quand celui-ci n'est pas parfaitement propre), forme un bon conducteur d'électricité et amoindrit considérablement l'isolement d'une ligne à fils nus par les temps humides et lorsque le nombre des supports est grand. Il y a également le danger d'un court circuit entre deux conducteurs, lequel peut être causé par leur oscillation au point de se toucher l'un l'autre, ou par la chute de quelque matière conductrice formant pont de l'un à l'autre. On doit installer un conducteur nu de manière qu'il n'y ait pas de contact accidentel possible avec les employés de la ligne ou toute personne quelconque, à moins que, la tension étant tellement basse, aucun danger ne puisse résulter d'une secousse. En cas d'emploi de hautes tensions, il y a cet autre désavantage que la distance disruptive à travers l'air est, pour des tensions égales, considérablement plus grande que celle à travers d'autres matières isolantes, et que cette distance disruptive est plus grande encore quand il existe des surfaces malpropres sur lesquelles l'étincelle peut voyager. Dans la majorité des cas, une ou plusieurs de ces raisons s'opposent absolument à ce que l'on profite du bon marché de l'isolement par l'air; c'est pourquoi il faut employer les conducteurs isolés d'une manière continue.

La résistance d'isolement d'un circuit de fil nu isolé par l'air dépend entièrement du nombre des supports et de la résistance de chacun d'eux; et comme la plus grande partie de la fuite qui se produit à chaque support est à la surface de l'isolateur, il en résulte que cette résistance n'est nullement constante : elle varie avec l'état de la surface, ou propre et sèche, ou sale et mouillée. Avec une surface propre et sèche, la résistance peut être très forte, même elle peut encore être convenable si la surface, quoique mouillée, est propre, comme il arrive quelquefois après une grosse pluie; mais lorsque les isolateurs sont sales et que l'air est imprégné de vapeurs, le résultat est tout autre : dans ces conditions, la résistance de l'isolement baisse très considérablement. On adopte une forme de support isolateur qui présente un chemin aussi long que possible pour le passage du courant dérivé avant qu'il aille d'un conducteur à un autre ou de l'un ou l'autre à la terre; en outre, on fixe les supports de manière que le moins possible de malpropretés s'amasse sur eux. Indépendamment de la fuite à la surface, il se produit une certaine dérivation à travers le corps même de la matière isolante, dont la résistance est proportionnelle à la longueur moyenne du chemin du courant, et inversement proportionnelle à l'étendue sur laquelle le courant peut se répandre : cette résistance suit donc la même loi que la résistance de tous les conducteurs.

Le calcul de la résistance d'un isolateur d'après ses dimensions donne des résultats moins certains, en raison de ce fait que la résistance spécifique des matières le plus isolantes est beaucoup plus variable que celle des bons conducteurs. En effet, on ne peut guère attribuer une résistance spécifique définie à la plupart des matières isolantes énumérées plus haut, à cause de la difficulté de les représenter dans des conditions exactement identiques à des moments différents, et c'est surtout le cas pour les matières dont la puissance d'absorption de l'humidité est appréciable. Il est impossible de déterminer à l'avance, avec un degré d'exactitude quelconque, la résistance d'isolement d'un câble recouvert d'une pareille substance; mais, à l'égard des matières dont la résistance spécifique offre des garanties, on peut calculer la résistance du câble en attribuant des valeurs exactes à la longueur ou à l'épaisseur, et à la surface de l'enveloppe. Ces dimensions s'obtiennent de la manière suivante pour les conducteurs circulaires :

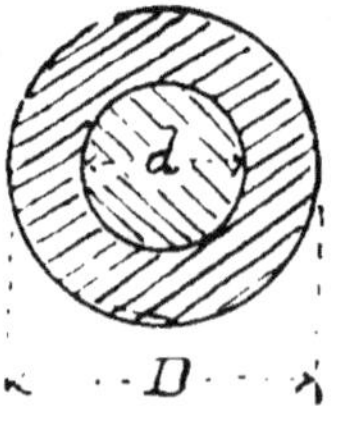

Fig. 31.

En considérant la figure 31 qui montre une section transversale du conducteur isolé, on voit qu'à mesure qu'on s'éloigne du centre, la surface d'une couche de matière isolante croit par unité de longueur, et que, par conséquent, les couches successives de la même épaisseur n'augmenteront pas également la résistance de l'isolement. Supposons donc que la matière isolante se partage en un grand nombre de couches concentriques d'épaisseurs différentes, telles que chaque couche offre la même résistance ϱ, et qu'il y ait n de ces couches, en sorte que $n\varrho$ représente la résistance du câble ; dans ces conditions, si d_m et d_{m+1} sont les diamètres intérieur et extérieur d'une couche quelconque, la résistance

$$\varrho = \frac{(d_{m+1} - d_m)}{2\pi\, d_m\, l} \times \sigma.$$

σ étant la résistance spécifique de la matière isolante et l la longueur du câble. On peut écrire ainsi cette équation :

$$d_{m+1} = d_m \left(1 + \frac{2\pi \varrho\, l}{\sigma}\right)$$

qui prouve que le diamètre extérieur de chaque couche, dont la résistance est ϱ, est égal au diamètre intérieur de la même couche multiplié par une constante $\left(1 + \frac{2\pi \varrho\, l}{\sigma}\right)$. En nous servant de ce qui précède pour trouver le diamètre extérieur d_{m+2} de la couche suivante, dont le diamètre intérieur est d_{m+1}, nous obtenons :

$$d_{m+2} = d_{m+1} \left(1 + \frac{2\pi \varrho\, l}{\sigma}\right) = d_m \left(1 + \frac{2\pi \varrho\, l}{\sigma}\right)^2.$$

Par raisonnement semblable, on voit que le diamètre extérieur de la $n^{ème}$ couche s'exprime par $d_{m+n} = d_m \left(1 + \frac{2\pi \varrho\, l}{\sigma}\right)^n$. En mettant D, le diamètre extérieur du conducteur isolé, pour d_{m+n}, et d le diamètre du conducteur, pour d_m, on obtient : $\mathrm{D} = d \left(1 + \frac{2\pi \varrho\, l}{\sigma}\right)^n =$

$d\left(1+\dfrac{2\pi Rl}{\sigma n}\right)^{n}$, où $R = n\varsigma$ représente la résistance d'iso-

lement du câble. En substituant $\dfrac{1}{x}$ à $\dfrac{2\pi Rl}{\sigma n}$, on peut écrire

l'équation comme suit :

$$D = d\left(1+\dfrac{1}{x}\right)^{\frac{2\pi Rlx}{\sigma}} = d\left[\left(1+\dfrac{1}{x}\right)^{x}\right]^{\frac{2\pi Rl}{\sigma}}.$$

Plus grand est le nombre de couches, plus on approche de l'exactitude absolue, par conséquent on peut supposer $n = \infty$, auquel cas $x = \infty$; et quand $x = \infty$,

alors $\left(1+\dfrac{1}{x}\right)^{x} = e$, la base des logarithmes népériens,

$$D = d \times e^{\frac{2\pi Rl}{\sigma}}, \text{ ou } \dfrac{D}{d} = e^{\frac{2\pi Rl}{\sigma}}, \text{ ce qui donne : } \log_e\dfrac{D}{d} =$$

$\dfrac{2\pi Rl}{\sigma}$, ou $R = \dfrac{\sigma}{2\pi l}\log_e\dfrac{D}{d}$.

Mais $\log_e\dfrac{D}{d} = 2,3026 \log\dfrac{D}{d}$, donc $R = \dfrac{\sigma \cdot \log\dfrac{D}{d}}{2,728l}$, et

cette équation montre que la valeur moyenne de

$\dfrac{\text{longueur}}{\text{section}}$ est exprimée par $\dfrac{\log\dfrac{D}{d}}{2,728l}$.

On voit, d'après cette équation, que les résistances de l'isolement par kilomètre de deux câbles recouverts de la même matière sont proportionnelles aux logarithmes des rapports des diamètres intérieurs et extérieurs de leurs enveloppes isolantes, et dès lors, qu'étant donnée la même matière isolante, ce rapport est une constante pour tous les câbles de même résistance, quel que soit le diamètre du conducteur.

La température affecte la résistance spécifique de

toute matière isolante, mais en sens opposé à celle des matières conductrices. c'est-à-dire qu'une augmentation de température amoindrit la résistance spécifique, et cela dans une proportion beaucoup plus rapide qu'elle n'accroît la résistance des conducteurs. Par exemple, tandis qu'une élévation de 10° C. n'augmente la résistance d'un fil de cuivre que de moins de 4 p. 0/0. la même élévation réduira la résistance de certaines gutta-perchas à 20 ou 25 p. 0/0 environ de sa valeur initiale ; et une élévation de 20° C. qui ajouterait moins de 8 p. 0/0 à la résistance du fil de cuivre, pourra réduire la résistance de la gutta-percha à 5 p. 0/0 environ de sa valeur initiale. Toutes les matières isolantes sont affectées de la même façon, bien que pour plusieurs d'entre elles cela n'aille pas aussi loin ; mais on ne peut donner, soit pour la résistance spécifique. soit pour les coefficients de température, de chiffres sur lesquels on puisse compter, parce que les variations sont trop considérables pour des différences légères dans la composition de la matière isolante et le mode de sa fabrication. Il ne faut pourtant pas inférer de ce qui précède que le manufacturier ne puisse jamais déterminer à l'avance la résistance d'un câble ; celle-ci peut être prédite pour beaucoup de matières. parce que tant qu'elles sont mélangées et traitées exactement de la même manière, il est possible d'établir une résistance spécifique définie ; mais si quelque changement survient dans la matière ou la façon de la traiter, il est nécessaire de faire des expériences pour déterminer à nouveau les valeurs, parce qu'elles peuvent être altérées très considérablement par des modifications dans le procédé de fabrication.

On a prétendu également que la résistance d'un câble varie suivant la tension à laquelle on l'essaie. et l'on a fait à diverses reprises des expériences pour contrôler l'exactitude de cette assertion. La question de savoir si la résistance diminue avec l'augmentation de tension, a une importance considérable aujourd'hui qu'on se sert de tensions extrêmement élevées ; car si l'augmentation de tension a pour effet, lorsqu'on la maintient seulement quelques minutes, de diminuer la résistance, il faut s'attendre à ce que l'emploi continu d'une haute tension ait sur le matériel une influence dommageable très accentuée. Ce n'est qu'à ce point de vue de la question que l'affaire a une importance pratique réelle. En effet, l'abaissement de plusieurs pourcentièmes de la résistance d'isolement du câble à une tension élevée, comparée avec la résistance à basse tension, n'a en soi aucune portée, puisque, en règle générale, l'introduction de transformateurs, commutateurs, coupe-circuits, ou autres appareils en circuit avec le câble. a pour effet d'amoindrir la résistance du circuit de peut-être 80 ou 90 p. 0/0.

De nombreux obstacles s'opposent à ce qu'on arrive à des résultats véritablement exacts en faisant des expériences comparatives avec des batteries de forces électromotrices différentes ; par exemple, la difficulté de maintenir une température absolument constante, d'enlever les charges résiduelles, de maintenir les extrémités du câble dans des conditions permanentes au point de vue de la fuite de surface, et la possibilité de commettre des erreurs en comparant des déviations très grandes et très faibles ou en employant des shunts dont les coefficients de température peuvent différer de celui des bobines du galvanomètre.

Même en répétant les épreuves à des jours différents avec une batterie de même puissance, il n'est pas rare d'obtenir des résultats variant entre eux de 5 p. 0/0 ou environ, à moins de prendre les précautions les plus extraordinaires; c'est pourquoi on doit se garder d'accepter les conclusions des résultats de quelques expériences, à moins que la différence de résistance d'isolement à des tensions différentes ne soit très marquée.

La série d'expériences conduites avec le plus de soin sur ce point spécial semble être celle qui a été faite par M. Heim; il a comparé les résistances d'isolement d'un câble à gutta-percha et de deux câbles couverts de plomb à des tensions variant entre 21 et 460 volts. Il ressort de la description publiée de ces expériences qu'on prit de grandes précautions pour en assurer l'exactitude, et que des corrections furent faites pour les faibles variations de température qu'on ne pouvait éviter, pour la fuite des instruments d'essai et des connexions, et pour la charge résiduelle; or, même dans ces essais, on constate un manque considérable d'uniformité dans les résultats : les variations, lors de la mesure des résistances à différents moments avec la même force électromotrice, étaient à peu près aussi grandes que celles qu'on constatait lorsqu'on a mesuré les résistances avec des forces électromotrices très différentes. Ainsi, pour huit essais faits avec le câble à gutta-percha, la moyenne de la chute de résistance d'isolement déterminée par une augmentation de tension de 52 à 460 volts a été de 6,6 p. 0/0, avec un minimum de 4,6 p. 0/0 et un maximum de 10.6 p. 0/0; ces chiffres montrent une variation, entre deux des essais, presque aussi importante que la moyenne de pourcentage de chute due à l'augmentation de tension.

Pareillement, quatre essais faits sur l'un des câbles couverts de plomb font ressortir une moyenne de chute de 5,3 p. 0/0, avec maximum de 8.1 et minimum de 2,2 ; enfin l'autre câble, soumis aussi à quatre essais, a donné une moyenne de 2,9, avec maximum de 3,8 et minimum de 2,3 p. 0/0. En comparant les essais faits avec la même tension, mais à différents jours, on constate qu'il y a eu des variations allant jusqu'à 7 p. 0/0, même en tenant compte des petites différences de température. Aussi est-il difficile de suivre l'expérimentateur dans ses conclusions : « Les expériences prouvent, dit-il, qu'une chute » dans la résistance d'isolement se produit certaine- » ment lorsque la tension augmente dans les enve- » loppes des câbles que j'ai essayés. » Tous les résultats indiqués font ressortir, il est vrai, une chute de résistance avec l'augmentation de tension ; mais le fait que les chiffres obtenus varient entre eux dans la proportion ci-dessus mentionnée, montre qu'il faut un bien plus grand nombre de résultats concordants pour qu'on puisse regarder la proposition comme définitivement prouvée. Du reste, à l'appui de notre opinion que la question reste ouverte, nous pouvons mentionner un article de fond paru dans un journal technique et citant des expériences dans lesquelles des tensions variant entre 15 et 600 volts ont produit très peu de différence dans la résistance, et cette différence ne s'est pas produite toujours dans le même sens.

Si l'on envisage simplement la probabilité d'une diminution dans la résistance d'isolement venant d'une augmentation de tension, un ou deux points se présentent à l'examen. La question importante est celle-ci : Quel est l'effet sur le diélectrique du passage continuel d'une petite fuite de courant ? On sait que la marche d'un courant à travers une résistance est accompagnée d'une dépense d'énergie qui peut produire soit la chaleur, soit une action chimique, ou ces deux effets. Si l'on suppose la production de chaleur, alors il doit y avoir, en vertu du fait que toutes les matières isolantes sont de mauvais conducteurs de la chaleur, une élévation de température dans l'intérieur du diélectrique, par rapport à l'eau dans laquelle il est immergé. Le maintien du courant pendant quelque temps pourrait expliquer une chute de la résistance d'isolement ; toutefois il est difficile d'imaginer qu'un pareil résultat se manifeste aussitôt après la fermeture du circuit. L'action chimique peut certainement dans beaucoup de cas, diminuer la résistance, mais ici nous rencontrons de nouveau une difficulté : il n'est pas probable que cette diminution, cette chute soit temporaire, on peut s'attendre à ce qu'elle cause une détérioration permanente ; or, dans toutes les expériences dont les résultats ont été publiés, l'épreuve répétée avec une force électromotrice faible a donné presque la même résistance que celle obtenue avant l'emploi de la haute tension, ce qui prouve que, conformément à ces expériences, la chute n'est que temporaire.

Il est certain qu'on peut amener une détérioration permanente en employant une tension presque aussi grande que celle qui détruirait l'isolement et causerait une décharge disruptive. Les expériences démontrent, en effet, que si une tension de 10.000 volts traverse, dès qu'on l'emploie, une épaisseur donnée de matière isolante, une tension moindre, mettons de 8.000 volts, traversera une même épaisseur de matière similaire, si l'emploi dure quelques heures. Autant que nous sachions, il n'y a pas de preuve positive que des tensions de beaucoup inférieures à celles qui peuvent percer le diélectrique soient aussi dommageables ; cependant il est très possible qu'au bout d'un certain laps de temps, le même cas se produise. L'adoption de cette manière de voir fournit un argument puissant en faveur des grands isolements, car plus la résistance est grande, plus la fuite de courant est faible, et par conséquent moindre est le risque d'une détérioration de la matière isolante. À quelque conclusion qu'on aboutisse, il est certain, d'après les résultats de l'emploi journalier qui se fait de câbles convenablement isolés, que la détérioration, si elle se produit, a lieu très lentement, du moment qu'on maintient la tension sensiblement au-dessous de celle qui peut amener la destruction de l'isolement. Nous citerons, comme exemple de ce qui précède, quelques câbles recouverts de caoutchouc vulcanisé fonctionnant sous terre depuis plusieurs années à des tensions de 2.400 volts. Tout récemment, la *London Electric Supply Corporation* les a fait retirer des tuyaux pour les transformer en câbles concentriques; ces câbles, qui avaient à leur entrée en service une résistance d'isolement d'environ 8.000 megohms par kilomètre à 15° C., ont offert la même résistance lors des essais après leur enlèvement.

La fuite totale pouvant être concédée sur un circuit dépend : 1° de la perte d'énergie qu'on peut permettre, et celle-ci peut être regardée comme un pourcentage de la production ; 2° du courant maximum qui pourrait passer sans danger à travers le corps d'une personne mettant la main sur le conducteur et faisant une bonne terre.

La perte d'énergie représentera toujours le même pourcentage de la production totale si la résistance d'isolement de tout le circuit varie comme le quotient de la tension de distribution par le courant moyen, c'est-à-dire qu'avec la même tension, la résistance d'isolement peut varier inversement au courant; qu'avec le même courant, elle peut varier en proportion directe de la tension ; enfin qu'avec la même puissance à des tensions différentes, elle peut varier comme le carré de la tension. Par exemple, si l'on est convenu que la perte peut égaler $1/5000^e$ de la production, la résistance d'isolement du circuit R_i doit alors être au moins égale à $5.000 \times \dfrac{E}{I}$, ou bien disons qu'avec 100 volts et 100 ampères, $R_i = 5.000$ ohms ; avec 100 volts et 500 ampères, $R_i = 1.000$ ohms ; avec 1.000 volts et 100 ampères, $R_i = 50.000$ ohms ; et avec 1.000 volts et 50 ampères (c'est-à-dire la même puissance que dans le second cas), $R_i = 100.000$ ohms.

En ce qui touche la sécurité contre les secousses causées par les contacts avec un conducteur, la valeur absolue de la fuite de courant qui peut traverser le corps humain, ne doit pas excéder une quantité déterminée, et par conséquent la résistance d'isolement du circuit doit varier en proportion directe de la tension de distribution. La résistance de la partie du corps humain qui est dans le circuit et des contacts affecte l'intensité de courant de passage, et comme la valeur de cette résistance peut varier considérablement selon les circonstances, il est difficile de poser une règle définie. D'après les expériences faites par MM. Lawrence et Harries, la résistance moyenne d'une main à l'autre, lorsqu'on tient une paire d'électrodes en métal, est d'environ 6.000 ohms pour les courants continus, et d'environ 4.000 ohms pour les courants alternatifs. Les résultats des expériences faites par M. Swinburne donnent également une résistance aux courants continus d'environ 6.000 ohms lorsque les mains sont sèches, mais ce chiffre se réduit à 2.000 ohms environ lorsque les mains sont humectées d'eau acidulée. Cependant la résistance aux courants alternatifs se manifeste beaucoup plus faible dans ces expériences, elle va jusqu'à donner une moyenne d'environ 1.000 ohms seulement, lorsqu'on ne tient pas compte de la résistance extraordinairement grande d'un des sujets.

Les deux séries d'expériences font ressortir également une différence considérable dans la quantité de courant qui peut traverser le corps impunément. MM. Lawrence et Harries donnent une moyenne de 0,018 ampère comme valeur du courant continu qui devient réellement douloureux, et un peu plus de 0,004 ampère comme valeur du courant alternatif. Ils ont constaté aussi que la crispation musculaire, c'est-à-dire l'impossibilité de lâcher les électrodes, est déterminée par un courant alternatif plutôt inférieur à 0,008 ampère. M. Swinburne a constaté que tous les sujets de ses expériences pouvaient supporter un courant continu de plus de 0,018 ampère, que l'un d'eux avait résisté à 0,044 ampères et aurait pu au besoin supporter davantage. Pour les courants alternatifs, les ampères variaient de 0,014 à 0,030, selon la résistance du sujet, avec une tension de 18 volts entre les deux électrodes, ce qui permettait de les quitter sans difficulté.

Comme, dans les cas de ce genre, il est toujours préférable d'avoir une grande marge de sécurité, on peut considérer qu'il n'y aura absolument pas de danger si le courant qui traverse le corps d'une personne n'excède pas, étant continu, 0,01 ampère; alternatif, 0,002 ampère. En prenant la valeur la plus faible de la résistance moyenne, soit 1.000 ohms, on trouve alors que la résistance d'isolement du circuit devrait être d'au moins $\dfrac{V}{0,01}$ — 1.000 pour les courants continus, et de $\dfrac{V}{0,002}$ — 1.000 pour les courants alternatifs, V représentant la tension de distribution. On peut écrire ainsi ces expressions : 100 V — 1 000 et 500 V — 1.000, et donner les valeurs suivantes à la résistance d'isolement nécessaire du circuit : — pour les courants continus, 9.000 ohms pour une tension de 100 volts, 99.000 ohms pour 1.000 volts, 199.000 ohms pour 2.000 volts ; — courants alternatifs, 49.000 ohms pour 100 volts, 499.000 ohms pour 1.000 volts, et 999.000 ohms pour 2.000 volts ; ou bien, en négligeant la résistance du corps humain, 100 ohms et 500 ohms respectivement pour chaque volt de tension. De fait, la résistance au point de contact entre une partie quelconque du corps et le conducteur est généralement, lorsque le contact est accidentel, très considérable ; aussi la résistance opposée au passage du courant est beaucoup plus forte que celle donnée par les expériences (dans lesquelles le sujet tient en mains deux électrodes de métal), et le courant passant à travers le corps est moindre. C'est pourquoi nous estimons qu'avec de basses tensions, on peut manier impunément les conducteurs, même lorsque la résistance d'isolement est inférieure à celle indiquée précédemment, mais le risque d'un contact sérieux subsiste ; aussi doit-on prendre toutes les précautions contre les accidents qui peuvent en résulter.

Une de ces précautions, qui est de toute évidence, consiste à réduire le plus possible la partie de conducteur exposée et à installer les conducteurs, lorsqu'il faut les laisser nus, de manière que l'accès n'en soit possible qu'aux seules personnes chargées de maintenir les circuits en bon état de fonctionnement, et qui, selon toutes probabilités, prendront les précautions convenables dans l'accomplissement de leur tâche. Des accidents sont arrivés quelquefois à des employés de la ligne travaillant à un conducteur mis hors circuit, et prenant contact avec un fil voisin dans lequel circule un courant; c'est pourquoi. si les fils d'un circuit ne sont pas assez éloignés de tous les autres fils pour rendre cette occurrence impossible, il est sage, dans tous les cas, de les couvrir d'une enveloppe isolante continue et qui, pour rendre service, doit être imperméable, afin que l'isolement reste intact dans toutes les conditions de fonctionnement.

Jusqu'à présent nous n'avons envisagé que le cas d'une secousse causée par un isolement défectueux; pourtant il est très possible, dans certaines conditions, d'avoir une secousse si le contact a lieu simultanément avec la terre et un conducteur, même l'isolement du circuit étant parfait. Et voici une autre éventualité : si une personne prend contact avec l'enveloppe extérieure d'un câble et avec la terre, ou avec les enveloppes extérieures de deux câbles, un courant peut circuler à travers son corps. Les conditions nécessaires pour le passage d'un courant, lorsque de tels contacts se produisent, existent toujours à un degré quelconque, mais c'est seulement lorsqu'on emploie de hautes tensions, conjointement avec des câbles possédant une capacité électrostatique appréciable, que le courant pouvant traverser le corps humain a une importance suffisante pour commander l'attention.

Supposons le maintien d'une tension continue V entre deux conducteurs parfaitement isolés, chacun d'une capacité K. La différence de potentiel entre chaque conducteur et la terre sera $\frac{V}{2}$, et chaque conducteur sera chargé d'une quantité d'électricité égale à $\frac{KV}{2}$. Si un contact a lieu entre l'un de ces conducteurs et la terre, la modification suivante se produira dans les potentiels : le conducteur avec lequel le contact a été pris sera au même potentiel que la terre, tandis qu'entre l'autre conducteur et la terre il y aura une différence de potentiel V, et un courant d'électricité circulera à travers le milieu conducteur reliant le conducteur à la terre. La quantité d'électricité à transmettre se compose de la charge de l'un des conducteurs, plus la charge additionnelle nécessaire pour élever le potentiel de l'autre conducteur à V, et comme chacune d'elles est égale à $\dfrac{KV}{2}$, la quantité totale qui passera sera de KV. Le courant en circulation aura une valeur maxima de $\dfrac{V}{2R}$, si R représente la résistance du contact, et il diminuera rapidement de valeur à cause de la diminution dans la différence de potentiel entre la terre et le conducteur ; en sorte que la secousse reçue par une personne prenant ce contact peut être très rude si V est élevé, mais elle ne durera que peu de temps.

Le cas diffère quelque peu, cependant, pour les courants alternatifs, parce que la charge n'est pas régulière, à cause de la variation continuelle dans la valeur de la différence de potentiel instantanée. Lorsqu'un condensateur de capacité K a ses armatures reliées aux bornes d'une dynamo ou d'un transformateur fournissant un courant alternatif à une tension V et à une fréquence n, il lui arrive un courant qu'on peut mesurer par l'expression $I = \dfrac{2\pi n KV}{10^{6}}$, si l'on exprime K en microfarads, I en ampères et V en volts. Au reste, tout système de câbles dans un circuit est l'équivalent d'un condensateur ou d'une combinaison

de condensateurs; par conséquent, si l'on peut déterminer la capacité du circuit dans des conditions données, il est possible de mesurer le courant qui circule
à travers le diélectrique. Examinons maintenant le cas
de deux câbles isolés entre lesquels existe une tension
V, et relions le conducteur de l'un d'eux avec la terre
par une personne prenant contact en même temps avec
tous les deux; si la capacité de l'autre câble par rapport
à la terre est représentée par K, le courant de décharge
qui circulera à travers le corps de la personne établis-
sant la communication, sera égal à $\dfrac{2\pi n \mathrm{K V}}{10^6}$. Ce courant peut, si le câble est long et enfoui sous terre, afin
que sa capacité soit grande, avoir une valeur considérable; ainsi, avec une capacité d'un demi-microfarad
et une tension de 2.000 volts à une fréquence de 80, le
courant serait d'un demi-ampère. La capacité serait
bien moindre avec un câble aérien de la même longueur, et le courant qui passerait à travers le corps
d'une personne prenant contact avec un conducteur et
avec la terre, serait proportionnellement moindre,
mais il pourrait encore être suffisant pour donner une
secousse très désagréable.

Par de semblables raisons, le courant passera à travers le corps d'une personne prenant contact avec
l'extérieur de l'enveloppe isolante d'un câble et avec la
terre, ou avec l'extérieur de deux câbles, toujours en
supposant que l'extérieur du diélectrique ne soit pas
déjà en communication avec la terre par une faible
résistance. C'est là une question d'une certaine importance en ce qui concerne les câbles aériens supportés
par des isolateurs, parce que s'ils ont une enveloppe
de métal, ou si les rubans ou tresse recouvrant le diélectrique sont mouillés et par suite bons conducteurs,

on peut recevoir une secousse en prenant contact avec eux. Le courant qui passerait dans ces conditions peut être calculé quand on connait la capacité collective des câbles ; par exemple, s'il s'agit de deux câbles aériens, chacun d'une capacité K, mesurée entre leurs conducteurs et l'enveloppe extérieure, et d'une capacité K', mesurée entre leurs conducteurs et la terre, leur capacité collective quand l'enveloppe de l'un est reliée à la terre par une personne prenant contact avec elle, est représentée par $\dfrac{K\,K'}{K + K'}$, car ils sont équivalents à deux condensateurs réunis en série, et dès lors le courant de décharge sera égal à $\dfrac{2\pi\,n\,VKK'}{10^6\,(K + K')}$. Lorsque les deux enveloppes sont reliées par quelqu'un prenant contact avec toutes deux, les deux capacités réunies en série sont égales, chacune valant K, et la capacité collective est égale à $\dfrac{K^2}{2K} = \dfrac{K}{2}$. Si maintenant la tension est de 2.000 volts, la fréquence de 80, et les valeurs de K et K' respectivement de 0,5 et de 0,015 de microfarad (chiffres pouvant représenter assez exactement l'état des choses avec un câble à haute tension d'un kilomètre et demi de long), on trouve que $\dfrac{2\pi\,n\,VKK'}{10^6\,(K + K')} = 0{,}0145$, et que $\dfrac{2\pi\,n\,VK}{10^6 \times 2} = 0{,}25$; c'est-à-dire qu'un courant de 14 1/2 milliampères passerait à travers le corps d'une personne prenant contact avec l'enveloppe d'un câble et avec la terre, et qu'un courant de 250 milliampères, ou un quart d'ampère, passerait quand il y a contact entre les enveloppes des deux câbles. Lorsque l'extérieur du câble est toujours relié à la terre, comme c'est le cas pour les câbles souterrains ou pour les câbles aériens non fixés à des isolateurs, ce courant de décharge trouvera une voie plus facile que le corps d'une personne en contact avec l'enveloppe; c'est pourquoi il est sage de relier à la terre l'enveloppe protectrice extérieure de tous les câbles aériens, et aussi tous les fils porteurs qu'on peut employer pour les soutenir. Sans doute il en résultera une augmentation du courant en circulation en cas de contact entre un conducteur et la terre, parce qu'il accroît la capacité des câbles, mais c'est chose d'importance secondaire, tant il est facile d'empêcher un contact accidentel avec le conducteur, en protégeant convenablement toutes les connexions terminales.

Lorsqu'on emploie de hautes tensions, on doit se préoccuper de la possibilité d'une décharge disruptive d'un conducteur à un autre, ou de l'un ou l'autre à la terre, car les conditions pouvant amener une décharge ne dépendent pas de la véritable résistance d'isolement, mais de la distance de séparation des deux corps entre lesquels existe la différence de potentiel, et de la capacité de la matière isolante à supporter la tension exercée sur elle. À ce point de vue, l'air est de tous les isolants le moins efficace, une tension de 23.400 volts suffisant pour vaincre la résistance présentée par un intervalle d'air de 2,5 centim. entre une surface plane et un point; mais si l'on emploie de l'huile de résine au lieu d'air, la distance que peut traverser l'étincelle sous la même tension est réduite à environ 1/4 de centimètre. La résistance opposée à une décharge par des isolateurs solides est également beaucoup plus grande et peut être mesurée en serrant une feuille de la matière isolante entre deux disques de métal et en reliant ceux-ci aux deux bornes du transformateur ou de la bobine d'induction. Dans les essais de ce genre, l'auteur a vu des feuilles de caoutchouc et de gutta-percha, d'une épaisseur de 3/4 à 1 millimètre, résister à une tension de 20.000 volts, et dans quelques épreuves qu'il a faites récemment sur des fils de dimensions ordinaires recouverts de caoutchouc et de gutta-percha, les résultats suivants ont été obtenus.

Sur cinq conducteurs de 7/10 mm. recouverts d'une enveloppe de caoutchouc épaisse de 7/10 mm., trois ont été percés à 5.200 volts et deux à 6.200; avec des fils de 9/10 mm. de diamètre recouverts d'une épaisseur de caoutchouc également de 9/10 mm., l'un a été percé à 7.900 volts, et les quatre autres à 8.400. Sur un nombre semblable de fils de 1,2 mm. de diamètre, recouverts d'une couche de gutta-percha épaisse de 7/10 mm., un a été percé à 8.200 volts, la tension la plus haute qu'on pût obtenir du transformateur en fonctions au moment de l'épreuve ; les autres ont supporté ce voltage pendant une heure et demie sans faiblir. Avec des enveloppes plus épaisses, la tension nécessaire pour détruire le diélectrique augmentera sans doute plutôt plus vite que l'épaisseur, jusqu'à ce que celle-ci atteigne quelque chose comme 1,5 mm. ou environ, parce que la difficulté de faire l'âme parfaite mécaniquement est plus grande avec de très minces enveloppes de matière isolante, et que la décharge se produit à un point faible du diélectrique, à une tension plus basse que celle qui serait nécessaire pour percer une feuille uniformément de la même épaisseur.

CHAPITRE VIII

Des deux méthodes d'isolement des conducteurs
auxquelles nous avons fait allusion dans le précédent
chapitre, l'une, qui est la plus fréquemment employée,
est celle dans laquelle le conducteur est recouvert dans
toute sa longueur d'une enveloppe ininterrompue de
matière isolante. On recouvre alors l'âme d'une enveloppe protectrice de rubans ou de tresse, ou de fils
ou rubans métalliques, et l'on a alors ce qu'on appelle
un câble.

Bien des matières sont employées comme milieu
isolant, chacune ayant ses avantages et ses inconvénients et possédant à un plus ou moins grand degré
les qualités essentielles à un fonctionnement satisfaisant. Ces qualités varient avec la nature du travail que
le câble doit accomplir, mais il faut, dans tous les cas,
que la matière ou combinaison de matières dont le
câble est recouvert fournisse un isolement convenablement fort, et que la résistance opposée par lui au
passage d'un courant demeure constante dans des
limites étroites, quelque variables que soient les conditions de fonctionnement. Pour qu'il en soit ainsi, il
faut que l'enveloppe isolante soit imperméable, parce

que l'humidité qui la pénètre détermine aussitôt une fuite de courant ; il faut qu'elle soit forte mécaniquement et tenace, afin de ne pas se déchirer ni se fendre facilement ; il faut qu'elle soit flexible, pour pouvoir se ployer sans craquer ; il faut qu'elle puisse supporter des températures assez élevées sans s'amollir ni être endommagée d'une manière permanente ; il faut enfin qu'elle puisse subir impunément le contact des acides ou gaz qui peuvent l'atteindre. En outre de ses qualités isolantes, il faut qu'elle puisse offrir une grande résistance à la décharge disruptive, et, pour cela, que la matière soit homogène. Toutes ces exigences remplies, le meilleur câble est celui dont le prix, le volume et le poids sont le moins élevés et dont l'installation et les jonctions peuvent se faire le plus commodément.

En ce qui concerne l'isolement, on a vu que la résistance d'un câble par unité de longueur dépend de l'épaisseur de l'enveloppe et de la résistance spécifique d'isolement de la matière employée ; il importe donc que la valeur de cette résistance spécifique soit élevée. Cependant on ne doit pas attacher trop d'importance à la nécessité d'une résistance initiale très forte, parce qu'il vaut mieux avoir une résistance de valeur moyenne, si cette valeur est durable, que de commencer avec une forte résistance susceptible de prompte diminution par le fait des efforts auxquels le câble est soumis dans le fonctionnement ordinaire. Dans beaucoup de cas, comme dans celui des réseaux de fils de maisons ou de navires, l'enveloppe isolante du conducteur est coupée si souvent pour la confection de joints et connexions avec les commutateurs, les lampes et autres appareils, et l'on relie au circuit un si grand nombre de ces accessoires, que la résistance d'isolement de l'installation complète est déterminée surtout par la résistance de ces appareils à la fuite de surface, et n'est affectée qu'à un degré très léger par la résistance d'isolement du câble lui-même. Ainsi, dans une installation de 100 lampes à incandescence, il y a au moins 300 endroits où les conducteurs sont reliés à des appareils d'une sorte ou d'une autre, dont chacun fournit une occasion de fuite à la surface de son socle isolant. Or, si la résistance à chacun de ces points atteint 300 megohms, la résistance totale n'est que d'un megohm, et la différence produite par l'addition de la fuite venant des parties non coupées du câble sera de très peu de chose, étant donnée la moyenne de longueur de fil dans une pareille installation, que sa résistance d'isolement soit de 50 ou de 1.000 megohms par kilomètre.

Bien qu'à ce point de vue, il puisse ne pas paraitre nécessaire de se servir de câbles à haute résistance d'isolement, il y a beaucoup de raisons pour les employer de préférence à ceux ayant une faible résistance, parce qu'en règle générale, un câble de haute résistance est plus facile à fabriquer avec uniformité, il offre au manufacturier plus de chances de découvrir, lors de l'essai de l'isolement, les fautes partielles pouvant exister ; en outre, dans une installation où l'on emploie des câbles dont la résistance normale d'isolement est élevée, il est plus aisé de découvrir une faute et de la localiser, que si l'isolement des câbles employés offre une faible résistance.

L'uniformité de la résistance spécifique est de grande importance pour le fabricant, qui essaie ses câbles non seulement afin de pouvoir garantir une résistance d'isolement, mais aussi pour contrôler la manière dont ils ont été fabriqués ; elle lui permet en outre de calculer, d'après les dimensions connues du câble, quelle devra être la résistance, et c'est en comparant la résistance mesurée avec la résistance calculée qu'il peut découvrir l'existence d'un défaut dans l'enveloppe ou d'une différence dans la qualité de la matière, qui, sans abaisser la résistance au-dessous du degré garanti, détermineraient néanmoins avec le temps la détérioration du câble.

La puissance à supporter l'effort destructeur d'une haute tension a, pour les câbles qui doivent être soumis à des efforts semblables, une importance égale, sinon supérieure à la haute résistance d'isolement; or, comme on l'a déjà vu, ces deux conditions ne se trouvent pas toujours remplies simultanément. Ainsi, l'air est un isolant parfait, sa résistance d'isolement est tellement élevée qu'on ne peut pratiquement la mesurer, mais c'est aussi le diélectrique le moins capable de résister à une haute tension disruptive. La différence n'est pas aussi marquée pour les matières telles que le caoutchouc, la gutta-percha et l'ébonite; néanmoins ces matières, tout en possédant une résistance spécifique plus élevée que d'autres, sont moins qu'elles capables de supporter la tension disruptive.

On constate le même fait quand on examine des câbles isolés avec la même matière, mais ayant des conducteurs de divers diamètres, car pour rendre égales les résistances d'isolement, il faut maintenir constant le rapport du diamètre extérieur au diamètre intérieur du manchon isolateur, tandis qu'on obtient la même résistance à la décharge disruptive en maintenant constante l'épaisseur absolue du diélectrique. Ainsi un câble ayant un gros conducteur supportera, sans être perforé, une tension beaucoup plus haute qu'un câble avec faible conducteur et même résistance

d'isolement, et si tous deux sont fabriqués de manière
à supporter la même tension, c'est le petit conducteur
qui possédera la plus haute résistance.

Il y a donc trois points distincts dont il faut tenir
compte pour déterminer l'épaisseur convenable de la
matière isolante : empêcher les fuites, les décharges
disruptives, et l'altération mécanique du diélectrique.
Pour les conducteurs de diamètres différents isolés
avec la même matière en vue de résistances égales,
l'épaisseur du diélectrique doit avoir une proportion
déterminée par rapport au diamètre du conducteur;
pour l'égalité de résistance à l'effort destructeur, l'épaisseur du diélectrique est à peu près constante pour tous
les diamètres de conducteur; enfin, pour la résistance
mécanique, on doit augmenter l'épaisseur si le conducteur est plus gros, mais dans ce cas on n'a pas jugé
nécessaire de l'augmenter en proportion du diamètre.
La question se pose ensuite de savoir quelle est la
meilleure règle à appliquer pour fixer la quantité de
matière isolante à employer, et cela doit dépendre
nécessairement de la matière et des conditions de fonctionnement. Avec les diélectriques qui ont une résistance spécifique élevée, l'épaisseur est généralement
déterminée par des considérations de résistance mécanique lorsqu'on ne doit employer que de basses tensions, parce que, dans ce cas, la résistance d'isolement
sera sans doute assez haute avec toute épaisseur pratiquement possible. Quand on doit employer de hautes
tensions, c'est la même considération qui l'emporte s'il
s'agit de gros conducteurs; mais, pour les petits, il
faudra une épaisseur capable de résister à l'effort
destructeur de la haute tension. Pour les matières de
résistance spécifique faible, l'épaisseur voulue pour la
résistance d'isolement devient plus importante et peut,

sauf pour les très petits conducteurs, s'imposer par-dessus toute autre considération. A l'égard des matières qui ne sont pas homogènes et dans lesquelles existent des crevasses remplies d'air, le point le plus difficile à résoudre est d'empêcher les décharges disruptives dues aux hautes tensions.

Les conducteurs isolés d'une manière ininterrompue, actuellement en usage, appartiennent tous à l'une ou l'autre de deux catégories principales. Dans l'une, la matière diélectrique n'est pas affectée par la présence de l'humidité, parce que c'est une masse homogène ayant un très faible pouvoir d'absorption de l'eau ; dans l'autre, au contraire, il faut ajouter à la matière diélectrique une enveloppe métallique imperméable, parce que ce diélectrique se compose d'une matière fibreuse qui absorbe l'eau volontiers. Les matières employées pour isoler les câbles de la première catégorie sont le caoutchouc, soit seul, soit mélangé avec d'autres substances, la gutta-percha, et une préparation de bitume qu'on a appelée bitite ; pour les câbles de la seconde catégorie, on se sert ordinairement de jute, de chanvre, de coton, ou de papier imprégné d'huiles, cires, ou composés bitumineux et résineux.

De toutes ces matières, c'est le caoutchouc, de bonne qualité et convenablement employé, qui est le plus capable de supporter les efforts auxquels est soumis un câble d'éclairage électrique. En effet, sa résistance spécifique est élevée, et sa puissance à supporter les efforts dus aux hautes tensions est supérieure à celle de presque tous les autres isolateurs, solides ou liquides ; en outre, il est complètement imperméable, capable de supporter impunément les changements de température sur une vaste échelle, et il est, au point de vue mécanique, fort, tenace et flexible. Il y a relativement peu de temps qu'on s'en sert pour l'éclairage électrique; autant qu'on peut en juger d'après cette courte période, il est très durable. Plusieurs kilomètres de câbles souterrains qui ont été posés il y a huit ans à Silvertown et n'ont cessé, depuis lors, de desservir des circuits d'éclairage à arc à une tension de 500 à 600 volts, sont aujourd'hui en parfait état de fonctionnement et n'ont nécessité jusqu'à présent aucune réparation. L'expérience de la *Hastings Electric Light Company* s'étend sur une période presque aussi longue, puisque la pose des câbles souterrains recouverts en caoutchouc a été entreprise en 1884; malgré leur fonctionnement, d'après le système en série de Brush, à une tension d'environ 1.600 volts, aucune portion de ces câbles n'a dû être remplacée ni n'a causé d'ennuis. Des résultats semblables ont été obtenus depuis quatre ou cinq ans par d'autres Compagnies, malgré l'emploi fréquent de courants alternatifs de 2.000 volts, et comme il existe maintenant beaucoup de kilomètres de ces câbles, chaque année nous mettra mieux à même de déterminer exactement la durée probable d'un câble recouvert de caoutchouc, lorsqu'il est soumis constamment à des efforts de haute tension. Le caoutchouc a cependant un grand désavantage, il coûte cher, et c'est sur ce point qu'on a souvent élevé des objections contre son usage; mais, cette considération écartée et la question examinée exclusivement au point de vue technique, il est certain que les câbles recouverts de caoutchouc sont les meilleurs, l'expérience actuelle le démontre. Il n'en reste pas moins que la dépense première du câble est une question sérieuse et de nature à retenir l'attention de tous les ingénieurs, puisqu'on devrait choisir le câble le plus économique en s'appuyant sur les mêmes bases que celles qui déterminent la section économique du conducteur, et que le câble employé devrait être celui dont la somme d'intérêts du capital dépensé et le coût d'entretien et de dépréciation représentent un minimum. C'est un problème pour la solution duquel les données complètes ne seront pas fournies avant quelques années et que, dès lors, on ne peut présentement discuter davantage.

Quoique très bien appropriée aux exigences de la télégraphie sous-marine, la gutta-percha est peu satisfaisante à cause de sa disposition à mollir même par une basse température ; c'est pourquoi on l'a très rarement employée pour les opérations d'éclairage électrique, qui exigent de lourds conducteurs et des courants intenses. Elle a. en outre, ce désavantage qu'exposée à l'atmosphère, elle devient cassante et craque. Maintenue sous l'eau à une température entre 4° et 27° C., c'est une matière non conductrice excellente ; pareillement, lorsqu'elle est protégée par un bon revêtement de rubans et de goudron de Norvège et enfouie sous terre où on peut la maintenir à une température constante dans une atmosphère humide. elle donne des résultats satisfaisants dans les opérations télégraphiques et téléphoniques. On s'en est servi parfois pour les câbles d'éclairage électrique, sous l'eau ou dans des endroits très humides ; on s'en est encore servi pour les conducteurs principaux souterrains, dans l'installation du *Great Western Railway;* mais si on ne l'emploie pas sous l'eau, il faut augmenter la section du conducteur de manière à empêcher tout échauffement appréciable, autrement le conducteur est susceptible de traverser la couche isolante et de détruire le câble.

La bitite, matière isolante employée par la *Callender*

Company, est une préparation de bitume. Comme toutes les autres substances bitumineuses, elle est difficile à préparer de façon à n'être ni dure ni cassante au point de craquer sous la flexion, ni assez molle pour que le conducteur puisse dévier du centre du câble. Elle est donc discutable au point de vue mécanique ; en outre, elle est susceptible de se détériorer en pénétrant dans les tranchées ou en en sortant, surtout lorsqu'il y a beaucoup de coudes brusques. Électriquement, sa résistance spécifique n'est pas très grande et ne paraît pas supporter aussi bien que beaucoup d'autres matières isolantes les efforts dus aux hautes tensions, en sorte que son emploi a été limité aux installations à basse tension. Souvent on protège les câbles à bitite en les posant dans des auges qui sont remplies entièrement d'une composition bitumineuse ; cette manière de les traiter semble donner les résultats les plus satisfaisants.

Les câbles de la seconde catégorie, les plus généralement employés, sont ceux dans lesquels le conducteur est recouvert d'une substance fibreuse imprégnée d'une composition isolante, le tout enfermé dans un tube de plomb. Les câbles fabriqués de la sorte sont, en général, bien meilleur marché que les câbles caoutchoutés, mais, aux yeux de l'auteur, ils ont divers désavantages qui les mettent dans une condition d'infériorité au double point de vue mécanique et électrique ; il appartient donc à l'ingénieur de décider dans chaque cas si, pour lui, le câble le plus coûteux vaut ou non son prix.

La résistance d'isolement de ces câbles enfermés dans du plomb dépend de l'expulsion complète de toute humidité de la substance fibreuse avant qu'on ne l'entoure de plomb, et ensuite de l'enveloppe de

plomb en tant que moyen d'empêcher l'absorption de
toute humidité nouvelle. Or on sait que l'application
continuelle de la chaleur sur une substance fibreuse a
pour effet d'enlever à la fibre toute sa vigueur; il y a
par conséquent grand danger ou que l'humidité ne soit
pas chassée complètement, ou que la fibre soit affaiblie à l'excès. La quantité variable d'humidité que
peut contenir la substance fibreuse avant son immersion dans le bain de composition isolante, empêche un
traitement uniforme de donner des résistances d'isolement égales à des câbles de dimensions semblables,
et pour cette raison il est plus difficile de décider si
une résistance d'isolement qui est au-dessous de la
moyenne est due à un défaut local ou à une résistance
spécifique uniformément plus basse. Ainsi se trouve
singulièrement amoindrie l'utilité de l'essai de l'isolement.

La nature hygroscopique de la matière isolante la
dispose à absorber de nouveau l'humidité, lorsqu'elle
est exposée à l'air; il faut donc prendre de grandes
précautions en faisant les joints ou en terminant un
câble, pour empêcher cette absorption d'avoir lieu,
ou alors la résistance d'isolement sera diminuée. Par
la même raison, la moindre gerçure dans le plomb
causera tôt ou tard un défaut; or il est très difficile
de s'assurer que l'enveloppe de plomb est parfaite au
sortir de la manufacture, parce que la gerçure peut
être si petite que la diminution de l'isolement ne sera
guère appréciable que dans un délai beaucoup plus
long que la période d'essai du câble dans l'eau. Il y
a cet autre danger que le plomb peut être endommagé
au cours de la pose du câble, ou que, la pose effectuée,
il peut être détruit par l'action chimique.

La durée des conduites en plomb enfouies sous

terre est très variable, et bien qu'on cite parfois
l'exemple de courtes longueurs de tuyaux de plomb
ou de fils télégraphiques recouverts de plomb, sorties
de terre dans d'excellentes conditions de conservation,
nous entendons rarement parler de grandes longueurs
restées intactes ; l'expérience a démontré malheureusement que, dans de certaines conditions, l'effet de
l'action chimique est très rapide. Il y en a un exemple
frappant dans le prompt insuccès d'un grand nombre
de câbles recouverts de plomb pur et posés dans des
conduites de bois créosoté, insuccès qui a causé tant
d'ennuis en Amérique : mais, dans ce cas particulier,
on a trouvé un remède partiel en mêlant au plomb un
léger pourcentage d'étain, ce qui a produit de bien
meilleurs résultats.

En ce qui concerne la résistance à la décharge disruptive, le fait que le diélectrique n'est pas homogène,
que les parties qui le composent ont des proportions
différentes de dilatation et de contraction, détermine
des crevasses dans l'isolant et ouvre de petites voies
à l'air, d'où un abaissement très sensible de la résistance à la décharge. Il y a eu là une grosse source
d'ennuis pour les circuits d'éclairage à arc en Amérique, et l'on a reconnu la nécessité, à cause de la fréquence des défauts, d'augmenter très considérablement
l'épaisseur du diélectrique, en lui donnant d'abord
4 millimètres au lieu de 2,4 millimètres, et finalement
4,7 millimètres qui est aujourd'hui l'épaisseur ordinaire.

Nonobstant ces désavantages, le câble fibreux enveloppé de plomb est très répandu à cause de son prix
moins élevé, plus particulièrement pour la distribution
à basse tension : et comme le temps seul peut montrer
quelle catégorie de câble est réellement la plus écono-

mique à poser et à conserver. nous devons attendre quelques années ; alors, sans doute. grâce à l'expérience acquise pendant ce laps de temps. on possédera les données suffisantes pour se prononcer.

En examinant les avantages comparatifs des différentes formes que l'on peut donner au conducteur (voir chapitre VI). nous avons fait ressortir que le choix de la forme a une influence considérable sur le coût de l'isolement, et que, dans beaucoup de cas, l'économie réalisée sur le poids du conducteur en employant la forme tubulaire ou rectangulaire. est plus que contre-balancée par l'augmentation de prix de l'isolement. Si l'on a besoin de la même résistance d'isolement par kilomètre, le poids de matière isolante croît en proportion du carré de la surface à couvrir par unité de longueur du conducteur, et dès lors toute augmentation de surface a un effet très marqué sur l'augmentation de prix. Ceci vient du fait que le rapport $\dfrac{D}{d}$ des diamètres extérieur et intérieur du diélectrique est une constante pour des résistances égales. et que le poids du diélectrique est proportionnel à $D^2 - d^2 =$ $d^2 \left\{ \left(\dfrac{D}{d} \right)^2 - 1 \right\}$, c'est-à-dire proportionnel à d^2. Ceci a une conséquence importante sur le prix des câbles concentriques, dont le conducteur extérieur est isolé de terre ; la surface à couvrir est. en effet. d'autant plus grande. Supposons, par exemple. qu'on veuille remplacer deux câbles distincts par un câble concentrique et qu'il faille les mêmes résistances dans le dernier que dans les premiers, entre un conducteur et l'autre, et entre l'un ou l'autre conducteur et la terre. Si d est le diamètre du conducteur et qu'un rapport $\dfrac{D}{d} = 2$ donne la résistance désirée R_i, le poids du diélectrique étant proportionnel à $D^2 - d^2$ est égal, mettons à $3 Ad^2$, si A est une constante subordonnée à la longueur du câble et au poids spécifique de la matière isolante. Le poids du diélectrique dans les deux câbles sera donc $6 Ad^2$, la résistance entre les deux conducteurs $2 R_i$, et entre l'un ou l'autre et la terre R_i. Comparons maintenant ceci avec le câble concentrique. D'abord le rapport de $\dfrac{D_1}{d}$ pour l'isolement intérieur doit avoir une plus grande valeur qu'on peut calculer ainsi :

$$\log \frac{D_1}{d} : \log \frac{D}{d} = 2 R_i : R_i, \text{ et comme } \frac{D}{d} = 2,$$

$$\log \frac{D_1}{d} = 2 \log 2, \text{ ou } \frac{D_1}{d} = 4.$$

Le poids est égal à $A (D_1^2 - d^2) = 15 Ad^2$, ou cinq fois ce qu'il était auparavant. Si l'on considère le conducteur extérieur comme un tube de section égale au conducteur intérieur, et qu'on appelle son diamètre extérieur d_1, on obtient $d_1^2 - D_1^2 = d^2$, ou $d_1 = 4,12\ d$. Pour obtenir une résistance R_i de terre, le diamètre extérieur du diélectrique $D_2 = 2 d_1 = 8,24\ d$, et le poids $= Ad^2 \{ (8,24)^2 - (4,12^2) \} = 50,9\ Ad^2$. Le poids total du diélectrique dans le câble concentrique est ainsi égal à $65,9\ Ad^2$, ou à près de onze fois le poids de matière isolante dans les deux câbles distincts.

Actuellement il n'y a pas de câbles concentriques fabriqués pour donner des résistances d'isolement égales, à cause de l'énorme dépense que cela entraînerait, mais il est souvent nécessaire de leur donner la même résistance à la tension disruptive, c'est-à-dire de faire l'épaisseur du diélectrique proportionnelle à la différence de potentiel entre ses deux surfaces; et bien que, dans ce cas, on ne rencontre pas une si énorme différence dans les poids de la matière isolante, cependant le poids pour le câble concentrique est souvent deux ou trois fois celui afférent aux deux câbles distincts.

Les mérites relatifs du câble concentrique par comparaison avec les deux câbles distincts ont attiré l'attention, et l'on a préconisé l'emploi du premier surtout pour les courants alternatifs à haute tension. Il y a beaucoup à dire sur les deux côtés de la question, et divers points méritent l'examen. Le câble concentrique présente certains avantages en ce qui concerne la question des courants induits dans les fils avoisinants, puisque, tant que l'isolement est bon, l'effet d'induction sur un fil voisin est nul, l'un des conducteurs étant concentrique avec l'autre et entièrement enfermé par lui. C'est là une question importante lorsque les fils télégraphiques ou téléphoniques courent parallèlement à un circuit traversé par des courants alternatifs ; mais, pour autant que l'auteur sait, aucun ennui n'a été éprouvé à cet égard, lorsque deux câbles séparés ont été posés tout près l'un de l'autre, par exemple dans le même tuyau.

Au point de vue de la sécurité du public, le câble concentrique vaut mieux, dans certaines conditions de fonctionnement, que deux câbles distincts. En effet, si la capacité du conducteur extérieur par rapport à la terre est considérable et que l'isolement de toutes les parties du circuit soit bon, le potentiel moyen du conducteur extérieur est le même que celui de la terre, et la plus grande différence pouvant exister entre les deux est celle due à la chute de potentiel causée par le courant circulant dans le câble. Cependant cet état de choses change complètement si l'isolement d'une partie quelconque du circuit devient défectueux. Supposons, par exemple, qu'un défaut se produise dans une partie de l'enroulement du transformateur, il en résultera que le point où existe la fuite sera ramené au même potentiel que la terre, de sorte qu'il peut exister. dans de semblables circonstances, une différence considérable de potentiel entre le conducteur extérieur et la terre. Il est arrivé quelquefois. lorsqu'une défectuosité de ce genre s'est produite et que le conducteur extérieur s'est trouvé séparé de terre par une mince enveloppe de matière isolante, — il est arrivé qu'une décharge a eu lieu entre les deux, qui a détruit l'isolement. La possibilité de l'occurrence de semblables défectuosités rend donc nécessaire que l'isolement du conducteur extérieur soit aussi épais et d'aussi bonne qualité que celui qui existe entre les conducteurs intérieur et extérieur.

Pour obvier à cette difficulté et s'assurer qu'il ne puisse jamais y avoir qu'une faible différence de potentiel entre le conducteur extérieur et la terre, on a proposé de les relier électriquement à une partie quelconque du circuit, et M. Ferranti a mis à exécution ce projet sur les conducteurs principaux de la *London Electric Supply Company*. Avec deux câbles séparés posés sous terre de manière que leurs enveloppes extérieures soient mises à la terre. le danger de recevoir une secousse est très faible. sauf si l'on vient à manier une partie quelconque du conducteur lui-même ; ce même danger se présente sur un circuit dans lequel les câbles sont concentriques. à moins que le principe des conducteurs concentriques ne soit appliqué entièrement à toutes les connexions avec les transformateurs, commutateurs, etc., c'est-à-dire à moins que le conducteur intérieur et tous les appareils auxquels il est relié ne soient complètement enfermés sur tous les points du circuit dans le conducteur extérieur. Lorsque tel est le cas et que le conducteur extérieur est à la terre, il est difficile d'imaginer une disposition pouvant donner une sécurité plus grande ; mais jusqu'à présent le système concentrique n'a été appliqué avec cette rigueur dans aucun des circuits que l'on emploie actuellement, et c'est pourquoi le degré de sécurité obtenu par l'usage de câbles concentriques n'est pas beaucoup plus grand que celui qu'on peut atteindre avec l'emploi des câbles séparés lorsque les précautions ordinaires sont prises.

Une difficulté qu'on rencontre dans l'usage des câbles concentriques, c'est qu'il est impossible de vérifier la condition de l'isolement entre les deux conducteurs sans commencer par couper les connexions qui les relient à la dynamo, aux transformateurs ou autres appareils en circuit ; par conséquent, on ne peut vérifier l'isolement quand le circuit fonctionne. C'est un sérieux désavantage du câble concentrique par comparaison avec les câbles séparés, attendu qu'avec ces derniers, on peut garder un contrôle continuel sur le circuit ; dans beaucoup de cas, on peut donc être averti avant qu'une faute ne se développe assez pour empêcher le circuit de fonctionner, ce qui permet de localiser cette faute et de la réparer avant qu'une interruption ne survienne dans l'éclairage.

Lorsqu'on emploie des câbles recouverts de plomb ou armés pour les courants alternatifs, il vaut toujours mieux faire usage de câbles concentriques, parce qu'avec un câble à conducteur unique revêtu de métal, il y a toujours une perte d'énergie appréciable venant des courants induits dans l'enveloppe, tandis que cette perte ne se produit pas avec les câbles concentriques, à cause des courants égaux et opposés dans les deux

conducteurs, dont les effets se trouvent ainsi neutra-
lisés. M. Ch. Jacquin a publié les résultats de quelques
expériences par lesquelles il a comparé l'énergie
dépensée à envoyer à travers un câble armé un courant alternatif dont la fréquence était de 50, avec
l'énergie nécessaire pour transmettre par le même
câble un courant continu d'égale intensité. Il a trouvé
que si l'enveloppe était bien isolée, l'énergie perdue
dans le câble était plus grande de 18 p. 0/0 pour le
courant alternatif que pour le courant continu, et que
si l'enveloppe n'était pas isolée, ce qui arrive généralement, ce chiffre montait à 28 p. 0/0. Quand on emploie
une plus grande fréquence, cette augmentation de
perte dans la transmission s'élève encore, et elle peut,
étant données les fréquences qu'on emploie ordinairement, ajouter jusqu'à 50 p. 0/0 à la perte dans le conducteur.

Quant aux jonctions, on éprouve plus de difficultés
avec les câbles concentriques qu'avec ceux à conducteur unique, surtout pour les joints en forme de **T** ;
c'est pourquoi le plus souvent on fait les connexions
dans une boîte de joints spéciale, plutôt que de faire le
joint habituel soudé et isolé.

Avant de quitter le sujet des câbles concentriques,
nous pouvons mentionner deux effets dus à leur capacité et qui ont été plus particulièrement remarqués
dans les câbles concentriques posés par M. Ferranti
de Deptford à Londres : 1° Il y a, dans certaines conditions. une augmentation de tension très appréciable
aussi bien aux bornes primaires qu'aux secondaires
d'un transformateur élevant la tension, quand il est relié à ces câbles, augmentation sensible par rapport à
la tension qui existe lorsque le circuit secondaire du
transformateur n'est plus relié à ces câbles.—2° Un cou-

rant d'une importance considérable circule à travers le diélectrique entre les conducteurs intérieur et extérieur. Le docteur Fleming a donné les résultats de quelques expériences sur ces conducteurs principaux dans sa brochure : « *Quelques effets des courants alternatifs dans des circuits ayant capacité et self-induction.* » Quand le courant a été fourni par un transformateur élévateur aux conducteurs, à une tension d'environ 10.000 volts et une fréquence de 67, on a constaté que le rapport des tensions aux bornes secondaires et primaires était supérieur au rapport de transformation des bobines, d'une quantité égale à environ 5 p. 0/0 quand on envoyait un courant de 30 ampères dans les conducteurs, et de 10 à 15 p. 0/0 lorsque le circuit était à vide. On a encore constaté qu'un courant de près de 16 ampères pénétrait dans le conducteur, quand on n'envoyait rien aux transformateurs à l'extrême bout, et que 30 ampères étant envoyés à cette extrémité, le courant pénétrant dans le conducteur était de 10 à 15 p. 0/0 plus fort. Ce courant est la résultante du courant envoyé à l'extrême bout du conducteur et du courant de charge décalé de 90° par rapport au premier ; on peut donc calculer le dernier en prenant la racine carrée de la différence des carrés des courants entrants et sortants. Comme on l'a déjà vu, on peut calculer indépendamment la charge dans un câble, lorsqu'on connaît la capacité, la tension et la fréquence ; elle est égale à $\dfrac{2\pi n\,KV}{10^6}$, si

n est la fréquence,

K la capacité en microfarads,

V la tension en volts.

Certes ces phénomènes peuvent également se présenter avec deux câbles séparés, mais, en règle, ils ne sont pas aussi accentués, parce que la capacité n'est pas aussi grande. La longueur de câble soumise à l'essai quand on a obtenu les résultats précités, était de 18 1/2 kilomètres. et la capacité entre le conducteur extérieur et le conducteur intérieur était pour cette longueur de 4 microfarads. mesurée suivant la méthode de charge ordinaire ; ce dernier chiffre est quelque peu supérieur à la capacité calculée d'après la charge suivant la formule indiquée ci-dessus.

CHAPITRE IX

Le caoutchouc, d'un usage si fréquent pour l'isolement ininterrompu des conducteurs électriques, est une gomme tirée d'une sève laiteuse existant dans les couches intermédiaires de l'écorce de certains arbres et plantes grimpantes qui croissent dans différentes contrées de l'Amérique du Sud, de l'Afrique et des Indes orientales. On l'obtient en faisant des incisions à l'écorce, ou en enlevant la première couche de l'écorce, ou encore — comme cela se pratique souvent à cause du plus grand rapport immédiat — en abattant les arbres ; on recueille la sève qui exsude et on la prépare de diverses manières pour la faire coaguler. La qualité des gommes varie beaucoup selon les districts de production ; cette variété dépend en partie de l'arbre dont on les obtient, et en partie de la manière des indigènes de les recueillir et de les préparer.

La meilleure qualité de caoutchouc vient du Para, ensuite et dans l'ordre que voici, des Indes orientales, de l'Amérique centrale et de l'Afrique ; on attribue la supériorité du caoutchouc du Para en grande partie à la façon plus soigneuse de le recueillir et à la manière de faire coaguler le lait, en l'exposant en couches minces à la fumée d'un feu de bois et de noix indigènes.

Il paraît que cette préparation neutralise à peu près
l'effet d'un principe de décomposition qui existe dans
la gomme telle qu'on la recueille des arbres et agit
si rapidement qu'une grande partie du caoutchouc
arrive en Angleterre à demi pourrie, parce qu'il n'a
pas été convenablement séché.

Les meilleures qualités de caoutchouc du Para pos-
sèdent, à l'état brut, une grande élasticité et faculté
de tension, et sont bien moins susceptibles de se
décomposer que lorsqu'elles ont subi les opérations du
lavage et de la mastication; malheureusement le
caoutchouc brut n'est pas d'un emploi facile pour les
différents objets auxquels on l'applique, et il faut le
soumettre d'abord à des opérations de lavage et de
mastication d'où il sort broyé et ayant perdu une
bonne partie de sa puissance de tension et de son
élasticité. Le caoutchouc mâché peut être façonné en
feuilles et en bandes, et c'est sous la forme de bandes
roulées en spirale autour du conducteur qu'on se
sert du caoutchouc pur comme isolant. La bande de
caoutchouc pur fabriquée avec les meilleures qualités
de caoutchouc brut possède une haute résistance spécifique d'isolement, mais elle est très sensible aux
changements de température, et l'emploi d'une chaleur
même modérée active la décomposition du caoutchouc.
Cette prompte décomposition est due à un agent
dissolvant que contient le caoutchouc et qui le fait,
lorsqu'il est exposé à la lumière et à l'action de l'atmosphère, devenir visqueux et prendre ensuite la
forme de résine cassante.

A l'origine, lorsque les conducteurs servant au
fonctionnement des télégraphes étaient isolés au
caoutchouc, on les enveloppait de rubans roulés en
spirale et les bandes qui recouvraient le tout étaient

jointes ensemble avec du naphte ou à l'aide de la
chaleur. On obtenait bien ainsi une couverture isolante imperméable, mais le traitement aidait à la
prompte décomposition du caoutchouc, et c'est surtout
à cause de la facilité du caoutchouc à se pourrir qu'on
a donné la préférence à la gutta-percha : préférence
qui paraît encore exister, quoique certainement sans
motifs suffisants en ce qui concerne les lignes télégraphiques de terre, surtout aujourd'hui qu'on a obtenu
de si excellents résultats avec l'isolement au caoutchouc vulcanisé. L'emploi de ce mode d'isolement fut
proposé il y a déjà plus de trente ans et l'on prit des
brevets pour différentes méthodes de couverture des
conducteurs avec cette matière ; mais ce fut seulement
en 1868 et les années suivantes qu'on s'en servit sur
une échelle un peu grande ; à cette époque, on posa
quelque chose comme 7.400 kilomètres de câble sous-
marin, avec enveloppe de caoutchouc vulcanisé, et
une grande partie fonctionne encore, après un séjour
de plus de vingt ans dans la mer.

En ce qui concerne l'éclairage électrique, il n'y a
que trois ou quatre ans qu'on emploie beaucoup ce
genre de câble, bien qu'on s'en fût servi quelquefois
avant ce temps pour des besoins spéciaux, mais sur
une petite échelle. Aujourd'hui on reconnaît que le
caoutchouc vulcanisé est une des meilleures substances — sinon la meilleure — pour l'enveloppe isolante des câbles et fils, surtout dans les distributions
de courants à haut potentiel et lorsque de grandes
tensions sont exercées sur le diélectrique. A ce propos,
on peut citer l'opinion exprimée par M. Kopsel à la
suite des expériences faites avec de hautes tensions
en avril 1891 dans les ateliers de MM. Siemens et
Halske, à Charlottenbourg : cette opinion est que le

seul isolateur solide possible pour le fonctionnement
à haute tension est le caoutchouc vulcanisé préparé
spécialement à cet effet.

Au début même de l'éclairage électrique, on employa presque universellement des câbles et des fils
isolés avec des bandes de caoutchouc pur, à cause de
la simplicité de l'outillage et de la facilité de la fabrication, et l'on posa des centaines de kilomètres de
longueur de ces fils dans les maisons et autres édifices
et à bord des navires. Le plus souvent, le conducteur
était garni d'abord d'un guipage de coton et, par-dessus, d'une ou plusieurs couches de bandes de caoutchouc pur posées en spirale; l'âme ainsi formée était
ensuite rubanée et tressée. On a objecté à ce mode
d'isolement : 1° que l'enveloppe n'est pas imperméable,
si l'on ne fait tenir les bandes ensemble au moyen d'un
dissolvant ou à l'aide de la chaleur; or ces deux
méthodes sont nuisibles au caoutchouc; 2° qu'elle ne
supporte impunément ni de très hautes ni de très
basses températures; 3° qu'elle n'a pas la puissance
mécanique suffisante pour permettre de manier le
câble ou le fil sans risque de détérioration. Ce défaut
de force mécanique se fit sentir plus particulièrement
sur les gros câbles, parce qu'à cause de la dépense
élevée qu'entrainait la pose d'une couche épaisse de
caoutchouc pur, on ne les recouvrait guère plus que
les petits fils.

Alors on imagina, pour les gros câbles, une autre
méthode de préparation et d'emploi du caoutchouc, qui
permettait d'en mettre·une couche beaucoup plus
épaisse qu'avec le caoutchouc pur, sans plus de
dépense, et présentait d'autres avantages très importants. On mélangeait et on pétrissait le caoutchouc
avec des matières inertes comme la litharge, le blanc de

Meudon, l'oxyde de zinc, le sulfate de baryum, le noir
de fumée, le sulfure de calcium, etc.; cela produisait
un caoutchouc composé d'une résistance spécifique
d'isolement moindre le plus souvent, mais bien meilleur
marché, à volume égal, que le caoutchouc pur, et plus
fort mécaniquement, en même temps que moins susceptible de se décomposer, lorsqu'on avait choisi avec
soin les sortes de caoutchouc et de matières inertes se
convenant réciproquement, et que le mélange avait
été bien fait. Quelques-unes de ces matières, spécialement la litharge et le blanc de Meudon, ont pour effet
de sécher le caoutchouc et de l'empêcher de se décomposer en absorbant le dissolvant qui en est la cause ;
d'autres rendent cette composition plus tenace ou plus
dure. Aussi est-ce surtout la qualité du caoutchouc et
les conditions de son emploi qui déterminent le choix
des matières et les quantités à employer de chacune
d'elles. Le caoutchouc mélangé est laminé et coupé en
bandes de largeur convenable que l'on applique sur le
conducteur au moyen d'une pression considérable et
de manière à former deux joints longitudinaux sur
toute la longueur où les bandes de caoutchouc sont
comprimées ensemble. Ces joints sont assez bons,
quoique seulement mécaniques, pour permettre l'emploi
du câble sous l'eau, si le caoutchouc est bien condi-
tionné et si les bords sont propres. Avant de recouvrir
le conducteur de caoutchouc, on l'enveloppe habituellement d'un ruban préparé, par-dessus le caoutchouc
on met un autre ruban, et le tout est recouvert d'une
forte tresse et enduit d'une composition pour empêcher
l'enveloppe fibreuse de se pourrir.

L'isolement avec le caoutchouc mélangé offre ce
double avantage sur l'isolement au caoutchouc pur,
que le premier constitue une enveloppe homogène et

imperméable qui, étant plus épaisse et plus forte, s'accommode sans inconvénient de moins de délicatesse dans le maniement ; qu'il ne se décompose pas aussi vite, et qu'il est moins sensible aux variations de température. Depuis quelques années, on se sert des câbles isolés par ce procédé, non seulement pour les conducteurs d'intérieur, mais encore pour le matériel extérieur, aérien et souterrain, et sur les circuits fonctionnant fréquemment à de hautes tensions. Ces câbles ont donné des résultats satisfaisants, bien que parfois le joint mécanique entre les deux bandes ait occasionné des ennuis ; mais le caoutchouc mélangé, malgré sa supériorité comme durée sur la bande de caoutchouc pur, n'est pourtant pas encore le type le plus durable ni le moins sensible aux changements de température.

La catégorie de câbles recouverts de caoutchouc la plus usitée présentement est celle dont le caoutchouc est vulcanisé, et son emploi sous cette forme, de préférence à toute autre, est justifié non seulement par l'expérience déjà acquise dans les câbles électriques, mais aussi par le fait qu'on prépare de cette manière presque tous les articles en caoutchouc manufacturé. L'expérience a démontré aux fabricants que le caoutchouc vulcanisé est la meilleure, sinon la seule préparation du caoutchouc qui réalise d'une manière satisfaisante les conditions de durée, de flexibilité et de résistance aux températures élevées. L'opération de vulcanisation s'accomplit en mélant au caoutchouc une petite quantité de soufre, et en soumettant le mélange, maintenu sous pression, à une température de 120° à 150° C. Le pourcentage de soufre nécessaire, la température et la durée de l'opération varient beaucoup suivant la qualité de caoutchouc employée ; certains caoutchoucs ne supportent qu'une légère variation de température ; par contre, on peut vulcaniser d'autres qualités à une température soit de 120°, soit de 150°, la durée de l'opération variant de quatre ou cinq heures à moins d'une heure. Il est donc indispensable, lorsqu'on a par exemple des joints à vulcaniser, de demander au fabricant des renseignements sur la température qui convient le mieux à la qualité de caoutchouc employée et le temps pendant lequel on doit la maintenir ; il faut également que les limites permises de variation de température et de temps soient bien définies, car autrement on risque de cuire insuffisamment le caoutchouc, ou de le cuire trop, ou de le brûler.

Par ce procédé de vulcanisation, le soufre se combine chimiquement avec le caoutchouc, et l'on obtient ce résultat de neutraliser l'action du principe de décomposition et d'augmenter considérablement la durée du caoutchouc, qui devient en même temps plus fort, plus flexible et capable de supporter sans altération une plus haute température. Le joint entre deux morceaux de caoutchouc cesse d'être mécanique lorsqu'on les a vulcanisés ensemble, car les deux morceaux sont unis en une masse homogène à ce point qu'il est impossible, même à l'examen, de découvrir la place exacte du joint. Quelques personnes ont élevé des objections contre l'usage du soufre à cause de ses effets de détérioration sur le fil de cuivre, mais on peut écarter cette difficulté en étamant le fil de cuivre et en dosant convenablement la quantité de soufre, c'est-à-dire en n'employant que juste ce qu'il faut pour déterminer la combinaison chimique avec le caoutchouc, de sorte qu'il ne reste que très peu de soufre libre, ou pas du tout même, pouvant agir sur le fil.

Pour parer à cette action, on intercale souvent une

couche de caoutchouc mélangé d'une manière spéciale, appelée séparateur, entre le caoutchouc soufré et le conducteur; la fonction de ce séparateur consiste à se combiner avec l'excès de soufre et à l'empêcher de pénétrer jusqu'au cuivre. Hooper avait proposé jadis, pour l'emploi du caoutchouc vulcanisé comme isolant, de recouvrir d'abord le conducteur de caoutchouc pur, de l'envelopper ensuite de métal mince, et enfin de caoutchouc vulcanisé; mais, dans les câbles qu'il fabriquait, on a remplacé l'enveloppe métallique par une couche de caoutchouc mélangé à haute dose d'oxyde de zinc, et ce genre de séparateur continue d'être très usité aujourd'hui. Cependant il n'y a guère de nécessité d'un séparateur spécial, qui est souvent inférieur en qualités mécaniques et électriques au caoutchouc convenablement vulcanisé, car on peut déterminer si exactement la quantité nécessaire de soufre, que ce qui reste après la vulcanisation est infinitésimalement faible et sans autre action sur le fil, si même cela existe, que de le ternir légèrement à la surface.

La méthode d'isolation du conducteur aujourd'hui la plus généralement adoptée consiste d'abord à enrouler autour de lui en spirale une ou plusieurs couches de ruban de caoutchouc pur, la direction de la spirale étant inverse pour chaque couche successive. On applique par-dessus deux enveloppes séparées ou plus de caoutchouc mélangé, et l'on met chaque enveloppe en faisant passer l'âme partiellement formée, avec deux bandes de caoutchouc mélangé, l'une dessus, l'autre dessous, entre une paire de rouleaux qui appliquent chaque bande autour de la moitié de l'âme et pressent fermement ensemble les bords des bandes supérieure et inférieure de manière à faire un bon joint longitudinal sur chaque côté. Lorsqu'on a mis le nombre suffisant de couches de caoutchouc mélangé pour donner l'épaisseur nécessaire, on serre étroitement l'âme avec un ruban caoutchouté roulé en spirale, et elle est prête alors pour l'opération de la vulcanisation. En mettant le caoutchouc mélangé en plusieurs couches séparées, on a pour but d'empêcher que des places faibles n'existent dans le diélectrique, et le moyen est pratique, car si l'on suppose l'existence d'une place défectueuse dans chaque enveloppe, il n'est pas probable qu'elles se rencontrent toutes au même point. Il y a une autre raison, c'est que les joints longitudinaux sont mieux faits avec un certain nombre de couches relativement minces, or la solidité de ces joints est très importante. Pour obtenir l'adhérence des différentes couches les unes aux autres (on en met jusqu'à huit et dix dans les câbles fortement isolés), et la bonne confection des joints longitudinaux, il faut que les surfaces du caoutchouc soient absolument propres et débarrassées de toute matière grasse ; en effet, le succès de la fabrication de ces câbles dépend en très grande partie du soin apporté dans la manipulation du caoutchouc.

On peut remplacer le caoutchouc pur par une couche de ruban caoutchouté, qui conserve le cuivre propre, mais n'augmente pas la résistance comme le caoutchouc pur ; quant aux enveloppes de caoutchouc mélangé, on peut en mettre quelques-unes de la composition spéciale appelée séparateur, et les autres de caoutchouc soufré, ou bien, toutes de la même qualité. Quand l'âme est prête pour la vulcanisation, on l'enroule sur des tambours que l'on place dans la chaudière à vapeur ; ou bien lorsqu'il s'agit d'un câble de plus grandes dimensions que l'on ne saurait traiter de la même manière, on l'enroule en couches successives dans de grands bacs en tôle, en ayant soin de séparer les différentes spires par du blanc de Meudon ou une matière analogue. Ensuite on expose l'âme à la température voulue pendant le temps qui convient le mieux à la qualité particulière de caoutchouc employée. Après sa sortie de la chaudière à cuire, il faut immerger l'âme dans l'eau et vérifier la résistance d'isolement, afin de voir s'il n'y a pas de défaut dans l'enveloppe et si la résistance est au degré voulu, étant donnée la qualité de caoutchouc employée ; si l'épreuve est satisfaisante. on porte l'âme aux machines à guiper et à tresser, où l'on applique la couverture extérieure de rubans ou de tresse enduits.

Bien qu'une enveloppe de plomb ne soit pas du tout nécessaire pour l'isolement avec une matière imperméable comme le caoutchouc, on enferme parfois ces câbles dans du plomb, pour les protéger davantage au point de vue mécanique. On introduit le câble dans un tube de plomb qu'on étire à travers des filières jusqu'à ce qu'il soit serré étroitement sur le câble ; ou encore on applique l'enveloppe de plomb à l'aide d'une presse hydraulique, comme cela se fait ordinairement pour recouvrir les câbles isolés avec des matières fibreuses. Lorsqu'on pose ces câbles à même la terre, au lieu de les mettre dans un tuyau ou conduit, on les arme de fils de fer galvanisé ou de rubans de fer roulés en spirale et par couches, en sens inverse.

Les méthodes employées pour réisoler le conducteur à la place des joints ont une action considérable sur le fonctionnement satisfaisant des câbles et fils. Des deux méthodes décrites, la seconde, dans laquelle on vulcanise le caoutchouc, est de beaucoup supérieure à la première, et on doit toujours l'employer pour le service extérieur et les circuits à haute tension. Cependant la première méthode, celle de l'isolement du joint avec le caoutchouc pur, donne d'assez bons résultats lorsqu'on emploie de basses tensions et que le joint n'est pas exposé à de hautes températures ou à une trop grande humidité, et, en raison de sa simplicité et de son bon marché, c'est elle qu'on applique toujours pour le service intérieur.

Joint en caoutchouc pur. — Après avoir fait le joint comme on l'a indiqué à la page 111 et lui avoir donné une surface unie et propre, on débarrasse le caoutchouc des rubans et tresses extérieurs et on les rabat en arrière de manière à mettre entièrement à nu la partie à recouvrir avec la nouvelle matière isolante : puis on

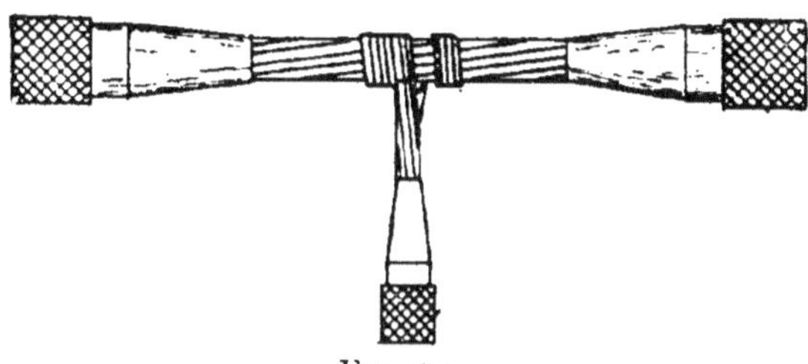

Fig. 32.

enlève la couche de vieux caoutchouc qui a été exposée à l'air pendant la confection du joint de cuivre, et si le caoutchouc est d'épaisseur suffisante, on le taille en biseau long (voir fig. 32). La partie nue du conducteur et les surfaces biseautées du vieux caoutchouc doivent être enveloppées serré et également avec des bandes de caoutchouc pur, jusqu'à ce que le diamètre soit égal au diamètre initial de l'âme, ou à peine plus grand. Enfin on entortille étroitement le caoutchouc et, sur une courte longueur, la tresse existante, avec de solides rubans caoutchoutés, et l'on applique sur le tout une bonne couche de vernis. Souvent on se sert d'une solution de caoutchouc pour faire adhérer les unes aux autres les bandes adjacentes de caoutchouc pur, mais cela est inutile lorsque le caoutchouc est propre et appliqué avec la pression suffisante ; en tous cas, on doit employer la solution avec mesure et laisser à l'essence le temps de s'évaporer avant de mettre une autre couche de caoutchouc. Le plus sûr moyen d'amener la pourriture prompte du caoutchouc est d'enduire chaque couche de solution et de la recouvrir aussitôt de caoutchouc. Quand le caoutchouc n'a pas l'épaisseur suffisante pour pouvoir être taillé en biseau, on enveloppe le vieux caoutchouc de caoutchouc pur à chaque bout, après avoir pris la précaution de gratter le vieux caoutchouc avec un canif et de le nettoyer avec de la benzine pure pour enlever la graisse ou la malpropreté.

Joint en caoutchouc vulcanisé. — La fabrication d'un joint vulcanisé exige, outre l'outillage nécessaire pour les joints en caoutchouc pur, un appareil pour le maintenir à une haute température pendant un temps donné, et il faut que cet appareil soit aisément portatif et n'occupe pas trop de place, parce qu'on l'emploie souvent dans des boîtes de jonctions de dimensions très modérées. A la fabrique, on cuit le caoutchouc en le maintenant en contact avec la vapeur, mais la difficulté de combiner un appareil à vapeur suffisamment portatif a fait naître l'idée d'employer un bain de soufre fondu dans lequel on met le joint. On a imaginé pour ce bain une boîte en deux parties en forme de **T** (fig. 33), dont les deux moitiés sont munies de rebords et peuvent être boulonnées ensemble, avec trois ouvertures, une à chaque bout et une de côté. La demi-boîte inférieure est pourvue d'un robinet, et la demi-boîte supérieure d'un trou pour introduire le soufre;

on peut également y placer un thermomètre, de manière que la boule plonge dans le soufre fondu et l'échelle sorte de la boite. On maintient la température en mettant une ou plusieurs lampes à alcool sous la chaudière, et le soufre fond dans un vase mis sur le fourneau dans lequel chauffent les fers à souder.

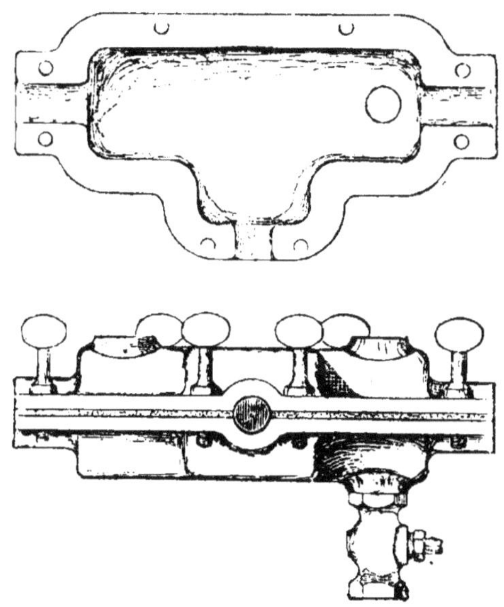

Fig 33.

On prépare le joint pour l'isolement de la manière déjà indiquée, et comme la propreté des surfaces biseautées du caoutchouc est de la plus grande importance, il faut qu'elles soient bien grattées et nettoyées ensuite avec de la benzine pure pour enlever toute graisse ou malpropreté. Alors on commence par rouler serré autour du conducteur une ou plusieurs couches de caoutchouc pur en les disposant de façon à recouvrir les bords intérieurs du vieux caoutchouc, puis, là-dessus et sur la surface biseautée du caoutchouc, on roule des couches de caoutchouc mélangé jusqu'à ce que le diamètre du joint soit presque égal à celui de l'âme initiale. Il faut appliquer le caoutchouc serré et également, de manière à ne pas laisser d'espaces remplis d'air, et l'on doit recouvrir le joint d'abord d'un ruban caoutchouté posé en spirale, puis d'un morceau de toile solidement roulé de façon à faire un joint longitudinal, enfin le lier étroitement avec du fort ruban à lisière appliqué en spirale. On met la toile et le ruban à lisière pour faire office de moule et maintenir le joint en forme et sous pression pendant la durée de la cuisson, et on les enlève dès que la vulcanisation est terminée. On place alors la moitié inférieure de la chaudière sous le câble, de façon que le joint plonge entièrement dedans ; le câble est enveloppé de caoutchouc ordinaire aux parties qui traversent les ouvertures de la chaudière, afin de protéger la première couche isolante contre l'excès de chaleur et de bien fermer les joints aux ouvertures; cela fait, on fixe le couvercle en le boulonnant et l'on verse le soufre fondu. Il est prudent de chauffer la chaudière avant d'y plonger le joint, pour que la température du soufre ne soit pas trop abaissée par la masse de fer, car autrement il serait difficile de ramener le soufre à la température convenable sans une perte de temps énorme, et avec certaines sortes de caoutchouc cela pourrait créer des ennuis, à cause de l'incertitude sur la durée de temps pendant laquelle il faut les soumettre à la pleine température. D'après les instructions données par la *Silvertown Company*, on doit maintenir le caoutchouc qu'elle fournit pour les joints vulcanisés à une température de 140° à 150°, pendant une demi-heure à la plus haute limite, ou pendant trois quarts d'heure à la plus basse, des durées intermédiaires étant admises pour les températures comprises entre 140° et 150°; mais on doit, s'il se peut, maintenir toujours la température entre 145° et 150°.

Le temps convenable expiré, on fait couler le soufre fondü à travers le robinet placé au fond de la chaudière, on retire celle-ci et l'on enlève les enveloppes de ruban à lisière et de toile. Il y a une manière facile de se rendre compte du degré de vulcanisation, elle consiste à rayer le caoutchouc, refroidi, avec l'ongle du pouce ; s'il est cuit convenablement, il cède à la pression, mais toute marque disparaît ; si l'empreinte de l'ongle subsiste, le caoutchouc n'a pas été suffisamment cuit ; enfin s'il est dur, s'il résiste, c'est qu'il est sans doute trop cuit. On protège extérieurement le joint vulcanisé en l'enveloppant avec de solides rubans qui s'étendent jusqu'à 2 à 3 centimètres sur la tresse du câble, et qu'on vernit.

Bien que les meilleures qualités de câbles recouverts de caoutchouc donnent les résultats les plus excellents, on ne doit jamais oublier que les caoutchoucs sont le plus souvent des mélanges, et que, par conséquent, il peut exister une différence très grande entre deux câbles, isolés tous deux avec des mélanges caoutchoutés. Ainsi, au point de vue de la résistance spécifique, certains mélanges donnent dix fois et plus la résistance de certains autres ; or, quoiqu'il n'y ait pas de règle absolue, on a constaté généralement que le caoutchouc qui donne le plus de résistance est en même temps le plus durable. Aussi est-il nécessaire souvent d'employer un câble possédant une résistance d'isolement beaucoup plus élevée que celle qui est rigoureusement utile, parce qu'il est fabriqué avec une bonne qualité de caoutchouc, et d'une épaisseur suffisante pour supporter les efforts mécaniques auxquels il peut être soumis. Outre ces composés auxquels on donne habituellement le nom de caoutchouc, il en est d'autres, comme l'okonite, qui sont aussi des mélanges de caoutchouc : le nom spécial dénote plutôt une différence dans le procédé de fabrication que dans la matière employée, parce que celle-ci varie suivant les exigences de chaque type de câble. Un des caractères principaux de la fabrication des câbles en okonite, auquel on a attaché une grande importance dans les spécifications de brevets, est la méthode différente d'application de l'enveloppe : on pose la bande d'okonite sur une bande de feuille d'étain et toutes deux entourent le fil de telle sorte qu'il n'y a qu'un joint longitudinal ; l'âme est également enfermée dans la feuille d'étain, qu'on retire seulement après la vulcanisation de l'okonite.

La gutta-percha, employée sur une si grande échelle pour les âmes de câbles sous-marins et les lignes télégraphiques souterraines, n'a eu qu'un très médiocre succès en ce qui concerne les câbles d'éclairage électrique, à cause de la basse température à laquelle elle s'amollit. Le procédé de fabrication consiste à passer le fil à recouvrir, d'abord dans un bain de composition Chatterton, et ensuite à travers une presse qui contient de la gutta-percha maintenue à l'état visqueux sous l'action de la chaleur ; on force la gutta-percha à sortir autour du fil en faisant passer celui-ci à travers une filière. Puis le fil recouvert est conduit à travers des auges d'eau froide pour solidifier la gutta-percha, enroulé sur un tambour, et soumis à l'examen ; alors on rectifie à la main les endroits défectueux que l'on peut découvrir dans l'enveloppe. L'âme est ensuite ramenée à la machine pour l'application d'une nouvelle couche de gutta-percha, et cette opération se répète autant de fois que l'exige le nombre de couches à mettre sur le fil. Après quoi, le fil recouvert est enveloppé de ruban, ou passé dans des tuyaux de plomb, ou encore garni de jute et armé, selon la nature de la protection mécanique qui est nécessaire.

L'isolation des joints s'effectue de la manière suivante : on écarte la gutta-percha sur une longueur de quelques centimètres pour enlever la couche extérieure, on recouvre le fil avec de la composition Chatterton, et la gutta-percha étant chauffée des deux côtés du joint, on la ramène jusqu'à ce qu'elle couvre entièrement le fil. Puis on applique une nouvelle couche de Chatterton, et, par-dessus, une feuille de gutta-percha préalablement chauffée et pressée étroitement autour du joint ; on enlève ce qu'il y a de trop avec des ciseaux. Le joint est serré étroitement et fini avec un instrument chaud que l'on manœuvre de manière à mêler la gutta-percha des deux côtés du joint en une masse homogène. Lorsqu'il est refroidi, le joint est recouvert de ladite composition et d'une autre feuille de gutta-percha posée et finie de la même manière, et cette opération est renouvelée selon l'épaisseur de l'enveloppe isolante.

La bitite, qui est la matière isolante employée par la *Callender Company*, est du bitume complètement épuré et vulcanisé. Le conducteur est recouvert d'une enveloppe de cette matière, appliquée sous pression, puis il est garni de ruban, ensuite recouvert de composition isolante et de nouveau rubané, enfin tressé de fil de chanvre et soumis à un bain de composition d'asphalte chaude. On isole les joints de ces câbles en recouvrant le conducteur de bitite à demi vulcanisée, jusqu'à atteindre le diamètre de la première couche isolante, et on le protège au moyen de rubans enduits

de composition. Ensuite on chauffe le joint à l'aide
d'une lampe pour solidifier les enveloppes et pour
compléter la vulcanisation de la bitite. Très souvent,
cependant, les joints mécaniques sont faits dans des
boites spéciales. Ces boites sont à doubles parois
(fig. 34 ; on fait passer les câbles dans la boite inté-

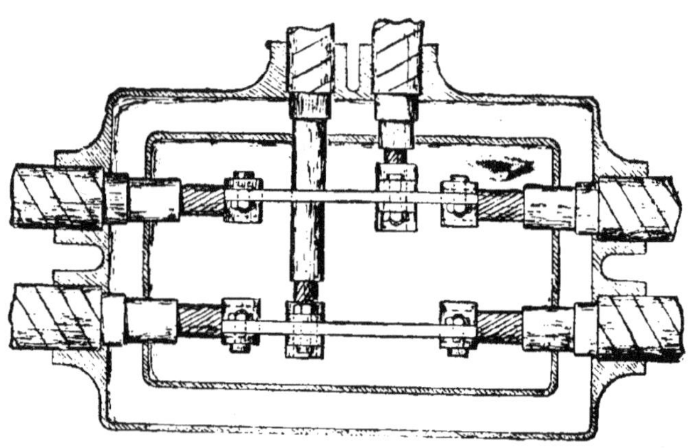

Fig. 34.

rieure, où les connexions sont établies au moyen de
ponts de cuivre. L'espace entre les deux boites, et
quelquefois la boite intérieure elle-même, sont alors
remplis de bitume pour empêcher l'humidité de pénétrer dans les joints, et la boite est fermée.

CHAPITRE X

Les câbles isolés sans interruption que nous avons décrits dans le chapitre précédent ne doivent pas la conservation de leur isolement à l'enveloppe de plomb dans laquelle on les enferme parfois ; cependant il y a un genre de câble très employé depuis quelques années, dans lequel la couverture de plomb constitue non seulement une protection mécanique, mais encore une partie intégrante de la couche isolante, puisqu'on compte sur elle pour empêcher l'humidité d'atteindre la matière fibreuse imprégnée qui entoure le conducteur. On parle souvent de ce genre de câble comme d'une invention récente, tandis qu'en réalité c'est un des premiers qu'on a expérimentés, et on peut dire le premier qui a eu un commencement de succès. On se souviendra que les premiers fils souterrains étaient isolés avec du coton imprégné d'une composition résineuse, et qu'on reconnut l'impossibilité de maintenir les lignes en bon état de fonctionnement à cause de l'humidité qui pénétrait l'enveloppe de coton. Cet inconvénient eut pour effet immédiat le remplacement, partout où on le pouvait, des lignes souterraines par des fils nus fixés sur des isolateurs aériens ; mais la plupart des premiers inventeurs étaient tellement convaincus des avantages des lignes souterraines qu'ils continuèrent de chercher le moyen de vaincre les difficultés qui avaient fait renoncer à ce genre de lignes.

On trouve le résultat de leurs efforts dans deux spécifications de brevets datées de 1845 et dans une troisième de l'année suivante : chacune indique des moyens d'enfermer la matière fibreuse dans une enveloppe de plomb. La première, de Wheatstone et Cooke, proposait d'enrouler une feuille de plomb autour de l'enveloppe de coton et de faire un joint longitudinal soudé, ou bien de mouler le plomb autour du fil recouvert par la pression hydraulique, selon la manière bien connue de faire des tuyaux de plomb avec le métal demi-fondu. La seconde, de Young et Mac Nair, proposait de faire séjourner jusqu'à imprégnation un conducteur recouvert de coton dans une composition résineuse chaude, après quoi le conducteur passait dans un tuyau qui passait lui-même dans un cylindre contenant du plomb à une température entre 120° et 200° C. et qui prenait fin dans une tuyère aboutissant à une filière, à travers laquelle le plomb était forcé de sortir autour du fil par la pression hydraulique. La troisième, de Mapple, exposait un procédé consistant à mettre le conducteur recouvert de matière fibreuse dans un tuyau de plomb, qu'on faisait s'allonger en le passant à travers des rouleaux ou filières, jusqu'à ce qu'il s'appliquât étroitement autour du fil recouvert. Les méthodes proposées par ces inventeurs ressemblent singulièrement à celles qui sont en usage de nos jours ; si ce genre de câble ne fut pas alors adopté généralement, cela tint sans doute à l'entrée en scène des fils recouverts de gutta-percha et à la faveur qu'ils rencontrèrent aussitôt auprès des ingénieurs des télégraphes, qui, sans les trouver parfaits, les considéraient comme de beaucoup supérieurs aux câbles recouverts de matière fibreuse.

Depuis qu'on est revenu à ce genre de câble, beaucoup de perfectionnements ont été apportés dans les détails de la fabrication ; on soigne beaucoup plus l'opération du séchage de la matière fibreuse, on veille à ce qu'elle soit complètement imprégnée de la composition ; aussi est-il adopté aujourd'hui sur une très vaste échelle, plus particulièrement sur le continent et en Amérique. Les matières employées par les fabricants sont le coton, le lin, le jute ou le papier, imprégnés de paraffine, d'ozokérite, de mélanges bitumineux ou résineux. On met l'enveloppe de plomb dans une presse, soit à une haute température avec pression modérée, soit à une basse température avec pression plus forte ; on passe le conducteur recouvert dans un tuyau de plomb qu'on fait s'allonger à travers la filière jusqu'à parfait ajustage, ou bien on l'injecte de matière isolante en quantité suffisante pour remplir absolument tous les espaces vides du tuyau. L'usage de l'enveloppe de plomb ayant pour but d'enfermer la matière fibreuse dans une couverture étanche, il est de la plus haute importance d'employer une méthode qui exclue, autant que faire se peut, tout défaut dans le plomb, et qui permette de vérifier pendant la fabrication l'état de l'enveloppe ; c'est pour cette raison que, dans tout système, la méthode adoptée pour enfermer le conducteur recouvert a plus d'importance que l'espèce de matière fibreuse ou de composition qu'on peut employer.

On peut prendre le câble Berthoud-Borel comme exemple du procédé à haute température. Le conducteur recouvert est plongé dans un bain chaud d'huile de lin et de résine, d'où il passe tout droit à la presse, après imprégnation complète; là, on force le plomb à l'état de fusion à sortir à travers une filière, au centre de laquelle passe l'âme. Cette âme recouverte de plomb est ensuite entortillée de rubans enduits de composition et l'on applique une seconde enveloppe de plomb pour la protéger davantage; on prend la même précaution pour le plomb que pour le caoutchouc ou la gutta-percha : de même qu'on a appliqué plusieurs couches distinctes de ces matières, de même on met deux enveloppes de plomb, afin que le défaut qui se trouverait dans l'une soit corrigé par l'autre, car il n'est pas probable que le même défaut existe dans les deux absolument au même endroit. A ce point de vue, la seconde enveloppe de plomb présente un avantage incontestable, bien qu'elle augmente beaucoup le poids et le volume du câble et diminue sa flexibilité ; et le fait que, malgré ces inconvénients, les fabricants ont admis la nécessité de doubler l'enveloppe de plomb, semble confirmer l'opinion que le plomb est plus poreux et moins également épais quand on le soumet à une haute température, que lorsqu'on emploie une plus grande pression, avec une température plus basse.

Les câbles recouverts de plomb Siemens, Felten et Guilleaume, Fowler Waring, Callender et Silvertown, sont autant d'exemples du procédé à basse température, et l'on fait valoir en leur faveur que la couverture de plomb qui est appliquée sous une pression très considérable et à une température bien au-dessous du degré de fusion, est plus forte, moins poreuse et plus uniformément épaisse, que lorsqu'on maintient une température plus élevée. Le conducteur du câble Siemens est enveloppé de jute et imprégné d'un composé bitumineux spécial mélangé avec de l'huile lourde, puis on le recouvre de plomb ; sur le plomb, une couverture de rubans solides enduits de composition, ou de jute, par là-dessus deux enveloppes de bandes de fer posées en spirale et en sens inverse, enfin le câble est garni de jute enduit. Les autres câbles mentionnés ci-dessus sont faits presque de la même manière, armés ou non armés suivant les besoins ; la composition employée est généralement un mélange bitumineux ou résineux.

On a imaginé récemment un autre câble recouvert de plomb du même genre, celui de la *Norwich Insulated Wire Company* ; le papier remplace le coton ou le jute. On roule des bandes de papier imprégné en spirales autour du conducteur, et, à chaque tour, on le passe à travers une filière qui le presse en une masse compacte. Ensuite on expose l'âme à une température d'environ 120° C. pour chasser l'humidité du papier et on la plonge dans un bain d'une composition spéciale et, de là, elle va directement à la presse pour recevoir l'enveloppe de plomb.

Les méthodes employées pour recouvrir de plomb le conducteur à l'aide d'une presse ne permettent pas de vérifier facilement la solidité du plomb, à moins que le câble ne soit immergé très longtemps dans l'eau ; un défaut partiel peut très bien exister qui, même après une immersion prolongée, ne laisse pas l'humidité pénétrer jusqu'à l'enveloppe fibreuse, mais qui atteindra peut-être toute l'épaisseur du plomb, lorsque le câble aura été roulé ou déroulé sur les tambours, ou soumis d'une manière quelconque à des efforts de flexion.

C'est pour cette raison que certains constructeurs ont préféré employer le tube de plomb manufacturé, qu'on peut vérifier sous pression pour voir s'il est solide, et y introduire le conducteur recouvert. On emploie rarement le système d'allongement du tube au moyen des filières, parce qu'il laisse l'enveloppe fibreuse à découvert pendant l'opération et qu'il est dès lors impossible d'obtenir une bonne résistance d'isolement à cause de l'absorption d'humidité; mais on peut tourner cette difficulté en remplissant de matière isolante l'espace vide entre le conducteur recouvert et le tube, au lieu de réduire le diamètre du tube lui-même. Le câble Patterson en est un exemple : le conducteur est enveloppé de coton et imprégné de paraffine, puis passé dans un tube de plomb au travers duquel on pompe sous pression de la paraffine aérée. L'opération du remplissage constitue donc une épreuve de la solidité du tube et des joints, en ce que la pression est suffisante pour forcer la paraffine à sortir aux points faibles. Le mélange d'un gaz sec avec la paraffine a pour objet de la rendre plus élastique et en même temps de réduire la capacité électro-statique des câbles. Les fabricants prétendent que la contractilité naturelle de la paraffine, qui est une grosse objection à son emploi, est compensée par l'expansion du gaz, qu'on n'a pas à craindre la formation de crevasses livrant passage à l'humidité en cas d'accident au tuyau de plomb, ni qu'un défaut causé par cet accident puisse par conséquent s'étendre à tout le câble.

La facilité avec laquelle toutes les matières fibreuses absorbent l'humidité oblige à prendre des précautions spéciales pour isoler les connexions terminales, et elle rend la tendance à un abaissement de l'isolement, partout où il y a un joint, plus grande que dans les câbles recouverts de matière imperméable. Pour surmonter cette difficulté, les fabricants de câbles recouverts de plomb ont inventé des boites terminales et de jonctions; on emploie les premières dans les connexions avec des commutateurs ou autres appareils, et les dernières lorsqu'on ne peut pas faire facilement sur le câble un joint recouvert de plomb. Si l'on ne recourt pas à ces appareils spéciaux, on isole le joint en l'enveloppant de rubans préparés, et de grandes précautions sont nécessaires pour protéger contre l'humidité la matière isolante mise à découvert; sur cette enveloppe on met un manchon de plomb qui est fixé des deux côtés à la couverture de plomb par des joints soudés. Quelquefois le manchon de plomb a un trou pratiqué près du centre et par lequel on introduit de la composition isolante pour remplir les vides et solidifier le joint, le trou étant ensuite soudé de manière que tout soit étroitement clos. Lorsqu'il faut mettre un conducteur à nu pour établir une connexion avec un appareil quelconque situé dans le circuit, on coupe le plomb un peu en arrière, et l'on fait sécher par la chaleur la partie de matière fibreuse exposée à l'air; ensuite on l'enveloppe serré avec une bande de caoutchouc qu'on étend un peu, à un bout, sur la partie nue du conducteur, et, à l'autre bout, sur le tube de plomb, de manière à garantir autant que possible de l'humidité la matière isolante.

Les boites de joints et les boites terminales adoptées par les différents constructeurs sont toutes à peu près les mêmes en principe, chacune d'elles ayant pour but d'enfermer la fibre isolante mise à découvert dans une boite étanche, remplie d'huile lourde ou d'une autre composition isolante.

Les dessins de l'appareil employé par MM. Felten et Guilleaume pour leurs câbles recouverts de plomb font voir très clairement le système général adopté pour cet objet. La figure 35 représente une boite terminale de

câble unique ordinaire ; *a* est une boîte métallique,
fermée en haut par un couvercle en ébonite *b*, et se
terminant à l'extrémité inférieure dans un gland avec
une rondelle en caoutchouc *c* et un écrou *d*. On prépare
le câble en coupant plusieurs centimètres de la couche
isolante, et cinq ou sept centimètres de plus du tube
de plomb, laissant ainsi à découvert la matière fibreuse.
On nettoie et étame le bout du conducteur, et l'on

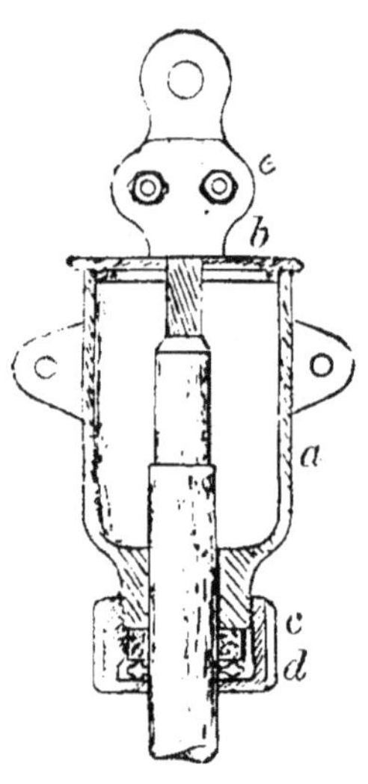

Fig. 35.

retrousse la couche fibreuse, puis on passe l'écrou, la
rondelle et la boîte métallique sur le bout du câble, et
après avoir fixé le tout en position, on fait un joint
serré en vissant l'écrou. On remplit la boîte métallique
de matière isolante jusqu'à ce qu'elle soit absolument
pleine, on ferme avec le couvercle en ébonite, et l'on
visse serré le bout en saillie du conducteur dans la
griffe *e*.

C'est avec une boite du même genre qu'on termine un câble concentrique. On prépare l'extrémité de ce câble en enlevant plusieurs centimètres du tube de plomb, puis en coupant la fibre isolante extérieure à 3 à 5 centimètres du tube, et en recourbant les fils du conducteur extérieur à angle droit du câble, mettant ainsi à découvert l'enveloppe fibreuse intérieure (voir fig. 36). Alors on enlève en partie cette enveloppe inté-

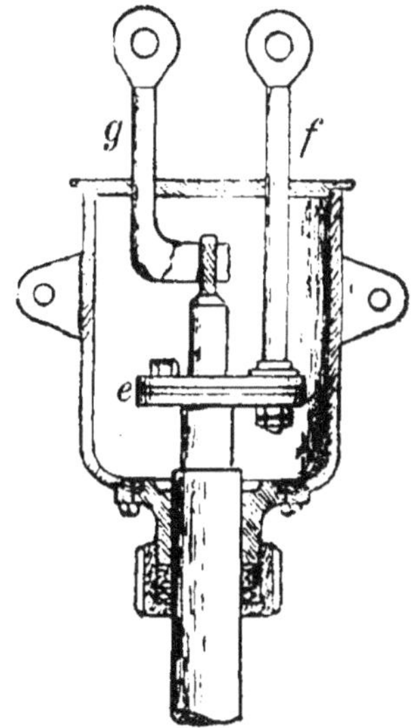

Fig. 36.

rieure, de manière que l'extrémité du conducteur intérieur soit nue. Les fils du conducteur extérieur sont tenus entre deux plaques métalliques e auxquelles se relie une tige en bronze f; et le conducteur intérieur est soudé ou vissé à une tige recourbée g. On remplit la boite métallique de matière isolante comme précédemment, et l'on ferme avec un couvercle en ébonite en deux morceaux.

Pour faire des joints droits ou en forme de **T** sur un câble, on peut se servir d'une griffe, ou bien souder les joints en cuivre à la manière habituelle, le joint étant, dans l'un et l'autre cas, enfermé dans une boite en deux pièces, qui sont boulonnées ensemble.

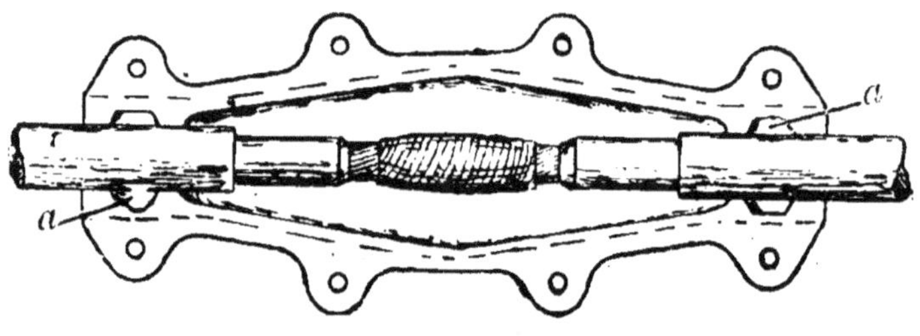

Fig. 37.

La figure 37 montre un joint droit soudé, et la figure 38 un joint en forme de **T** fait avec des griffes. On prépare les extrémités du câble de la manière déjà

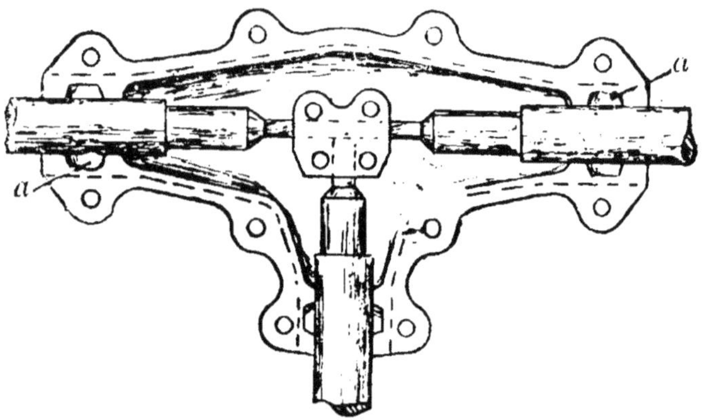

Fig. 38.

décrite et l'on soude ou serre ensemble les conducteurs, le tube de plomb étant coupé de façon qu'il en entre dans la boite environ 3 centimètres ou plus. On place alors la partie inférieure de la boite sous le joint,

et la partie supérieure dessus, et l'on boulonne
ensemble les deux moitiés en mettant entre elles du
caoutchouc pour faire un joint étanche. Des trous sont
pratiqués dans la partie supérieure de la boite. l'un
qui conduit à l'intérieur même de la boite, l'autre dans
chacune des petites chambres marquées a. Par ces
trous on remplit la boite principale de matière isolante
et les petites chambres d'asphalte, ensuite on clôt les
trous avec des chevilles à vis. La figure 39 montre une
boite similaire disposée pour faire un joint droit sur
un câble concentrique, et la figure 40 un plan de boite
contenant un joint en forme de T sur un câble également concentrique. Les conducteurs intérieurs sont
reliés par une griffe semblable à celle employée pour
le câble unique ordinaire, et les fils des conducteurs
extérieurs sont, comme précédemment, recourbés en
dehors à angles droits et serrés entre deux plaques
reliées elles-mêmes par des barres de couplage.

Les conducteurs isolés que nous avons décrits jusqu'à présent sortent tous de la manufacture sous forme
de câbles d'une longueur considérable, il faut donc,
pour la commodité du maniement, qu'ils soient plus ou
moins flexibles ; mais il existe un autre type de conducteur isolé qui se compose de plusieurs sections
rigides et courtes, qu'on joint ensemble pendant l'opération de la pose : les exemples les plus remarquables
de ce type sont les tubes Edison et Ferranti. La
méthode de construction adoptée pour ces conducteurs
permet l'usage de tiges solides ou de tubes de cuivre
d'une section considérable, au lieu de torons de fils,
mais elle entraine la confection d'un joint sur le conducteur tous les six mètres ou environ et par conséquent une solution de continuité dans l'enveloppe isolante.

Le système de conducteurs souterrains d'Edison a été introduit il y a environ dix ans : ce fut le premier et pendant longtemps l'unique système qu'on pût pré-

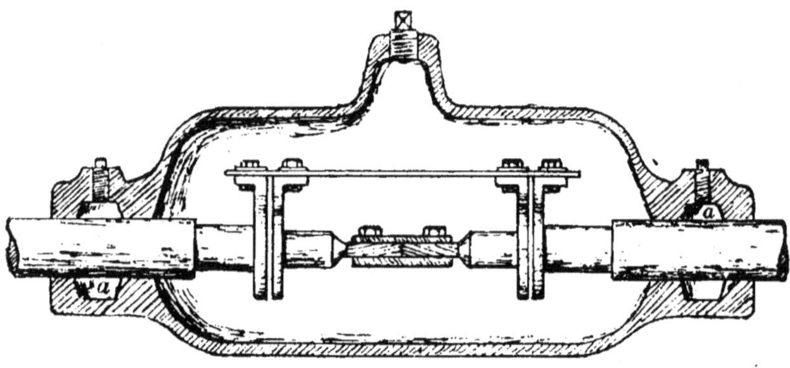

Fig. 39.

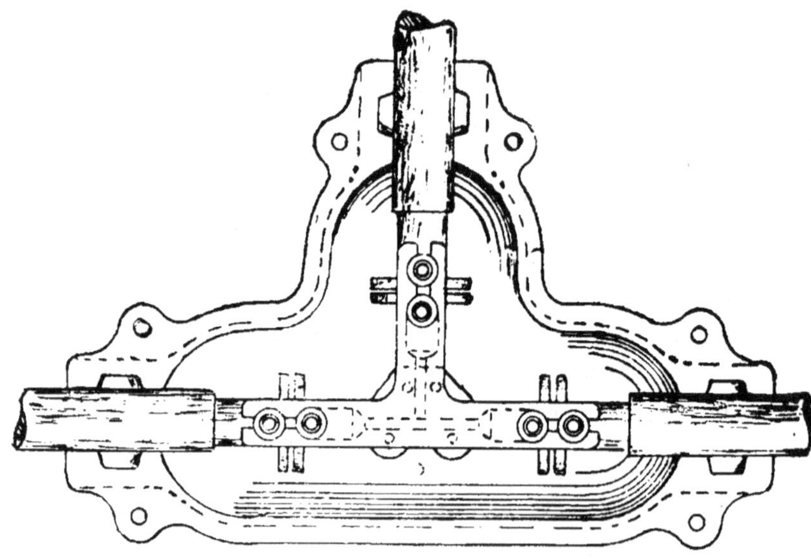

Fig. 40.

senter comme complet pour effectuer la distribution de courants à basse tension par des conducteurs sou-

terrains. On a modifié depuis lors sur beaucoup de
points les détails de construction du tube ; mais les
conducteurs, tels qu'on les fabrique aujourd'hui, au
nombre de trois, sont des tiges de cuivre massives
d'environ six mètres de long, guipées séparément de
corde sèche et mises en position au centre d'un tube
en acier. Ce tube est un peu moins long que les tiges
de cuivre, de sorte que celles-ci dépassent de quelques
centimètres à chaque bout. Il est relié à une pompe qui
sert à faire le vide et à introduire une composition
bitumineuse chaude pour remplir toute la place qui
n'est pas occupée par les conducteurs. C'est ainsi que
l'on fait par sections de six mètres ou environ un câble
à trois conducteurs (comme celui que montre la fig. 41),

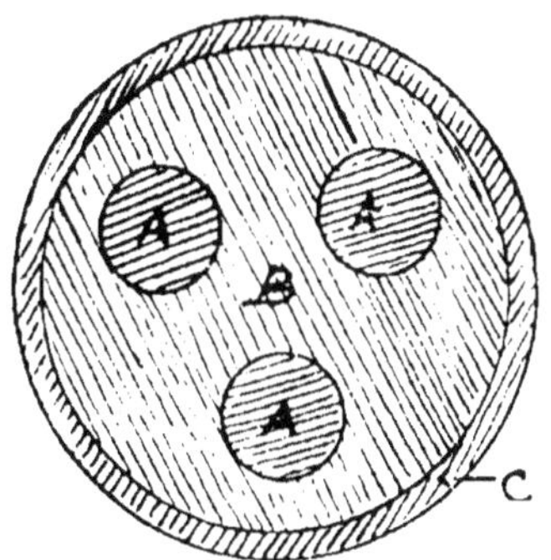

Fig. 41.

AAA. tiges de cuivre. — B, composition isolante. — C, tube d'acier.

noyés dans la matière isolante et protégés mécaniquement par le tube qui contient le tout ; et c'est dans cette
forme que les sections sont livrées par la fabrique pour
être posées en terre, la jonction des longueurs entre
elles a lieu lorsqu'elles sont mises en position. On fait
les connexions entre les tiges de cuivre correspon-
dantes au moyen de courtes longueurs de câble de

cuivre flexible, à chaque bout desquelles sont soudés des manchons percés de trous pour l'introduction des tiges de cuivre (fig. **42**). Une capsule en deux parties

Fig. 42.

(fig. **43**) qui fait partie d'un joint mobile est ensuite boulonnée à l'extrémité de chaque tube, et ces capsules sont emboîtées dans les cavités pratiquées aux sorties d'une boîte en fonte coupée en deux, dont les moitiés sont boulonnées ensemble, de manière à tenir solidement les capsules, et par suite les tubes. Les joints sphériques admettent une certaine déviation de la

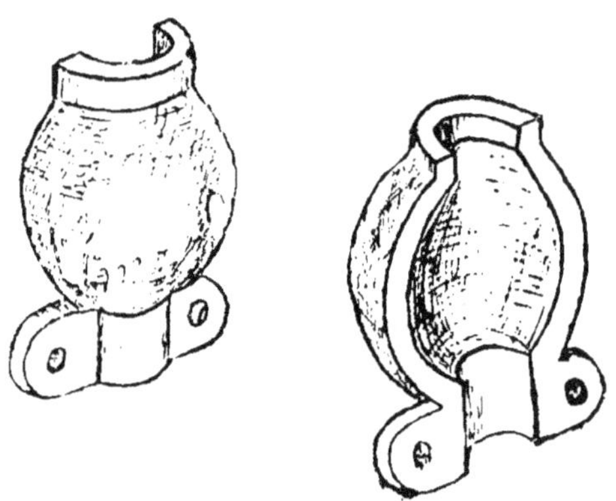

Fig. 43.

ligne droite dans l'alignement des tubes et présentent une flexibilité suffisante pour les exigences de la pose sous terre. La moitié supérieure de la boîte de fonte est percée de trous qu'on peut boucher avec des chevilles à vis et qui servent à remplir la boîte de composition bitumineuse chaude.

Pour les joints droits, on emploie une boîte avec une ouverture à chaque extrémité (fig. 44), et pour les joints en forme de **T** une boîte avec trois ouvertures, comme le fait voir la figure 45, qui montre également

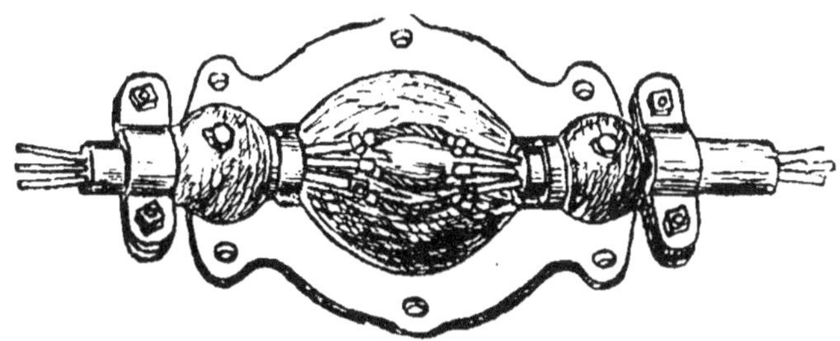

Fig. 44.

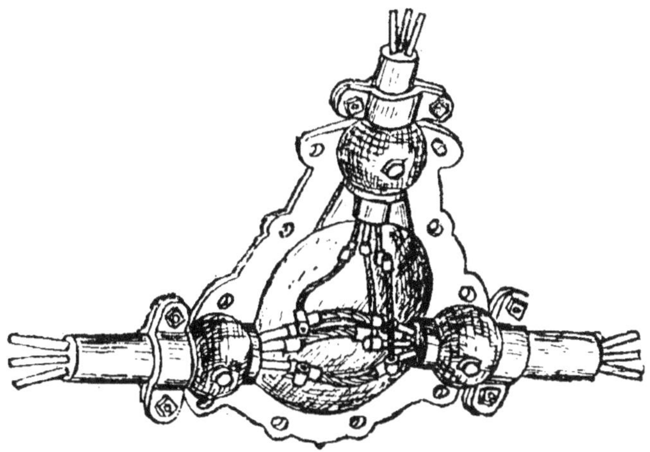

Fig. 45.

la manière de relier ensemble les câbles principaux et les câbles d'embranchement.

En Amérique, où l'on a posé de grandes longueurs de câbles souterrains, on a fait une vaste application du système Edison, et en définitive il a donné des résultats satisfaisants, tout en laissant à désirer au point de vue de l'isolement. La boîte de joints par chaque six mètres est commode pour les conducteurs principaux de distribution parce qu'elle offre de grandes facilités pour brancher des fils de service, mais le nombre de ces boîtes et la difficulté de les conserver toutes étanches sont défavorables à une haute résistance d'isolement. En outre, la localisation et la suppression d'un point défectueux obligent à déterrer le conducteur, et cet affouillement du sol peut donner lieu à de grosses dépenses s'il se produit fréquemment des défauts. Ce système est appliqué par la plupart des Compagnies Edison locales en Amérique, mais non pas universellement, puisque quelques-unes emploient maintenant des câbles, de même que la *Continental Edison Company* dans plusieurs de ses installations à Paris et ailleurs.

Les câbles Ferranti qui relient la station de la *London Electric Company* à Deptford avec les stations de distribution à Londres, sont faits de courtes longueurs rigides, livrées par la manufacture avec leurs bouts préparés pour la jonction, les joints étant faits au fur et à mesure de la pose en terre du conducteur. Ce conducteur, qui est concentrique, se compose de deux tubes de cuivre, l'un entièrement dans l'autre ; les tubes intérieur et extérieur sont isolés l'un de l'autre avec du papier brun enduit de cire noire, le tube extérieur est recouvert de la même matière isolante, et le tout protégé contre les accidents mécaniques par un tube en fer dans lequel on l'enferme (fig. 46). Le tube intérieur de cuivre a environ 6 mètres de long, 14 millimètres de diamètre intérieur, et 20,6 millimètres de diamètre extérieur, et l'on roule autour des bandes de papier brun préparé d'une largeur égale à la longueur du tube, jusqu'à ce qu'on obtienne un diamètre de 47 millimètres. On place ensuite le tube isolé dans un autre tube de cuivre dont le diamètre est un peu plus grand que celui de l'isolant en papier, et l'on tire le tube extérieur à travers une filière jusqu'à ce qu'il s'applique étroitement sur l'isolant. Le diamètre extérieur du tube est de 49 millimètres, et l'on roule dessus du papier brun plongé comme précédemment dans un bain de cire chaude, jusqu'à ce qu'on obtienne une épaisseur de 3,2 millimètres, et l'on met le tout dans un tube de fer d'environ 1,5 millimètre d'épaisseur. Ce tube est percé d'un trou par lequel on introduit, au moyen d'une pompe, de la cire chaude pour chasser l'air et former une masse solide de matière isolante entre le tube de cuivre extérieur et le tube de fer.

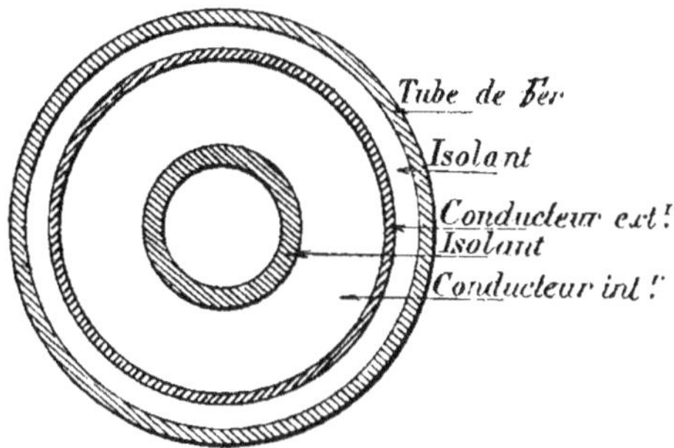

Fig. 46.

On porte ensuite chaque longueur de câble sur un tour à mandrin creux pour préparer les bouts à recevoir les jonctions, qui se font de la manière suivante. On coupe à un bout une longueur de 43 centimètres du tube de fer et l'on enlève l'isolant mis à découvert jusqu'à une distance de 35 centimètres de l'extrémité; ensuite on coupe environ 15 centimètres du tube de cuivre extérieur et l'on tourne la couche isolante inté-

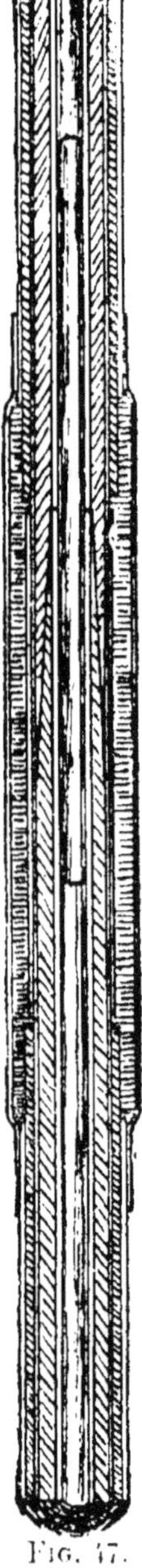

Fig. 47.

rieure de manière à former un cône mâle qui s'étend de l'extrémité du tube de cuivre extérieur à l'extrémité du tube intérieur; enfin le dedans du tube intérieur est entaillé sur une longueur de 23 centimètres pour former un trou parfaitement cylindrique de la dimension nécessaire.

A l'autre bout, on coupe une longueur du tube de fer de 28 centimètres et on enlève 20 centimètres de la couche isolante extérieure, puis on tourne la couche isolante entre les deux conducteurs de manière à former un cône femelle de 15 centimètres de long, qui correspond exactement au cône mâle de l'autre bout, et l'on entaille le dedans du tube intérieur.

On enfonce une tige de cuivre massive de 46 centimètres de long dans le tube intérieur jusqu'à la moitié de sa longueur, et l'on pousse un manchon de cuivre de 40 centimètres de long sur le tube de cuivre extérieur, de telle sorte qu'il recouvre les 20 centimètres dépouillés de la couche isolante extérieure. Ce manchon est fixé solidement en place au moyen d'un instrument avec lequel on fait au moins trois rainures circulaires, afin de rayer à la fois le manchon et le tube de cuivre extérieur. Alors les tubes sont prêts pour la pose, car le joint (fig. 47) s'achève sur place, en joignant le bout femelle d'un tube, avec sa tige de cuivre en saillie et son manchon, au bout mâle d'un autre tube. Les deux tubes sont unis fortement ensemble par une presse à

vis, pendant qu'on chauffe le joint pour faire adhérer
l'une à l'autre les deux surfaces à cône de l'isolant,
puis on fixe le manchon de cuivre sur le tube extérieur
de la seconde longueur au moyen des rainures circulaires dont nous avons déjà parlé. Avant de réunir les
deux bouts ensemble, on fait glisser un manchon de
fer d'environ 75 centimètres de long sur une longueur
de conducteur ; ce manchon s'ajuste presque à chaque
bout au tube protecteur, mais aux autres endroits il
est d'un diamètre un peu plus grand, et dans les parties plus larges on met un manchon de papier préparé.
Lorsque le joint de cuivre est terminé, on le recouvre
de matière isolante jusqu'à ce que son diamètre soit
égal à celui du tube protégé ; on fait glisser le manchon de fer de manière à enfermer le joint ; pour chasser l'air, on introduit de la cire chaude par un trou
pratiqué dans le manchon, et l'on remplit toute la place
non encore occupée par la matière isolante ; on fixe
les extrémités du manchon par des rainures circulaires
et l'on bouche avec une cheville à vis le trou par lequel
la cire a été introduite. Au début, on éprouva de grandes
difficultés à fabriquer ces joints, mais les résultats
furent plus satisfaisants, les joints furent bien mieux
et plus promptement faits, à mesure que les ouvriers
s'exerçaient et se familiarisaient avec ce genre de
travail.

Bien que les joints de cuivre dépendent entièrement
de la surface de contact entre la tige et le manchon
unis étroitement avec leurs tubes respectifs, la résistance réelle mesurée d'un conducteur principal (qui
est de 2,1 ohms pour environ 10.000 mètres de conducteur double) correspond de très près avec la résistance
calculée d'après les sections des conducteurs ; ce résultat est dû sans doute à la grande surface de contact

aux joints, et à l'augmentation de section déterminée par les tiges et les manchons à ces jonctions. Dans un mémoire sur « *Les effets des courants alternatifs dans les circuits ayant de la capacité et de la self-induction* ». lu à l'*Institution of Electrical Engineers*, le Dr Fleming a présenté les chiffres suivants comme les résultats de mesures faites par lui sur une longueur de câble d'environ 2.200 mètres de long, avec une température de 0° C. :

Résistance du cuivre, 0,2015 ohm légal par kilomètre de conducteur double ;

Résistance d'isolement, 1,160 megohm par kilomètre entre le conducteur extérieur et le conducteur intérieur;

Capacité électro-statique, 0,228 microfarad par kilomètre entre le conducteur extérieur et le conducteur intérieur.

On voit par ces chiffres que la résistance spécifique de la matière isolante n'est pas très élevée, le rapport du diamètre intérieur au diamètre extérieur de la couche isolante étant d'environ 2,3 ; mais cela est de peu d'importance en comparaison de sa résistance aux décharges disruptives, parce que la résistance qui monte à 115 megohms pour 10.000 mètres, suffit encore même réduite de 50 p. 0/0 par la correction de température, si on peut la maintenir constante dans toutes les conditions. Une fois posés, les câbles furent essayés avec une tension de 20.000 volts, et à cela près de quelques joints défectueux, ils résistèrent à cette tension ; depuis le commencement de février 1891, on les emploie avec une tension de travail de 10.000 volts. Le point faible du câble, en ce qui concerne l'isolement et la résistance à la décharge disruptive, est le nombre énorme des joints, parce qu'à chacun d'eux il y a coupure du papier préparé, et que la continuité de l'enveloppe ne dépend plus que de la cire, de sorte qu'on est très exposé à ce que par l'effet de la flexion, de l'expansion ou de la contraction inégale, ou de vibrations ininterrompues, ces joints deviennent défectueux, et se rompent sous l'effort continu d'une haute tension.

Il y a un autre moyen d'assurer l'isolement ininterrompu d'un conducteur, c'est le système de l'isolement par l'huile, de Brooks. Ici encore on ne termine pas à la manufacture le câble isolé, car une partie du travail d'isolation s'exécute quand le conducteur est en place. Le conducteur est tressé de jute ou de chanvre, ce qui sert à le préserver d'un contact mécanique avec le tuyau dans lequel il est posé, ou avec un autre conducteur installé dans le même tuyau; l'isolement s'effectue en remplissant complètement ce tuyau d'une matière isolante liquide. On se servit d'abord d'une huile minérale ordinaire, mais cette huile ayant l'inconvénient de s'échapper des tuyaux, on la remplaça par une huile lourde de nature résineuse, consistante comme de la mélasse très épaisse et moins susceptible de traverser les joints du tuyau. Cette huile possède, dit-on, une haute résistance d'isolement, résiste très efficacement aux décharges disruptives et ne subit aucune altération, attendu qu'exposée à l'air, elle ne s'oxyde pas.

Les tuyaux en fer qui contiennent le conducteur recouvert de jute et l'huile, sont posés sous terre et pourvus, suivant les besoins, de boîtes d'introduction et de boîtes de jonctions : à la partie la plus élevée de la canalisation, est fixé un récipient en fonte avec couvercle mobile, qui sert de réservoir d'huile et assure la provision d'huile dans les tuyaux tant que lui-même en contient. Les entrées des boîtes à travers lesquelles passent les câbles sont en général pourvues d'un ajutage pouvant servir à faire un joint étanche, ce qui permet de retirer l'huile de la boite pour les vérifications ou pour relier un branchement, sans vider en même temps les tuyaux. Après la pose des tuyaux et des boites et la confection de tous les joints, on introduit les câbles. Préalablement à cette phase et pour les y préparer, les câbles tressés, qu'on apporte de la manufacture sur des tambours, sont mis dans un récipient portatif qui contient de la matière isolante liquide, et y sont maintenus à une température d'environ 150° pendant une durée suffisante pour chasser l'humidité de l'enveloppe fibreuse. Alors on les introduit dans les tuyaux en fer, où l'on fait couler le liquide isolant de manière à remplir tous les espaces non occupés par les conducteurs tressés. Souvent, afin de garantir les tuyaux en fer contre l'action du sol, on les met dans des boites en bois remplies de poix chaude.

A beaucoup de points de vue, ce système d'isolement ressemble à ceux dans lesquels on enferme dans des tuyaux en plomb des enveloppes fibreuses imprégnées; mais on prétend que le tuyau en fer est moins susceptible de se détériorer que le tuyau en plomb, et que la matière isolante à l'état liquide n'offre pas les inconvénients auxquels on se heurte dans le câble ordinaire recouvert de plomb, inconvénients dus à ce que la composition résineuse ou bitumineuse ne remplit pas complètement toutes les petites crevasses pouvant être causées par la flexion. D'un autre côté, une fuite d'huile peut amener des difficultés, qui grandissent singulièrement lorsque beaucoup de branchements sont pris sur les câbles principaux, c'est pourquoi ce système semble convenir mieux aux feeders qu'aux conducteurs de distribution.

CHAPITRE XI

Une question de la première importance en ce qui concerne la fabrication des câbles électriques, est celle des essais auxquels on doit les soumettre non seulement après l'achèvement, mais aussi à différentes périodes pendant le cours de la fabrication. Ces essais doivent être à la fois mécaniques et électriques, et faits, si possible, dans les conditions réelles du fonctionnement futur du câble ; mais quand il est impossible, comme c'est généralement le cas, de reproduire exactement ces conditions. les essais auxquels on soumet le câble doivent être plus sévères, afin de laisser une bonne marge de sécurité. L'expérience qui soumet le câble à un effort supérieur à celui nécessaire dans les conditions de fonctionnement normal, présente cet avantage que cette augmentation d'effort aggravera probablement tout point faible pouvant exister, pas assez faible sans doute pour empêcher le câble de fonctionner quand il est neuf, mais de nature à causer des ennuis après un service prolongé. Ce que nous visons surtout dans ces remarques, c'est l'essai de l'isolement du câble ; toujours cet essai devrait être fait dans l'eau, et avec une tension plus grande que celle qu'on emploie dans le circuit électrique auquel le câble sera relié. On a vu que les conditions que doit remplir un câble électrique pour fonctionner convenablement sont que la résistance du conducteur ne doit pas excéder une valeur déterminée qui dépend de sa longueur et de sa section et de la matière conductrice employée ; que la résistance de l'enveloppe isolante soit élevée et suive une loi déterminée dépendante des mêmes facteurs ; que cette résistance soit permanente et point susceptible de baisser trop sous l'action de températures assez élevées ; et que toute diminution de résistance soit temporaire, c'est-à-dire qu'elle ne dure pas plus longtemps que la température élevée ; que la résistance ne soit pas affaiblie par l'humidité ; que la matière isolante employée soit capable de supporter sans dommage les efforts disruptifs dus à une haute tension électrique ; et que la capacité du câble soit aussi petite que possible. Outre ces qualités, il faut que le câble possède une résistance considérable à la traction, et que les enveloppes isolante et protectrice puissent supporter impunément le maniement auquel il est soumis après sa sortie de la fabrique.

Un usage continu peut seul permettre de constater sérieusement l'existence de quelques-unes de ces qualités nécessaires, qui sont en fait des qualités de durée ; cependant on peut obtenir des renseignements très précieux en soumettant des échantillons à des changements de température prolongés, à l'air sec et à l'air humide, en les plongeant dans des liquides et des gaz qu'on sait exister parfois dans le sol ou dans l'atmosphère, et en les vérifiant au point de vue de la résistance d'isolement à des intervalles déterminés pendant la période d'essai. Par des épreuves de ce genre, dont les conditions peuvent être beaucoup plus rigoureuses que cela ne se passe probablement dans la pratique, il est possible, après un laps de temps comparativement court, d'obtenir des résultats de nature à fixer très sérieusement sur les mérites relatifs des différentes méthodes d'isolement des conducteurs.

On peut faire des essais de résistance mécanique sur les câbles avant la livraison, par exemple l'essai relatif à la charge de rupture, ou l'enroulement du câble autour d'une barre de faible diamètre. Des essais de ce genre, qui ont lieu rarement, seraient souvent utiles pour contrôler la fabrication. Ainsi un câble recouvert de caoutchouc qui aurait été trop vulcanisé, ne pourrait supporter aussi bien l'épreuve de l'enroulement, parce qu'il serait plus susceptible de craquer ; un câble isolé avec des matières fibreuses et enfermé dans du plomb, qui aurait été exposé à une température trop élevée ou à une chaleur trop prolongée pendant l'opération de l'imprégnation et du séchage, ne pourrait supporter victorieusement l'épreuve, à cause de l'influence nuisible de la chaleur extrême sur les matières fibreuses. Dans les deux cas, si on se bornait à soumettre le câble aux essais électriques habituels, il pourrait être accepté, et cependant il serait susceptible de se détériorer facilement au premier travail sérieux.

Les essais électriques qu'on fait habituellement dans la fabrique sont ceux de la résistance du conducteur, la localisation des défauts, la résistance et la capacité de l'enveloppe isolante, et lorsque les câbles sont destinés à supporter de hautes tensions, la résistance à la décharge disruptive. Nous allons exposer brièvement les différentes méthodes de faire ces essais.

On doit les faire tous avec le câble immergé dans l'eau, où on l'a maintenu pendant vingt-quatre heures ou davantage avant de faire aucune mesure ; il faut avoir soin de conserver l'eau à une température constante, pour que les essais puissent avoir lieu dans des conditions permettant une comparaison sérieuse des résultats avec les données calculées du câble.

On mesure la résistance du conducteur au moyen du pont de Wheatstone, un rhéocorde étant sans doute ce qui convient le mieux, parce qu'en général, les résistances sont faibles ; ou d'après la méthode de la chute de potentiel, qui consiste à faire passer un courant d'une batterie d'accumulateurs à travers le conducteur

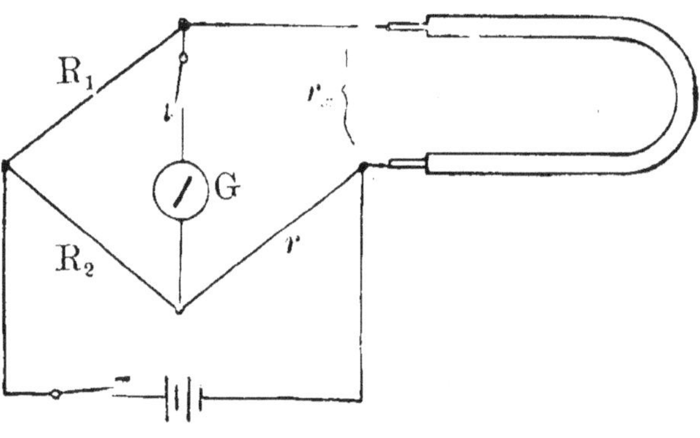

Fig. 48.

en série avec une résistance étalon et à mettre en balance la différence de potentiel entre les bornes du conducteur avec celle de la résistance étalon. La première méthode est la plus habituellement usitée, les connexions se font comme le montre la figure 48. Dans la boîte à pont ordinaire, les résistances R_1 et R_2 peuvent être réglées de sorte que $\frac{R_1}{R_2}$ soit une puissance quelconque de dix entre 100 et 0,01, et la résistance r peut être réglée par dixièmes d'ohm à une valeur entre

9999,9 et 0,1 ohm. La résistance r_e est représentée par l'équation $r_e = r \dfrac{R_1}{R_2}$, et on peut la mesurer avec une grande précision si elle n'est pas inférieure à un dixième d'ohm.

Pour de très basses résistances, le rhéocorde est plus commode, c'est-à-dire un pont dans lequel les résistances R_2 et r sont remplacées par un fil gradué, le long duquel on peut faire glisser un contact relié au fil du galvanomètre, de façon à prendre contact à un point quelconque de la longueur. Si, lorsque l'équilibre est obtenu, les longueurs de fil des deux côtés du contact du galvanomètre sont respectivement a et b unités (voir fig. 49), alors $r_e = R_1 \dfrac{b}{a}$. On peut arriver à une

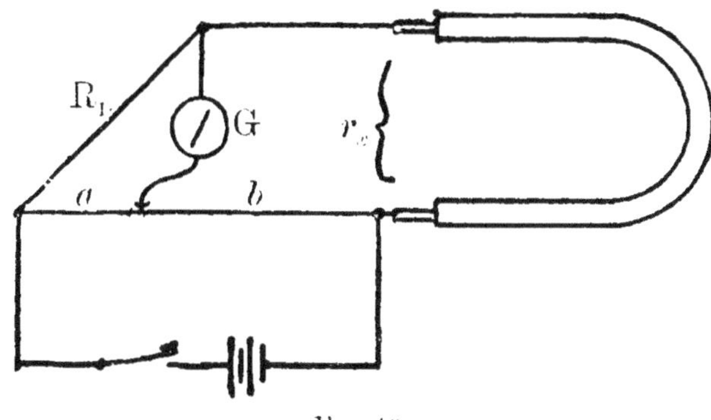

Fig. 49.

grande exactitude en insérant des bobines de résistance entre les bouts du fil et les bornes auxquelles sont attachés les fils de la pile; cela a pour effet d'augmenter virtuellement la longueur du fil, de telle sorte que chaque division de l'échelle devient un pourcentage plus faible de la longueur totale. Naturellement les valeurs des résistances ajoutées doivent être connues en fonction d'une longueur équivalente du fil, et il faut ajouter ces valeurs à a et b pour que l'équation énoncée ci-dessus reste exacte.

Il y a presque toujours deux mesures à faire dans l'une ou l'autre de ces dispositions du pont, parce que le conducteur soumis à l'épreuve ne peut pas être relié directement aux bornes du pont; la première est la résistance du conducteur, plus celle des fils reliant ses extrémités aux bornes du pont; la seconde est la résistance de ces fils eux-mêmes. Si, comme cela arrive souvent, la distance entre les cuves recevant les câbles et l'endroit où a lieu l'épreuve est considérable, il se peut que la résistance des lignes d'essai soit plus grande que celle du conducteur lui-même, et le degré d'exactitude s'en trouvera alors considérablement abaissé. Supposons, par exemple, que la résistance du conducteur soit x, et celle des lignes d'essai y, la résistance totale à mesurer est $x + y$; dans ce cas, si p est le pourcentage de précision qui peut être obtenu, on peut évaluer la résistance de $x + y$ avec une approximation égale à $\dfrac{p\,(x + y)}{100}$. Toutefois cette quantité représente

$p\dfrac{x + y}{x}$ pour cent de la résistance du conducteur; par conséquent, en supposant qu'on puisse évaluer exactement une résistance à un dixième de un pour cent, et que la résistance des lignes soit égale à cinq fois celle du conducteur, il est impossible de pouvoir obtenir cette dernière résistance à plus de six dixièmes de un pour cent près.

Par ce motif et aussi en raison de l'erreur de calcul causée par les résistances de contact lorsque les lignes sont reliées au conducteur ou l'une à l'autre, on a recours parfois à la seconde méthode de la chute de potentiel pour mesurer de très basses résistances. On fait cette épreuve en reliant le conducteur dont il s'agit en série avec une résistance étalon et une batterie d'accumulateurs. Il faut que la résistance étalon ait une section suffisante pour transmettre le courant sans élévation appréciable de température; ce peut être ou un fil de résistance et de longueur déterminées, ou un fil gradué comme celui employé pour le rhéocorde; dans ce dernier cas, un des fils de connexion est pourvu d'un contact glissant. La figure 50 montre une méthode

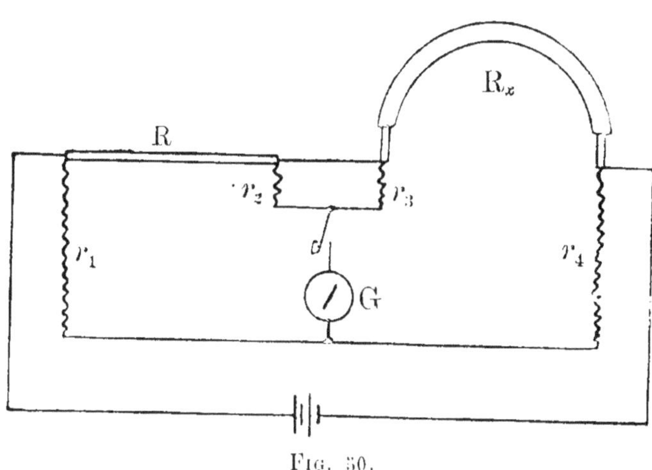

FIG. 50.

de montage pour cet essai : R est la résistance étalon, R_x la résistance à mesurer, et r_1, r_2, r_3 et r_4 les résistances connues. Quand l'équilibre est obtenu, le rapport suivant subsiste entre toutes ces résistances :
$$\frac{R_x}{R} = \frac{r_3}{r_2} = \frac{r_4}{r_1}.$$ Si l'on emploie un fil gradué pour R, et que la résistance r_1 soit reliée à un curseur, au moyen duquel le contact ait lieu à un point quelconque de R, alors r_1, r_2, r_3, r_4 peuvent être toutes des résistances

fixes, la valeur de R étant réglée jusqu'à ce que $\frac{R_x}{R}$ égale le rapport qu'on leur a assigné; mais si R a une valeur fixe, on doit pouvoir régler deux des autres résistances, mettons r_3 et r_4, de manière à varier leurs valeurs jusqu'à ce que $\frac{r_3}{r_2}$ et $\frac{r_4}{r_1}$ soient égales à $\frac{R_x}{R}$.

Il y a une autre méthode qui consiste à employer un galvanomètre différentiel, dont les deux bobines sont reliées respectivement aux extrémités de R et R_x (fig. 51). Si R est graduée, on fait glisser dans toute la

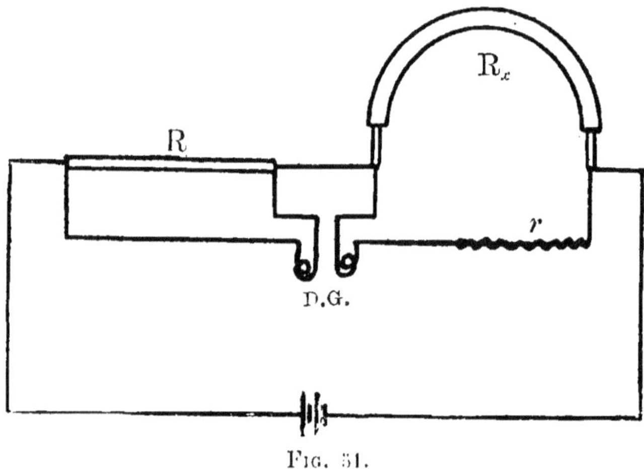

Fig. 51.

longueur un fil du galvanomètre jusqu'à ce que le galvanomètre ne fournisse aucune déviation, c'est-à-dire jusqu'à ce que $R_x = R$; ou bien, si R a une valeur fixe, on règle une résistance r en circuit avec une des bobines du galvanomètre, jusqu'à ce qu'on obtienne l'équilibre, auquel cas $\frac{R_x}{R} = \frac{G + r}{G}$, si G représente la résistance de chaque bobine du galvanomètre.

Bien que, dans certaines conditions, on puisse obtenir une plus grande exactitude par la méthode de la chute de potentiel, on emploie plus ordinairement la méthode du pont, parce que l'appareil usité dans cette dernière se combine plus facilement avec celui qui est nécessaire pour les autres épreuves électriques. On peut encore employer le pont pour la localisation d'un défaut constaté dans la longueur du câble à l'épreuve de la boucle ; les connexions sont faites comme l'indique la figure 52, où F marque le défaut. Lorsqu'on obtient l'équilibre, $\dfrac{BF}{AF} = \dfrac{R_2}{R_1}$, ou $\dfrac{AF + BF}{AF} = \dfrac{R_1 + R_2}{R_1}$: mais $(AF + BF)$ et AF sont respectivement proportionnels à la longueur totale du câble et à la distance entre le défaut et l'extrémité A, quand la résistance par

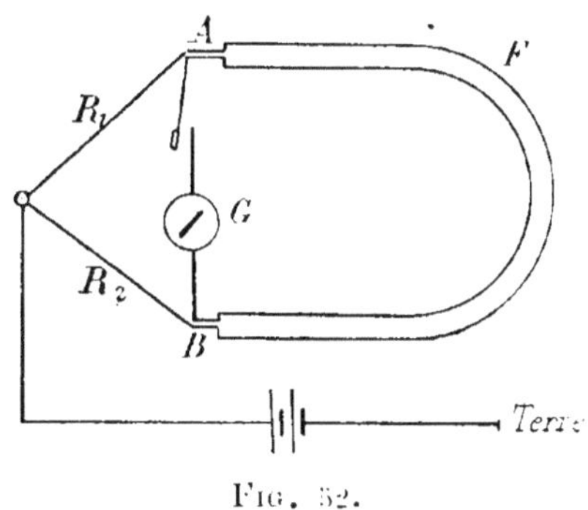

Fig. 52.

unité de longueur du conducteur est la même d'un bout à l'autre ; par conséquent, la distance entre le défaut et $A = \dfrac{R_1}{R + R_{12}} \times$ la longueur du câble. Quand la résistance du conducteur n'est pas uniforme dans toute la longueur. ce qui arrive lorsqu'on emploie des lignes d'essai pour relier les bornes A et B aux bouts du câble, il faut obtenir cette résistance pour chaque section séparément par la méthode ordinaire, de manière à pouvoir exprimer toutes les résistances entre A et B en fonction de la résistance par unité de longueur du câble soumis à l'épreuve. Si la résistance du défaut est forte, il faut une force électromotrice considérable pour pouvoir faire l'essai avec quelque degré d'exactitude; et à la fabrique, où les courants de terre ne troublent pas les résultats, il est souvent plus facile de renverser les positions de la batterie et du galvanomètre. Cette dernière disposition est d'un emploi très commode avec le rhéocorde, qu'on peut alors relier comme dans la figure 53 : la lecture de l'échelle graduée donne ainsi la distance entre le défaut et A comme un pourcentage de la longueur totale du conducteur.

On mesure la résistance d'isolement du câble en comparant la perte de courant à travers le diélectrique avec le courant qui s'écoule à travers une haute résistance connue, quand on emploie la même force électromotrice. La figure 54 montre les connexions, R étant une résistance connue, mettons un megohm.

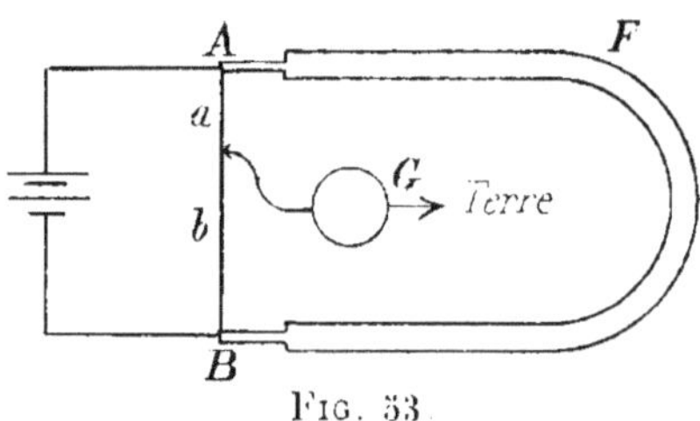

Fig. 53

et K une clé qui permet de relier le galvanomètre soit à R, soit au câble soumis à l'essai. On obtient la constante en fermant le circuit sur R, après avoir installé un shunt convenable S_1 et en notant la déviation θ_1 du galvanomètre. Puis on met la clé K sur le contact en communication avec le câble, le galvanomètre étant mis en court circuit pour empêcher le premier afflux de courant de le traverser. Après quelques secondes. on ouvre la clé du court circuit, et alors l'aiguille du galvanomètre dévie; on constate alors que la déviation n'est pas permanente, mais qu'à cause de l'électrification du câble, elle décroit graduellement. Une minute après la fermeture de la clé K, on devra noter la déviation θ_2, parce qu'il est d'habitude de spécifier la résistance d'isolement obtenue après une minute d'électrification. Si l'on s'est servi d'un shunt S_2, la résistance d'isolement R_x st égale à $R \times \dfrac{\theta_1 \times (G + S_1) S_2}{\theta_2 \times (G + S_2) S_1}$, si G représente la résistance du galvanomètre. La décroissance graduelle de la déviation sert souvent de contrôle pour l'absence de défauts dans le câble, attendu que s'il y a peu ou point d'électrification, ou si elle s'ef-

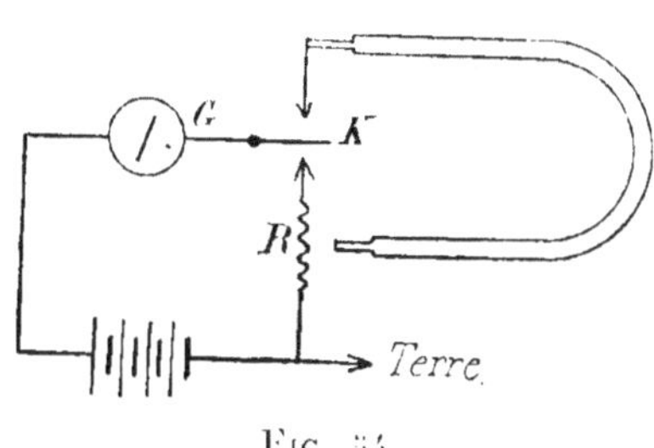

Fig. 54.

fectue irrégulièrement, c'est qu'il existe très probablement un défaut. Si l'on enlève la batterie lorsque l'électrification est en train, mettons depuis quinze minutes, et qu'on relie le câble à la terre à travers le galvanomètre, on constatera qu'un courant qui ne cesse de décroitre s'écoule du câble, et si celui-ci est bon, on verra que les déviations au bout de chaque minute correspondent à celles qu'on avait observées après les intervalles de temps correspondants lorsque la pile était sur le câble.

On doit mesurer la résistance d'isolement d'un câble lorsqu'il a séjourné au moins vingt-quatre heures dans de l'eau maintenue autant que possible à une température uniforme ; les extrémités du câble doivent être préparées avec soin, de manière à réduire la surface de perte à la plus faible valeur possible. C'est de la plus grande importance, parce qu'il arrive très souvent, surtout pour les courtes longueurs de câble, qu'en cas d'oubli de ces précautions, la résistance propre du câble n'est pas du tout mesurée. la déviation du galvanomètre étant causée en très grande partie par la fuite de surface aux extrémités. On doit enlever sur une longueur d'au moins 15 centimètres tous les rubans, tresses, ou autres enveloppes pouvant garder l'humidité. et l'on gratte la matière isolante avec un couteau propre pour mettre à découvert une surface nouvelle. Ensuite on fait sécher le bout en promenant la flamme d'une lampe à alcool autour de l'âme, en ayant soin naturellement de ne pas brûler la matière isolante, et si l'épreuve ne peut pas être faite immédiatement, on peut enduire les bouts de paraffine chaude. On doit traiter de la même façon l'extrémité de la ligne d'essai, et au commencement des essais on note la déviation obtenue lorsque la ligne d'essai est libre, pour en tenir compte dans les lectures suivantes.

Il est toujours bon de se servir d'un voltage aussi élevé que possible pour mesurer les résistances d'isolement, afin d'avoir plus de chances de découvrir les points faibles du diélectrique ; la tension de batterie convenable est de 400 à 500 volts. Mais une tension aussi élevée ne convient pas toujours quand on obtient la constante au moyen de la résistance étalon; dans ce cas, on ne relie qu'une portion de la batterie, et le rapport des deux tensions se mesure en comparant les décharges d'un condensateur après qu'on l'a chargé d'abord avec la plus faible batterie, et ensuite avec la plus forte. Si B représente le voltage de la batterie entière, et b celui de la portion employée pour obtenir la constante, le rapport $\dfrac{B}{b}$ apparaît dans la formule, qui devient alors

$$R_{,} = R \times \frac{B\,\theta_1\,(G + S_1)\,S_2}{b\,\theta_2\,(G + S_2)\,S_1}.$$

Lorsqu'on a fait un joint dans un câble, il faut toujours l'essayer pour voir si son isolement n'est pas très différent de celui d'une longueur égale du câble lui-même. Comme la longueur du joint est très faible, elle doit offrir une résistance beaucoup trop grande pour pouvoir être mesurée par la méthode de la déviation directe indiquée ci-dessus; il faut donc employer des moyens spéciaux pour comparer l'isolement du joint avec celui d'une longueur égale de l'âme. Cela peut se faire par ce qu'on appelle la méthode d'accumulation, ou en se servant d'un électromètre. Dans les deux cas, on immerge le joint dans une auge bien isolée remplie d'eau; cette auge peut être en gutta-percha ou en ébonite et elle doit être suspendue au moyen de longues tiges d'ébonite. La figure 53 fait voir les connexions pour la méthode d'accumulation : C est un condensateur, et K une clé qui peut relier un pôle du condensateur soit à la batterie, soit au galvanomètre. La clé K est fermée sur le contact inférieur, de sorte que la fuite à travers le joint charge le condensateur, et la clé reste abaissée pendant un temps déterminé, mettons deux minutes. Au bout des deux minutes, K est commutée de manière à décharger le condensateur à travers le galvanomètre, et l'on compare l'élongation ainsi obtenue à celle qu'on obtient lorsque le joint est remplacé par une longueur égale d'âme sans joint. Il faut que l'isolement de l'auge soit très bon et on devra toujours l'essayer d'avance. On peut le mesurer en reliant la pile de manière à charger directement le condensateur sans passer par le joint, et ensuite, la batterie étant disjointe, en laissant le condensateur chargé pendant deux minutes avant de mesurer la décharge. S'il existe une fuite appréciable à travers l'auge, la décharge au bout de deux minutes

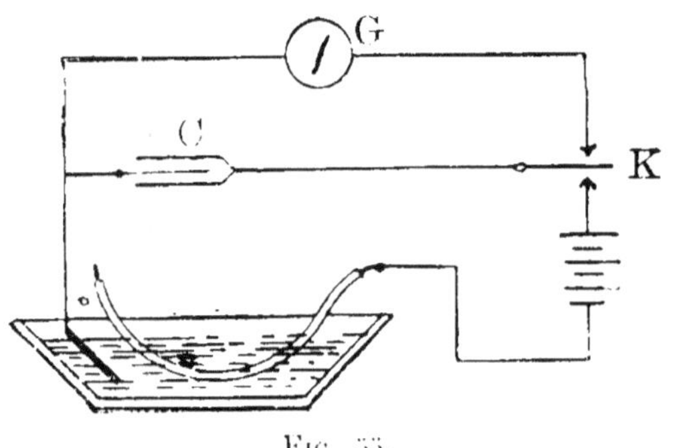

Fig. 55.

sera moindre que la décharge instantanée ; or, l'on ne peut considérer l'isolement de l'auge comme satisfaisant que lorsque les deux décharges sont égales ou à peu près.

La figure 56 donne les connexions pour la méthode par l'électromètre : E représente l'électromètre, et K_1, K_2, K_3, les clés de charge et de décharge. Pour essayer l'isolement de l'auge, fermer K_3 et K_1 au contact supérieur, de sorte que la petite batterie B_1 charge les quadrants de l'électromètre et donne une déviation fixe, puis ouvrir K_3 et noter la décroissance (s'il y en a) de la déviation, durant deux

minutes. Si celle-ci est très faible, c'est la preuve
que l'auge est bien isolée. Pour l'épreuve du joint,
on ferme K_2, chargeant ainsi les quadrants à travers
le joint, et l'on note la déviation au bout de deux
minutes ; on renouvelle l'épreuve avec une égale longueur d'âme au lieu de joint ; si le joint est bon, il ne
doit pas y avoir de différence très sensible dans les
deux déviations.

L'essai ordinaire de l'isolement, don t on a donné la
description, suffit pour les câbles des tinés à un service
avec basse tension, où l'effort imposé aux câbles est

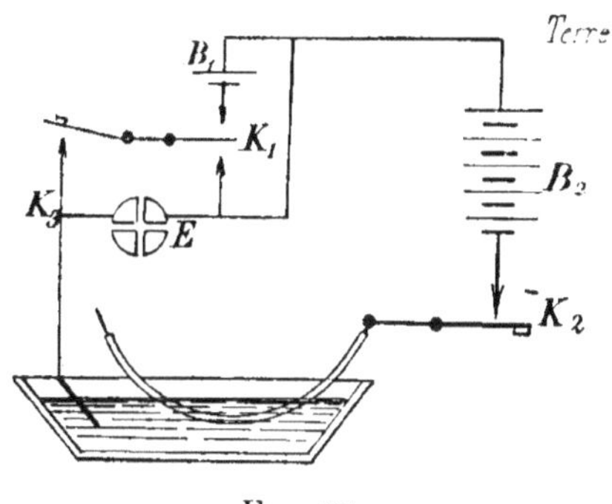

Fig. 56.

si faible qu'il n'y a en fait aucun risque de passage du
courant à travers le diélectrique, et où l'on peut facilement disposer la batterie d'essai pour lui faire donner une tension plusieurs fois aussi grande que la
tension de service. Mais pour les câbles des tinés à un
service avec haute tension, il faut imposer un effort
au moins aussi grand, et plutôt plus grand que celui
qui résulte de la tension de fonctionnement ; or cela
ne peut se faire commodément avec la batterie d'essai.
En pareil cas, on devra donc procéder à une épreuve
distincte, qu'on peut faire plus facilement à l'aide

d'un transformateur à courant alternatif. On enroule
le circuit primaire de ce transformateur en vue d'un
voltage convenable, et l'on divise le circuit secondaire
en plusieurs bobines séparées, dont les extrémités
aboutissent à des bornes disposées de manière à
pouvoir varier le rapport de transformation des deux
séries d'enroulements suivant les besoins des différents essais. On peut enrouler le transformateur pour
lui faire produire un maximum de tension de 10.000
volts, par degrés de 1.000 ou peut-être de 2.000 volts
par bobine ; il faut qu'il puisse transporter un courant

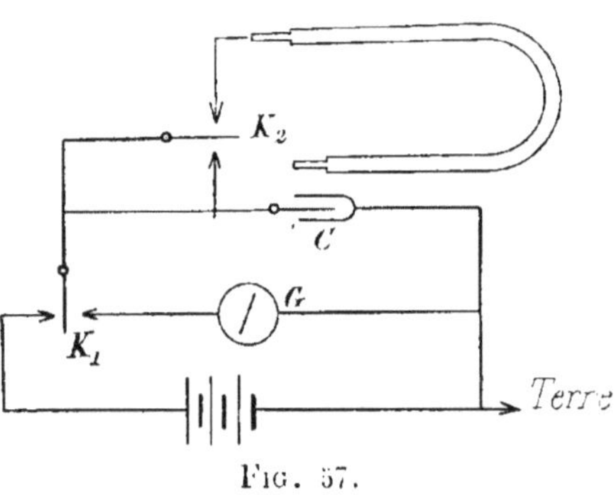

Fig. 57.

de deux ou trois ampères au moins, si l'essai se fait
sur des câbles de capacité considérable, parce que le
courant de charge peut aisément atteindre cette valeur
lorsqu'on essaye un kilomètre de câble avec une tension de 10.000 volts à une fréquence de 60 à 100 par
seconde. Pour les câbles qui doivent fonctionner à
2.000 volts ou environ, il faut employer une tension
d'essai de 4.000 ou 5.000 volts continuellement pendant
plusieurs heures, le câble étant, bien entendu, plongé
dans l'eau ; après quoi, on renouvellera l'épreuve de
l'isolement pour voir s'il n'y a pas de changement
dans la résistance. Le transformateur est également

utile pour abaisser la haute résistance d'un défaut de confection, et en rendre la localisation plus aisée par l'épreuve de la boucle.

On mesure la capacité du câble en comparant sa décharge avec celle d'un condensateur de capacité connue, les connexions étant faites comme dans la figure 57 : C est le condensateur, et K_1 et K_2 deux clés de décharge. On relie K_2 au contact inférieur, et K_1 à celui de gauche, pour charger le condensateur. On inverse K_1 au contact de droite pour décharger le condensateur à travers le galvanomètre, et l'on note l'élongation de décharge, soit θ_1 avec un shunt de S_1 ohms. Après avoir tout d'abord mis le conducteur à la terre pour faire disparaitre toute charge résiduelle, on commute K_2 de manière à la relier au câble, et l'on répète l'épreuve, en obtenant une élongation de décharge θ_2 avec un shunt S_2. Alors, si F_1 est la capacité du condensateur, et F_x celle du câble,

$$F_x = F_1 \times \frac{\theta_2 \quad (G + S_2)\, S_1}{\theta_1 \quad (G + S_1)\, S_2}.$$

CHAPITRE XII

Nous avons montré dans les chapitres précédents la manière de déterminer la dimension de conducteur la plus économique et les règles à observer pour empêcher l'élévation de température causée par le passage du courant de devenir excessive et par conséquent dangereuse, et pour maintenir dans certaines limites permises la variation de tension sur tous les points du circuit; en outre, nous avons exposé les diverses méthodes d'isolement des conducteurs et indiqué leurs avantages et leurs inconvénients respectifs. Il est nécessaire maintenant d'examiner le meilleur mode d'application de ces règles dans les cas particuliers, comment on doit installer les conducteurs et les protéger contre tout dommage mécanique. Il convient, à cet effet, d'étudier séparément les trois cas suivants : conducteurs d'intérieur, lignes aériennes, et lignes souterraines.

La tension de fonctionnement, dans les circuits installés dans des édifices ou des vaisseaux, excède rarement 100 ou 110 volts, et souvent elle est inférieure. de sorte que, sauf l'introduction d'une tension plus élevée venant par accident de la canalisation exté-

rieure, il n'y a rien à redouter du contact d'une personne avec les conducteurs. Pour se mettre à l'abri de
l'introduction accidentelle d'une tension dangereuse,
il ne faut pas que les câbles d'alimentation extérieurs,
s'ils sont reliés directement aux circuits de maisons,
fonctionnent à plus de 200 ou 250 volts environ,
parce qu'une fuite sur un point du circuit serait dangereuse pour quelqu'un venant à toucher le conducteur;
aussi, quand on se sert de transformateurs pour diminuer la tension, on doit les disposer de telle sorte qu'un
contact entre les circuits de haute et basse tension ne
soit possible que lorsqu'il y a également contact avec la
terre au même point. Dans ce but, on dispose sur certains
transformateurs à courants alternatifs et continus les
deux séries de bobines de manière à les diviser par une
séparation métallique qui est en contact avec la terre ;
lorsque tel est le cas, il est évident que toute fuite
d'une bobine s'en va à la terre avant de pouvoir atteindre l'autre, et que la différence de potentiel entre
l'un ou l'autre des conducteurs à basse tension et la
terre ne peut jamais excéder celle qui existe normalement entre les deux conducteurs.

Quand cette disposition des bobines primaire et
secondaire est incommode, ce qui est fréquent, il
faut employer un appareil de sûreté, comme celui
inventé par le major Cardew, qui relie automatiquement le conducteur à la terre, si la différence de
potentiel entre eux excède une certaine quantité déterminée. Beaucoup de Compagnies d'électricité qui emploient le système de transformateurs à haute tension,
se servent de cet appareil qui se compose de deux
plaques en laiton isolées l'une de l'autre par des anneaux
et colliers d'ébonite, et boulonnées ensemble. Entre
ces plaques est placée une mince feuille d'aluminium

attachée d'un bout et reposant sur la plaque inférieure ; lorsque la différence de potentiel entre les deux plaques atteint une valeur déterminée d'avance, l'attraction statique soulève l'extrémité libre de la feuille et relie électriquement les deux plaques de laiton. Les plaques et disques sont adaptés ensemble et ajustés à l'usine, et ils sont placés entre deux ressorts fixés à un bloc d'ébonite. Le ressort supérieur est relié au fil de maison, et le ressort inférieur à la terre.

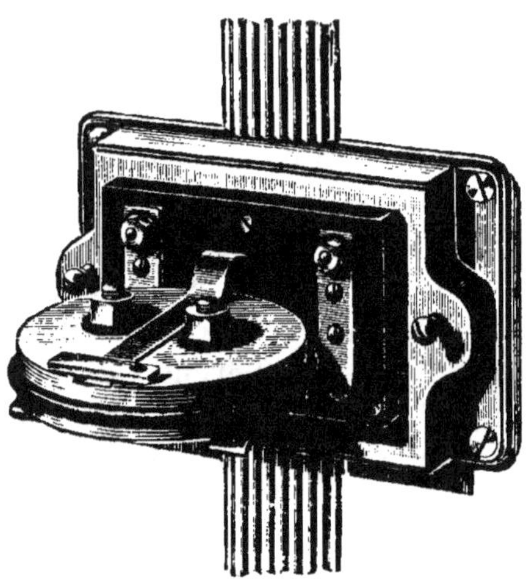

Fig. 58.

d'où il résulte que la feuille d'aluminium, en reliant les deux plaques de laiton, met à la terre le fil de maison et empêche ainsi une différence de potentiel dangereuse de se maintenir entre un point quelconque du circuit secondaire et la terre. En fait, cela cause une augmentation du courant primaire suffisante pour faire fondre le plomb principal, et interrompre toute communication avec les conducteurs d'alimentation. L'appareil, dont la figure 58 donne une vue d'ensemble, est enfermé

dans une forte boîte en fonte, et fixé dans un endroit
commode près le tableau de distribution.

Un autre système de mise à la terre basé sur le même
principe a été construit par MM. Drake et Gorham ; il

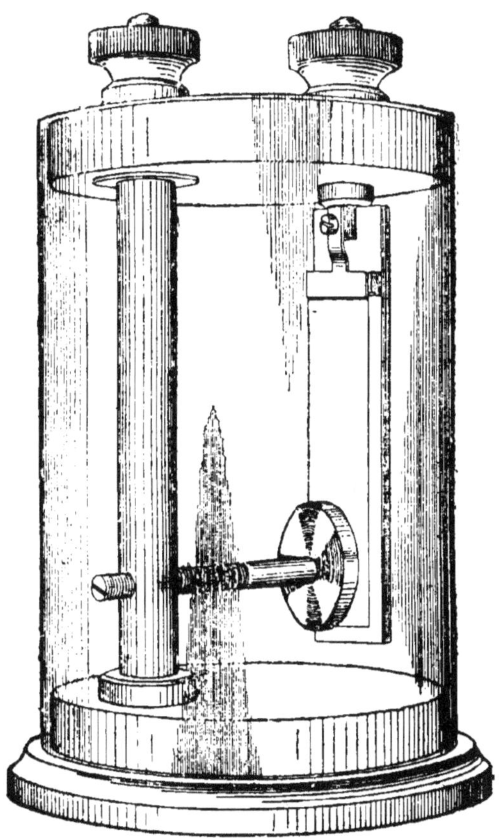

Fig. 59.

consiste en un cylindre en verre fermé par une base et
un couvercle en ébonite. Une forte tige de laiton traverse de haut en bas (fig. 59), elle est pourvue à sa
partie inférieure d'une autre tige qui se termine par

un disque, cette tige est reliée aux fils de maison. A une seconde borne reliée à la terre, est attachée une plaque de laiton à l'extrémité supérieure de laquelle est suspendue une feuille d'aluminium, de telle manière que l'extrémité libre fait face au disque de laiton et peut être attirée vers lui lorsqu'il y a une différence de potentiel suffisante entre le fil de maison et la terre.

On a proposé également de mettre à la terre d'une manière permanente un point du circuit secondaire, par exemple une borne, ou le milieu de la bobine secondaire du transformateur; mais bien que par ce moyen on supprime toute possibilité d'augmentation de la tension entre un point quelconque du circuit et la terre au delà de la tension de fonctionnement normal dans un cas, ou de la moitié de cette valeur dans l'autre cas, le moyen n'est guère à employer parce qu'il exerce un effort permanent sur l'isolement et. en mettant toujours un point à la terre, rend certaine une interruption de la lumière ou, en tout cas, une fuite sérieuse, s'il survient un défaut dans le circuit.

Quand l'une quelconque de ces précautions a été prise, tout danger à provenir du contact d'une personne est supprimé; reste alors à examiner le problème important des meilleures méthodes d'installation des conducteurs pour garantir de tout risque de feu dû à la présence de matières combustibles qui se trouvent toujours assez rapprochées des fils dans les édifices ou les navires. L'opinion émise il y a quelques années que l'absence de flamme dans une lampe électrique supprime le risque du feu. a été rejetée, surtout à cause des incendies provoqués par la négligence des ouvriers et l'emploi de matériaux de qualité inférieure. Mais, quoiqu'on puisse trouver encore des installations qui semblent avoir été faites par des gens toujours imbus de cette opinion, il n'y a pas d'électricien qui ne reconnaisse aujourd'hui l'existence de dangers et, eu égard à cette manière de voir, ne s'applique à les rendre aussi faibles que possible, en proportionnant convenablement la section des conducteurs, en employant les meilleures méthodes de jonction, en se servant de matières isolantes irréprochables, et en étudiant les moyens les meilleurs de fixer les fils et autres appareils reliés au circuit. Sans doute, il existe des différences d'opinion sur ce qu'il y a de mieux à faire dans des conditions déterminées, et l'on peut élever des objections contre quelques-unes des méthodes qui ont été généralement adoptées ; mais on peut affirmer qu'il est possible d'obtenir des résultats tout à fait satisfaisants avec ces divers systèmes, si les matières et la main-d'œuvre employées sont bonnes, si l'installation est surveillée à tous ses degrés par un contre-maitre compétent en qui on puisse avoir confiance pour ne pas laisser passer de joints défectueux et pour vérifier journellement si les fils eux-mêmes n'ont pas été endommagés pendant la pose.

On peut éviter l'échauffement des conducteurs en leur donnant une dimension ample pour le courant normal et en insérant dans le circuit des plombs fusibles qui fondront et rompront le circuit si, par accident, le courant devient excessif. Pour empêcher l'échauffement local pouvant résulter d'une rupture partielle du conducteur ou d'un mauvais joint, il faut une main-d'œuvre et un contrôle soigneux, et l'emploi de fils de section et de flexibilité suffisantes pour leur permettre de résister impunément aux efforts de flexion ou autres auxquels ils sont exposés quand on les met en place.

Diverses règles pour la limitation du courant à transmettre par un conducteur sont indiquées dans les règlements publiés par la *Institution of Electrical Engineers*, les Compagnies d'assurances et les Compagnies d'électricité. Voici la règle donnée par la *Institution of Electrical Engineers :* « On doit proportionner la conductibilité et la section d'un conducteur au travail qu'il a à effectuer, de manière que si on lui fait supporter un courant double du courant normal, la température de ce conducteur n'excède pas 65° C. » Cette règle est basée sur des principes très exacts, mais son application implique une connaissance des lois réglant l'élévation de température dans les conducteurs, que ne possède pas souvent l'entrepreneur. Si l'on suppose la température de l'air ambiant à 25°C., la règle ci-dessus équivaut à dire que le courant qu'on propose de transmettre par un conducteur ne devra pas élever sa température de plus de 10° C., élévation de température égale à celle fixée par le *Guardian Office*. Le rapport entre le courant et le diamètre pour cette élévation est indiqué dans le tableau IV (page 45), et en le consultant, on verra que pour les petits fils de dérivation qui sont le plus souvent employés dans le service des maisons, des considérations de chute de tension ou de force mécanique rendent presque toujours nécessaire une densité de courant plus faible que ce que permet la règle.

A cause des considérations de force mécanique, aucun conducteur ne doit avoir un diamètre de moins de 1,2 mm., parce qu'il y a trop de risques de rupture du conducteur si le fil est plus petit ; le fil de 1,2 mm. qu'on emploiera donc pour transmettre le courant pour une seule lampe est, d'après le tableau IV, exactement capable de transmettre un courant de six ampères, suffisant pour seize lampes de 8 bougies à une tension de

100 volts. Si on le faisait travailler à six ampères, la chute de tension serait d'un volt environ par dix mètres de conducteur, ou 5 mètres de double conducteur, ce qui est une chute beaucoup trop grande pour un éclairage satisfaisant. Bien que la chute de potentiel ne soit pas aussi grande avec des conducteurs plus gros travaillant avec le courant maximum admissible, elle dépasse ce qu'on peut généralement permettre, car la distance entre la lampe la plus éloignée augmente en même temps que le nombre de lampes et le courant. Supposons, par exemple, qu'on répartisse la chute de potentiel dans une proportion égale sur tout le circuit, on ne pourra faire travailler un câble de 19 fils de 1,6 mm. à son courant maximum que si la lampe la plus éloignée est à moins de 30 mètres des bornes; et ce n'est nullement une proportion exagérée, si l'on considère qu'il y aurait alors 250 lampes de 8 bougies dans le circuit, ou moitié de ce nombre de lampes de 16 bougies.

D'après une règle souvent spécifiée, on peut admettre une densité de courant de 1,5 ampère par millimètre carré de section de conducteur. Bien qu'au point de vue de l'échauffement du fil, cette règle soit erronée en principe, et réellement peu sûre pour de très grandes dimensions, elle possède le grand avantage d'être définie et aisément comprise, assez économique, sans danger au point de vue de l'échauffement pour tous les conducteurs dont la section ne va pas au delà de 200 m/m² : enfin elle maintient la chute de potentiel dans des limites raisonnables sur tous les circuits où les lampes ne sont pas à plus de 45 mètres des bornes. Avec des conducteurs de sections relativement petites, comme ceux qu'on emploie le plus fréquemment pour les fils d'intérieur, une densité de courant de 1,5 ampère par millimètre carré laisse une marge

considérable et permet, dans la plupart des cas, de
transmettre sans échauffement anormal des fils un
courant d'intensité double. Cette marge de sécurité est
des plus utiles, parce qu'on doit envisager la possibilité
du passage d'un courant de beaucoup supérieur au
courant normal.

On prévient d'ordinaire les dommages résultant du
suréchauffement par l'emploi de plombs fusibles, qui
fondent lorsque le courant augmente d'un certain
pourcentage déterminé; le nombre à fixer de ces coupe-
circuit et l'augmentation de courant qu'on peut permettre dépendent de la capacité de transmission du
courant des fils. Si les fils ne sont que juste assez gros
pour leurs courants respectifs, on place un coupe-circuit à chaque point où un fil de section inférieure est
branché sur un fil de section plus grande, et l'on dispose le plomb pour qu'il fonde avec une très faible augmentation du courant par rapport au courant normal.
Au contraire, avec les conducteurs de sections plus
grandes qu'exige le courant, un moindre nombre de
coupe-circuit suffira, ou bien on les dispose de manière
qu'ils ne fondent pas sans une augmentation de courant
considérable. Maintenant on devrait toujours placer les
coupe-circuit dans des endroits facilement accessibles
et il est souvent difficile de le faire quand il y en a un
grand nombre ; de plus, ils ne devraient jamais rompre
le circuit avec le courant de fonctionnement ordinaire,
comme beaucoup le font après avoir servi quelque temps,
parce que le résultat naturel de cet état de choses est
que l'homme chargé de veiller aux lumières met deux
fils de plomb au lieu d'un, pour s'épargner la peine
de renouvellements fréquents, surtout s'il lui faut
employer chaque fois une échelle ou un escabeau pour
atteindre le coupe-circuit. On aura bien meilleure

chance de protéger les circuits avec un moindre nombre de coupe-circuit posés dans des endroits aisément accessibles, avec des plombs proportionnés de telle sorte qu'il faille cent pour cent d'excédent de courant pour les fondre ; et il y a très peu de difficulté à les disposer sur ces lignes de manière qu'elles soient parfaitement sûres. Ainsi, lorsque le plus petit fil employé a 1,2 mm. de diamètre et peut transmettre six ampères, c'est-à-dire le courant nécessaire à seize lampes de 8 bougies, un double coupe-circuit posé pour chaque groupe de huit lampes fournira une protection bien suffisante ; il n'y aura que peu de danger d'extinction des lampes tant que le circuit sera en bon état de fonctionnement, celui qui se sert des lampes ne sera pas aussi souvent incommodé par leur extinction et, en raison de la rareté du fait, il sera beaucoup plus porté à vérifier le circuit pour voir s'il y a quelque chose d'anormal.

Il y a néanmoins un avantage à employer un grand nombre de coupe-circuit : on peut diviser le circuit en très petites sections, ce qui facilite la localisation des défauts ; mais si, pour cette raison, on fixe des coupe-circuit dans chaque branche, il faut disposer les plombs pour qu'ils fondent seulement au courant maximum que le plus petit fil transmettra, afin d'éviter l'inconvénient des renouvellements fréquents.

Le vieux dicton que *mieux vaut prévenir que guérir*, est vrai dans le cas présent comme presque toujours. Ainsi, quoiqu'on ne puisse pas se dispenser absolument de coupe-circuit, la meilleure manière de se garantir contre l'échauffement des conducteurs par le passage d'un courant anormal, consiste à amoindrir les chances de fuite par l'emploi de fils bien isolés. Le fil bien isolé n'est pas nécessairement celui qui offre une résistance d'isolement très élevée par unité de longueur, mais celui qui fournit une résistance constante dans toutes les conditions. C'est pourquoi il importe que la matière employée soit durable, imperméable et capable de résister aux variations de température entre des limites considérables sans altération permanente de ses propriétés d'isolation, et sans devenir cassante au point de craquer, ni suffisamment molle pour que le conducteur puisse se frayer un chemin au travers. Il faut que l'isolement du conducteur soit tout à fait indépendant, qu'il n'ait à attendre aucun renfort de la matière isolante dont on peut se servir pour la protection mécanique ; en fait, on ne doit employer aucun câble ou fil ne pouvant supporter l'épreuve de l'immersion prolongée dans l'eau; et toute règle comme celle donnée par le *Phœnix Fire Office* (que les conducteurs doivent être arrangés de manière à rester pratiquement isolés dans l'éventualité de la détérioration ou de la disparition de leur enveloppe isolante), cette règle, disons-nous, est peu satisfaisante, surtout accompagnée comme elle l'est, de la recommandation de l'enveloppe en bois, qui le plus souvent est un conducteur suffisamment bon pour donner passage à une fuite de courant et peut être une cause d'incendie. A moins que l'enveloppe isolante ne soit absolument incombustible, ce système d'ajouter un isolement partiel en série à celui du fil lui-même soulève beaucoup d'objections: il peut rendre une fuite de courant trop faible pour qu'on puisse la découvrir aisément, ou qu'elle puisse fondre un plomb et cependant laisser assez de courant pour créer un risque d'incendie ; or, c'est précisément tout ce qu'il ne faut pas.

Dans une installation parfaite, la résistance d'isolement est normalement élevée, mais elle tombe très brusquement lorsque survient un défaut, en sorte qu'il n'y a pas de difficulté à le découvrir; en outre, le conducteur isolé est placé de telle manière que, dans aucune circonstance, une fuite de courant ne puisse traverser une matière combustible située à proximité, et qu'en cas de défaut, on puisse y remédier sans abîmer le parquet ou les murs de l'édifice. Ces conditions peuvent être réalisées en posant des fils recouverts métalliquement ou en plaçant les fils dans des tubes en métal ou autres incombustibles, où on puisse les entrer et dont on puisse les sortir, selon les besoins. Bien que ces méthodes de construction soient peu employées dans les édifices, on en a fait une large et très heureuse application à bord des navires. Un grand nombre sont pourvus de câbles recouverts de plomb, dont le diélectrique est du caoutchouc ou une matière fibreuse imprégnée ; ces câbles sont fixés à la surface des cloisons par des crampons, de manière à être toujours visibles et d'un accès facile. Dans beaucoup d'autres navires où l'on emploie pour les cabines l'enveloppe de bois, les fils dans la chambre des machines, la soute et l'emplacement des marchandises, etc., sont enfermés dans des tuyaux de fer pourvus de boîtes en forme de T aux endroits où les conducteurs de branchement sont joints aux conducteurs principaux. Cette dernière méthode est excellente parce que le tuyau en fer fournit une protection mécanique excellente, et que, grâce à sa grande section, il ne peut s'élever à une température dangereuse tant que la fuite de courant n'est pas assez forte pour fondre les plombs. Si les boîtes sont placées à des endroits convenables, le système devient très commode pour l'entrée et la sortie des conducteurs en cas de réparations.

Pour les fils d'intérieur des édifices, on emploie en Angleterre presque universellement des gaines de bois, mais à cause de la place qu'elles occupent et de leur aspect, on les met presque toujours dans le mur, où elles sont invisibles et inaccessibles, à moins d'abîmer les papiers de tenture ou autres décorations. L'enveloppe de bois fait fréquemment fonction d'éponge en absorbant l'humidité du plâtre qui l'environne; de plus, elle ne protège pas suffisamment les fils au point de vue mécanique, et ne les empêche pas, par exemple, d'être endommagés par les clous. Quoiqu'un excellent travail ait été obtenu avec des fils enfermés dans une enveloppe de bois, il est probable que ces bons résultats sont dus plutôt à la qualité des fils isolés et au soin avec lequel on les a posés, qu'à l'usage de l'enveloppe; aussi est-il surprenant de voir accorder tant de confiance à cette dernière, ainsi qu'il ressort de l'examen des règlements publiés par les Compagnies d'assurances et d'électricité.

En Amérique, une très grande partie du travail est exécutée par des fils posés à la surface des murs, de façon qu'ils soient visibles et accessibles. La *Interior Conduit Company* a introduit un système de fils cachés dans des tuyaux pourvus de boîtes de joints et d'introduction : cela ressemble quelque peu au système de tuyaux de fer précédemment décrit. Ces tuyaux sont faits de papier trempé dans une composition bitumineuse, et l'on prétend qu'ils sont solides, résistants et imperméables, qu'on peut les rendre incombustibles en les recouvrant d'un enduit convenable, qu'ils sont d'une pose très facile et permettent d'entrer et de sortir les fils à volonté. On prétend en outre que le tube en papier bitumé est un si bon isolateur qu'il est inutile de mettre plus d'une légère couche de matière fibreuse sur les fils; mais comme les deux fils sont enfermés dans le même tube, il y aurait, du moins dans notre climat humide, un grand nombre de courts circuits qui, tout en fournissant peut-être l'occasion de démontrer l'utilité du système d'introduction et de sortie, rendraient difficile un fonctionnement satisfaisant. Toutefois, avec des fils convenablement isolés, ce système présente beaucoup d'avantages, et si l'on monte le tube bitumé plus facilement que les tubes en fer ou en grès, il mérite certainement d'être essayé à la place de l'enveloppe de bois.

Les communications à l'intérieur des bâtiments où le courant est fourni directement par les stations centrales doivent être assurées par deux fils isolés, un pour l'aller et un pour le retour; mais dans les installations isolées et lorsque les fils d'intérieur ne sont pas reliés avec les conducteurs principaux d'alimentation, on peut appliquer le système d'un seul fil, dans lequel la terre ou un fil non isolé sert au retour. Jusqu'à présent, ce système a été rarement employé, sauf pour l'éclairage des navires, dont l'enveloppe métallique sert de fil de retour; mais récemment on a signalé aux Compagnies d'assurances contre l'incendie, comme étant bon à adopter dans les installations à terre, un nouveau système qui a M. Andrews pour auteur, et d'après lequel le fil de retour a la forme d'une gaine de fils de fer concentrique par rapport au conducteur isolé. Les deux systèmes du double fil et du fil unique donnent des résultats satisfaisants quand ils sont appliqués avec soin, mais on peut dire sûrement qu'il y a beaucoup d'exagération dans les mérites prônés par leurs avocats respectifs.

Dans le système du fil unique, il y a d'un côté du circuit une terre permanente qui n'existe pas dans le double fil, et c'est de quoi se prévalent les deux parties : les avocats du fil unique maintenant que.

comme toute fuite doit nécessairement se produire
d'un conducteur à l'autre, leurs circuits sont complètement protégés par les coupe-circuit contre tout
danger d'échauffement et de risque subséquent d'incendie; de leur côté, les partisans du double fil sou-
tiennent que cette sécurité absolue n'existe pas et que
la terre permanente impose un effort continuel à l'isolement de la machine dynamo et au fil d'aller. Si l'on
examine ces assertions plus en détail, on voit que les
uns et les autres peuvent avoir raison ou tort, suivant
la manière dont le travail s'opère. Ainsi, on a vu qu'il
n'est pas prudent de disposer les plombs de manière
qu'ils fondent avec une très faible augmentation de
courant au-dessus du courant normal, et cela, en raison
de l'inconvénient causé par leur fusion avec le courant
normal après avoir servi quelque temps, et c'est pourquoi une fuite peut exister pendant une période considérable avant que le plomb ne saute, et peut déterminer
un incendie si, sur sa route à la terre, la fuite de courant traverse une matière combustible semi-conductrice comme l'enveloppe de bois. Mais si le conducteur
isolé d'aller est entièrement entouré d'une matière
incombustible, qui soit également un bon conducteur
et bien reliée à la terre (comme ce serait le cas avec le
câble armé d'Andrews), ou lorsque le conducteur isolé
est enfermé dans un tuyau en fer, alors, quand même
une fuite se produirait, insuffisante pour fondre le
plomb et restant par suite ignorée, il n'y aurait aucun
risque de feu, parce que la fuite ne rencontrerait rien
de combustible sur sa voie. Resterait pourtant le désavantage d'un effort plus grand sur l'isolement du conducteur d'aller et de la dynamo, effort qu'on peut
évaluer approximativement à deux fois celui qui exis-
terait dans le système double fil ; mais on peut prévoir

cela en dépensant un peu plus pour la matière isolante, et c'est pourquoi il n'en faut pas tenir compte dans la comparaison des deux systèmes.

Le fait qu'il n'y a aucune chance, avec le système du fil unique, de découvrir un défaut et d'y remédier avant qu'il n'ait causé une extinction, a une importance considérable. On peut aisément organiser le système double fil de manière que, dans quatre-vingt-dix-neuf cas sur cent, le défaut se traduise par une perte à la terre; et comme le circuit peut fonctionner très bien avec une seule terre, et que l'existence de cette terre peut être découverte même pendant la marche de la dynamo, on est toujours à même de remédier au défaut avant qu'il n'amène une extinction. D'autre part, il est impossible, avec le système du fil unique, de mesurer la résistance d'isolement du circuit sans enlever toutes les lampes, et le développement d'un défaut, dont rien ne vient signaler l'existence, provoque un court circuit qui, s'il se produit dans le circuit, éteint quelques-unes des lampes et, s'il survient dans la machine dynamo dont l'enroulement ne peut être protégé par des coupe-circuit, brûle les bobines.

On fait valoir aussi en faveur du système du fil unique, que son installation demande moitié moins de fil et que, dès lors, elle coûte bien meilleur marché. Qu'elle coûte moins cher, ce n'est pas douteux; mais si l'on prévoit le même isolement et qu'on adopte le conducteur de forme concentrique, la différence est bien moins sensible qu'on ne le suppose; même si l'on emploie des fils ordinaires dans l'enveloppe de bois, il faut tenir compte de la dépense d'établissement de fils de retour des lampes à la coque du navire et de la mise en communication. Ces connexions ont été quelquefois une source d'ennuis, la corrosion au point de contact entre le fil et la carcasse du navire ayant pour résultat d'introduire une extra-résistance, et comme les connexions ne sont généralement pas dans des endroits accessibles, il est difficile de veiller à leur état.

En ce qui concerne l'effet du courant sur les boussoles du navire, on reconnait aujourd'hui que les communications installées en deçà de 6 à 10 mètres d'une boussole doivent être exécutées avec un fil de retour isolé, de manière à éviter les erreurs produites par 'effet non compensé d'un seul courant. Mais Sir William Thomson a déclaré. dans un mémoire lu à la *Institution of Electrical Engineers* en 1889, que, même cette précaution prise, une erreur subsisterait, parce que la coque du navire étant reliée en dérivation sur le fil de retour isolé, les courants des conducteurs d'aller et de retour seraient inégaux. La même erreur peut exister dans un navire pourvu du système double fil, si deux points du même côté du circuit sont en communication avec la terre, une fuite se trouvant entre la dynamo et la boussole, et l'autre au delà de la boussole ; mais, dans ce cas, on peut remédier au défaut en réparant l'isolement du fil, tandis qu'avec le fil unique, l'emploi de la coque comme fil de retour fait partie intégrante du système. On peut résumer brièvement en ces termes les mérites comparatifs des deux systèmes : Le système du fil unique peut être appliqué à moins de frais que celui du double fil, mais il n'y a pas grande différence si on l'applique de la manière la plus efficace. Généralement parlant, le système du double fil inspire plus de confiance ; il possède ce très grand avantage qu'en tout temps l'état des circuits peut être vérifié par l'essai, et qu'on peut remédier à un défaut, s'il en existe, avant qu'un accident ne se produise.

Dans chacun de ces systèmes, on peut procéder de deux manières différentes à l'arrangement général des conducteurs. Ou bien on fait partir des branchements des conducteurs principaux, et sur ces branchements on en greffe d'autres, les branchements étant continués jusqu'à ce qu'on atteigne la lampe : c'est ce qu'on peut appeler le système de l'arbre (fig. 60) ; ou

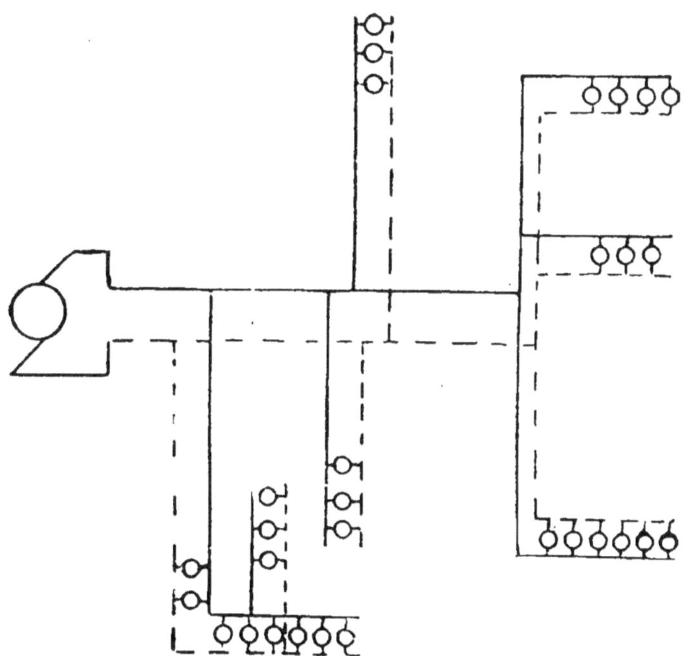

Fig. 60.

bien un grand nombre de petits circuits partent d'un ou plusieurs tableaux de distribution, qui sont tous reliés par leur paire de câbles au commutateur principal : cette seconde manière peut être appelée le système de distribution à dérivations simples (fig. 61 .

Le second système, dit à dérivations simples, est très
en faveur depuis peu et il est très répandu, parce que,
quoique moins économique en fil, il limite le nombre
des joints isolés du circuit à celui qui est nécessaire
pour les branchements de lampes ; or ces joints sont
toujours la partie la plus faible du fil isolé et souvent
on est obligé de les placer de telle manière que l'accès
en est mal commode. Dans certains cas, on arrange le
réseau de telle sorte qu'il n'y ait pas du tout de joints
isolés dans les circuits : par exemple, dans une maison ordinaire, on peut placer un tableau de distribution près la dynamo ou une autre source de courant
et faire courir de là un circuit distinct à un tableau de
distribution placé à chaque étage, puis, par le même
procédé, à chaque chambre, où des fils distincts con-
duisent à chaque lampe ; ou bien on peut faire aller du
tableau principal de distribution un circuit distinct à
chaque chambre, ce qui supprime les tableaux à chaque étage. Cette méthode d'installation, outre qu'elle
supprime tous les joints, permet de grouper tous les
coupe-circuit ensemble sur les tableaux de distribution, où ils sont facilement accessibles ; et, si cela est
plus commode, on peut également fixer les commutateurs aux tableaux, ou les grouper ensemble auprès
des portes des chambres.

Cet arrangement de circuits, combiné avec un système de tuyaux où l'on puisse entrer et dont on puisse
sortir les fils, et de coupe-circuit fixés sur les tableaux
de distribution, de façon qu'ils contrôlent chacun un circuit de 8 ou 10 lampes, donnera les résultats les plus
satisfaisants, parce que l'isolement des fils reste intact
dans toute leur longueur, ce qui diminue les risques
de fuite ; on peut faire les réparations nécessaires sans
toucher à la décoration des murs, et les coupe-circuit

sont visibles et accessibles, et l'on peut plus facilement les arranger pour que, s'ils cessent de fonctionner convenablement, ils ne puissent pas causer un
incendie. Il faut, bien entendu, que le plus faible fil
d'un circuit soit assez fort pour transmettre sans se
détériorer le courant de fusion du coupe-circuit ; cette

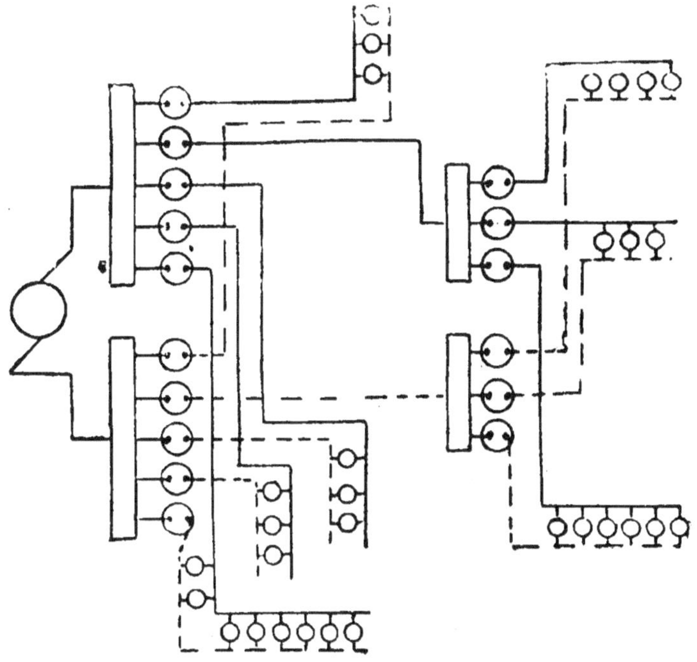

Fig. 61.

obligation, jointe à l'emploi d'une longueur beaucoup
plus grande de fil relativement faible au lieu d'une
courte longueur de fil plus fort, est une cause de
dépense plus grande pour les fils et les enveloppes;
mais l'économie résultant de la suppression du travail
de jonction, et le coût plus faible des coupe-circuit,

compenseront en grande partie, sinon entièrement, toute augmentation de dépense.

Quels que soient l'arrangement des circuits et les méthodes de fixation des fils que l'on adapte, le résultat final dépend de la qualité des matières et de la main-d'œuvre, et pour s'assurer que rien ne laisse à désirer sous ce rapport, il faut la surveillance constante d'un contremaître compétent et de fréquents essais des circuits au cours de l'installation, afin que les défauts dans la conductibilité ou l'isolement des fils puissent être aussitôt découverts et réparés. Plusieurs boites d'appareils d'essai portatives sont vendues par les constructeurs ; elles permettent de mesurer la conductibilité et les résistances d'isolement des fils, et si l'on en fait un usage méthodique et fréquent, aucun défaut ne peut passer inaperçu. Trop souvent l'essai des circuits cesse lorsque le bureau d'assurances ou les compagnies d'électricité ont approuvé l'installation, et la plupart des consommateurs de lumière électrique pensent qu'il doit en être ainsi, puisque eux-mêmes ne sont pas électriciens ; il y a cependant quelques moyens très simples de découvrir une fuite pendant que le courant est en circulation, et ce serait l'intérêt de chacun que, dans toute installation, il y eût un appareil spécial permettant au consommateur d'effectuer une vérification quotidienne. Le chapitre XVI contient la description de plusieurs de ces moyens, dont le plus simple et le moins coûteux est la méthode des deux lampes, lorsqu'on possède des commutateurs qui permettent de laisser les lampes hors du circuit, excepté au moment où l'on veut faire un essai.

CHAPITRE XIII

Pour le service extérieur, on peut poser le conducteur en l'air ou sous terre, chacune de ces méthodes présentant certains avantages sur l'autre ; mais on ne peut se prononcer sur celle qui convient le mieux à une installation particulière, que lorsqu'on connaît bien toutes les conditions du cas à résoudre. Néanmoins il est certains points dont il faut tenir compte dans la comparaison des deux méthodes de pose des conducteurs, ce sont les frais respectifs de chacune d'elles au point de vue du capital d'achat et d'entretien, et leur sécurité comparative vis-à-vis du public.

En ce qui concerne les premières dépenses, l'avantage, à moins qu'on n'emploie de très gros conducteurs, est certainement du côté du fil aérien, parce que les tranchées et tuyaux ou autres conduits qu'exige le câble souterrain, coûtent beaucoup plus cher que les poteaux et isolateurs qui supportent le fil aérien. Mais on peut admettre, en règle générale, qu'un câble bien isolé posé sous terre en lieu sûr coûtera moins d'entretien que s'il est posé en l'air, parce qu'il n'est pas autant exposé aux risques de détérioration mécanique causée par les tempêtes de neige et de vent ou par la foudre et parce qu'il est installé dans de telles conditions que les variations atmosphériques agissent peu sur lui. Sinon tout, beaucoup du moins dépend de la catégorie de câble employée et du degré d'efficacité au point de vue de l'isolement; car, avec une catégorie de câble inférieure, le câble souterrain peut être très coûteux d'entretien à cause des détériorations continuelles du diélectrique, qu'il faut bien réparer pour éviter l'interruption de travail. Dans les fils aériens, l'isolement du câble est remplacé au besoin par celui des supports, et ce dernier possède une résistance suffisante pour que le service puisse continuer sur la ligne.

C'est quand il y a à tenir compte de la sécurité du public que la dépense d'entretien des lignes aériennes s'élève, parce que l'emploi de hautes tensions (et c'est seulement dans ces cas qu'il y a beaucoup à gagner comme première dépense) exige des câbles aussi bien isolés que ceux qu'on met sous terre; il faut inspecter périodiquement la ligne et remplacer les poteaux, les étais, les fils porteurs, au premier signe de détérioration, afin d'éviter tous risques de dommage par le bris de l'un d'eux. L'expérience du *Post Office* et des compagnies téléphoniques apprend qu'à des intervalles de peu d'années, il faut renouveler entièrement la plupart des lignes aériennes, à cause de leur destruction par un violent ouragan accompagné d'une tourmente de neige; on doit donc tenir compte de la possibilité de cet événement, et donner aux lignes aériennes une force mécanique telle qu'elles puissent résister à ces tempêtes — ce qui entraine une dépense d'argent considérable, — ou bien s'attendre à une rupture accidentelle, ainsi qu'à la perte de trafic et aux frais de rétablissement qui en sont la conséquence.

Ces diverses raisons font trouver plus économique

de poser les fils sous terre, sauf dans les réseaux où les maisons à desservir sont très éparpillées, ou au début de l'exploitation d'un nouveau réseau; dans ce cas ou lorsqu'on transmet l'électricité à une distance considérable pour actionner des moteurs, etc., il peut arriver souvent qu'une ligne souterraine soit commercialement impossible. Par exemple, si l'on obtient la force hydraulique à un endroit situé à plusieurs kilomètres d'une usine, et que l'on installe des turbines et des dynamos d'un côté et des moteurs de l'autre, il y a des chances pour que l'intérêt du capital d'une ligne souterraine, joint à celui de l'autre outillage, atteigne une somme aussi importante que la dépense annuelle de force tirée d'une autre source; et alors si l'on ne peut établir une ligne aérienne, c'est l'abandon total du projet.

Voici, brièvement indiquées, les objections que l'on élève contre les lignes aériennes : elles sont susceptibles de se détériorer mécaniquement en cas d'ouragan, électriquement par la foudre; les accidents sont à craindre du fait de la rupture du conducteur, ou du contact du conducteur avec une personne ou avec d'autres conducteurs. Aucune de ces objections ne présente de difficultés très sérieuses; on peut avoir raison de toutes en employant de bonnes matières, en procédant avec soin à l'établissement des lignes, en les inspectant souvent lorsqu'elles fonctionnent; mais tout cela est une cause d'augmentation de la dépense et, par malheur, une grande partie du matériel aérien a été construite en vue du bon marché et, par conséquent, dans les pires conditions possibles : il en est résulté des accidents, un *tolle* général s'est élevé contre tous les fils aériens, dont on a condamné indistinctement l'emploi. Dans les grandes villes, il est prudent de ne pas établir de lignes aériennes à cause de la difficulté, qui se présente souvent, de restreindre la longueur des portées au croisement des rues, en sorte qu'il y a plus de risques d'accidents par suite de rupture de fil ; et lorsque ces accidents surviennent, ils peuvent avoir plus de gravité dans les villes qu'ailleurs. Mais ces objections n'ont pas la même force dans beaucoup de petites villes ou en pleine campagne, et, dans ce cas, il n'y a aucune raison d'empêcher l'établissement de fils aériens lorsque leur emploi réalise une économie. Deux cas sont à considérer : l'un dans lequel la ligne formée de fils nus court à travers la campagne, soutenue par des poteaux de distance en distance; dans l'autre, la ligne circule au-dessus des toits des maisons ou le long des voies publiques, ce qui exige l'isolement ininterrompu des fils.

La ligne de fils nus doit être établie de manière que les conducteurs ne puissent pas prendre contact les uns avec les autres, ni avec un fil voisin, un arbre ou une matière quelconque pouvant déterminer un court circuit entre eux; on doit veiller également à ce qu'elle ne soit pas à la portée du public, afin que celui-ci ne puisse pas, même accidentellement, se trouver en contact avec les conducteurs. La ligne qui est formée d'un câble, quoique à l'abri des risques de contacts, est plus susceptible de se rompre mécaniquement, parce que le poids de la matière isolante et la surface plus grande exposée au vent augmentent considérablement les efforts que subit le conducteur, à moins que celui-ci ne soit soutenu par un fil porteur spécial en acier auquel le câble est suspendu à de courts intervalles.

Les matériaux nécessaires pour une ligne aérienne sont, outre les conducteurs, des poteaux en bois ou en fer, des isolateurs, des fils porteurs, des jambes de force

et fils de haubans et des parafoudres. Le conducteur nu
est généralement en cuivre écroui ou en bronze siliceux,
ces matières donnant, comme on l'a vu dans un précédent chapitre, de meilleurs résultats que l'acier ou le
fer, au point de vue de la conductibilité, de la résistance
à la rupture et du poids. On peut se procurer du cuivre
écroui avec 97 p. 0/0 de la conductibilité du cuivre pur,
une charge de rupture de 45 s, ou 35,3 d^2 kilog., s étant la
section et d le diamètre du fil en millimètres; son poids
est égal à 0,0089 s, ou à 0,007 d^2 kilog. par mètre courant.
Le conducteur isolé est le plus souvent un fil ou toron
de cuivre recuit, et, dans ce cas, on ne doit pas, excepté
pour de très courtes portées, faire supporter la tension
au cuivre, mais à un fil porteur distinct, qui est généralement un câble de fil d'acier galvanisé pesant environ 0,0079 s kilog. par mètre courant, et présentant une
résistance à la rupture de 63 s kilog., s étant la section du câble en millimètres carrés.

Le bois le meilleur pour les poteaux est le sapin
rouge de Norvège, cependant on emploie aussi le mélèze
et le pin d'Ecosse. D'ordinaire on spécifie les dimensions
nécessaires, que les poteaux seront abattus en hiver,
qu'ils seront en bois sain, dur, droit, dépourvu de gros
nœuds et autres défauts, et qu'ils seront complètement
dépouillés de l'écorce. Les poteaux de 6 à 9 mètres de
longueur ne doivent pas avoir moins de 12 1/2 centimètres de diamètre dans le haut, et de 18 à 23 centimètres à la ligne de terre, c'est-à-dire à 1 mètre 50 centimètres du gros bout; on doit toujours les créosoter
pour assurer leur conservation. D'après les résultats
des expériences faites par le *Post Office* en 1885 à sa
manufacture de Gloucester Road, la résistance de ces
poteaux est représentée par la formule $P = 0{,}537 \dfrac{D^3}{L}$,

D étant le diamètre du poteau en centimètres à la ligne
de terre, et L la distance en mètres du sol au point où
est appliqué l'effort résultant P ; et cette valeur divisée
par le facteur de sécurité 4 ou 6 donne la pression de
service qui ne présente aucun danger. Les poteaux en
fer qu'on emploie se composent généralement d'un
tuyau inférieur en fonte dans lequel est ajusté un
tuyau conique en fer forgé ; lorsque les poteaux ont
beaucoup plus de 6 mètres de long, on ajuste au
tuyau en fonte deux tuyaux en fer forgé emboîtés

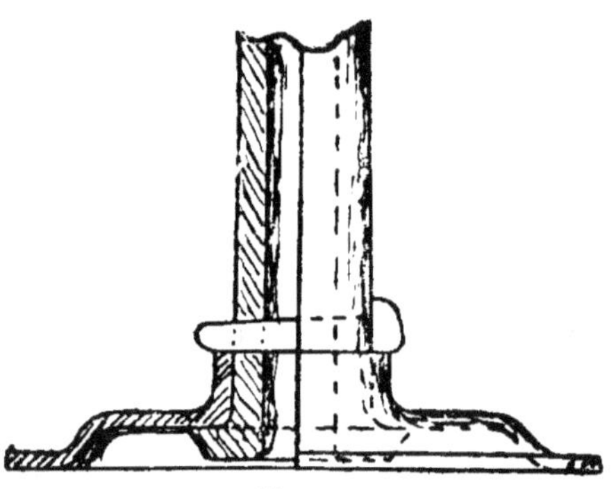

Fig. 62.

l'un dans l'autre. Quelquefois on fixe une plaque
bouclée en fer forgé à la base du tuyau en fonte
(voir fig. 62), afin d'augmenter la stabilité du poteau
une fois posé en terre ; ou bien on adapte au tuyau
deux traverses posées à angles droits l'une avec l'autre
(voir fig. 63) ; enfin on peut faire le tuyau en fonte
avec un sabot pointu à l'extrémité inférieure, de
manière à former une pile qu'on enfonce en terre sans
qu'il soit besoin de creuser un trou pour la recevoir
(voir fig. 64). Lorsque la ligne est droite et que la
localité est à l'abri des fortes tourmentes de vent, la
stabilité du poteau mis en terre suffit en général ; mais

quand il est exposé à des efforts latéraux considérables
par suite de la pression du vent ou du changement de
direction du fil de la ligne, il est nécessaire de l'affer-

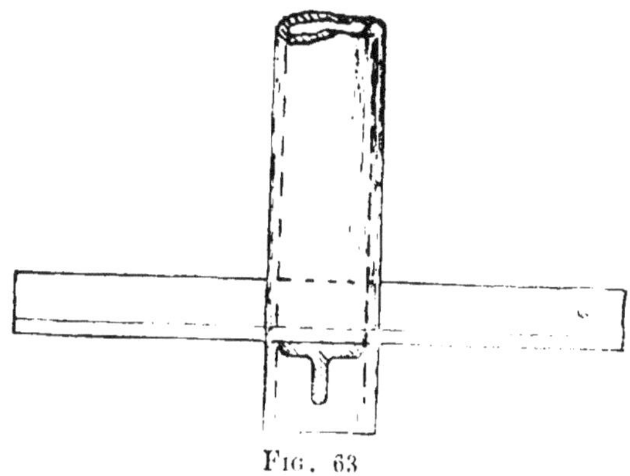

Fig. 63

mir au moyen de haubans ou de jambes de force,
placés de façon que leur point d'attache au poteau soit
aussi rapproché que possible du point où s'exerce la

Fig. 64.

pression résultante, et que la ligne le long de laquelle
agit cette pression se trouve dans le plan passant à
travers le poteau et le hauban ou jambe de force. Il

faut un bon ancrage au hauban pour l'empêcher de partir; souvent on y arrive en fixant l'extrémité inférieure à une poutre enfouie dans le sol; on peut encore mettre une pierre plate ou un morceau de bois sous le pied de la jambe de force pour lui donner une plus grande surface de support et l'empêcher de s'enfoncer dans le sol. Pour les lignes installées sur le toit des maisons, on se sert en général de poteaux de fer ajustés dans des selles placées sur la crête du toit, afin que la pression vers le bas se répartisse sur une grande surface (voir fig. 65). Les poteaux fixés de cette ma-

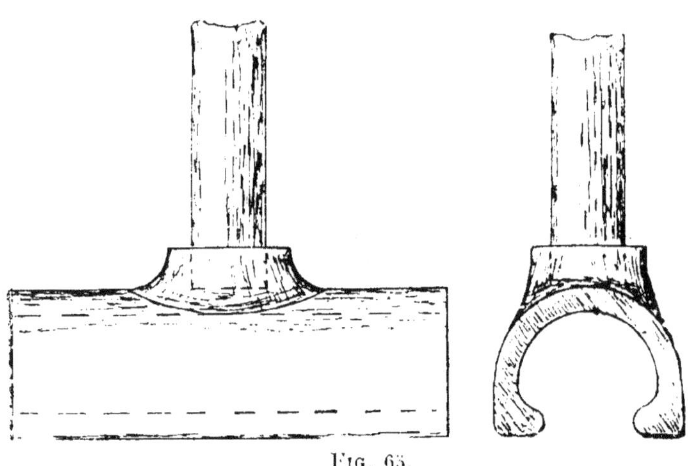

FIG. 65.

nière n'ont pas de stabilité par eux-mêmes, il faut qu'ils soient étayés dans trois directions ou davantage, le composant vertical de la traction de l'étai, leur propre poids et celui de la ligne, tout cela se combinant pour les maintenir solidement en position sur la selle. La force de résistance des poteaux varie dans de très grandes limites, selon les valeurs relatives attribuées à leur longueur et à leur diamètre, ainsi qu'à l'épaisseur du métal. On peut admettre que l'expression suivante donne une pression exercée près le sommet du poteau qui ne présente aucundanger : $P = 0,675 \dfrac{D^4 - d^4}{DL}$.

P étant la pression résultante en kilog., D et d les diamètres extérieur et intérieur du tuyau en fer forgé

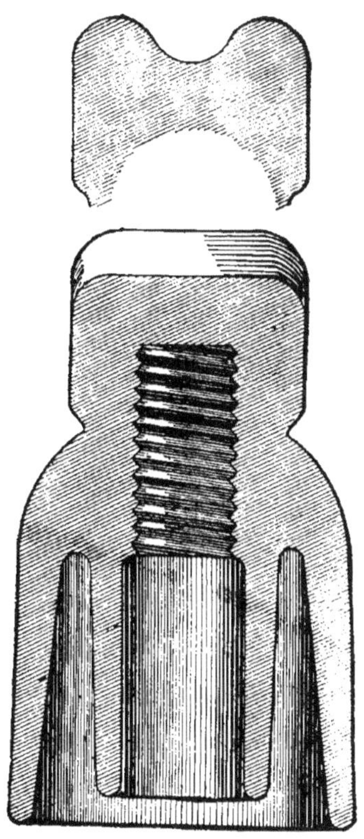

Fig. 66.

à sa base en centimètres, et L la distance en mètres de la ligne de terre au point où s'exerce la pression résultante.

Les fils, qu'ils soient nus ou isolés, reposent en général sur des isolateurs en porcelaine de l'un des trois types ci-après : l'isolateur ordinaire à double cloche, l'isolateur-arrêt, et l'isolateur à huile. Il faut que la porcelaine soit dense et d'un beau grain, uniforme partout, sans craquelures ni pailles, et vernie sur toute sa surface. La figure 66 représente l'isolateur à double cloche. qu'on fait ordinairement; il a en haut et de côté des rainures dans l'une desquelles on pose le fil qui est fixé par des liens reposant dans l'autre.

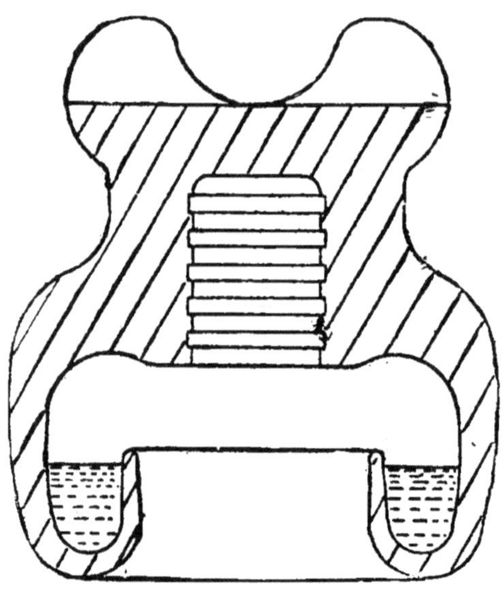

Fig. 67.

L'isolateur à huile ressemble au précédent à beaucoup d'égards, mais la cloche a la forme d'une tasse, ainsi que le fait voir la figure 67 ; on remplit cette tasse d'huile pour diminuer la quantité de fuite de surface. L'isolateur est pourvu d'une console qui est cimentée en place, et on l'attache à un bras fixé au poteau, de la manière indiquée par la figure 68 qui représente un mode d'attachement très usité avec les poteaux en bois.

L'isolateur-arrêt est employé lorsque l'effort imposé au fil est considérable, parce que, malgré la très grande infériorité de ses qualités d'isolement par rapport à celles des deux types déjà mentionnés, il est plus capable au point de vue mécanique de supporter la tension venant du fil. Il est fixé au moyen de deux liens à un boulon qui le traverse de bout en bout, et les liens eux-mêmes sont supportés par un bras ou crampon fixé au poteau.

Fig. 68.

Les lignes aériennes sont exposées aux coups de la foudre, il faut donc prendre des précautions pour les mettre à l'abri, elles et les appareils qui s'y relient, de tout dommage de ce chef. Pour protéger la ligne, on établit un paratonnerre qui monte un peu plus haut que le poteau et communique avec la terre à son extrémité inférieure ; en outre, lorsque les fils sont nus, une tige d'embranchement est conduite jusqu'à chaque isolateur, aussi près que possible du fil.

Pour protéger les dynamos et autres appareils, on installe sur la ligne des parafoudres pour les conducteurs d'aller et de retour, et on les arrange de façon qu'un petit intervalle d'air sépare le fil de la ligne d'une plaque de terre; cet intervalle doit être un peu plus grand que la distance explosive dans l'air suivant la tension employée sur la ligne, tout en étant assez petit pour permettre à la décharge de la foudre de le franchir. En Angleterre, où l'on n'est pas aussi exposé aux violents orages que dans beaucoup d'autres pays, on n'a prêté que peu d'attention au système de para-

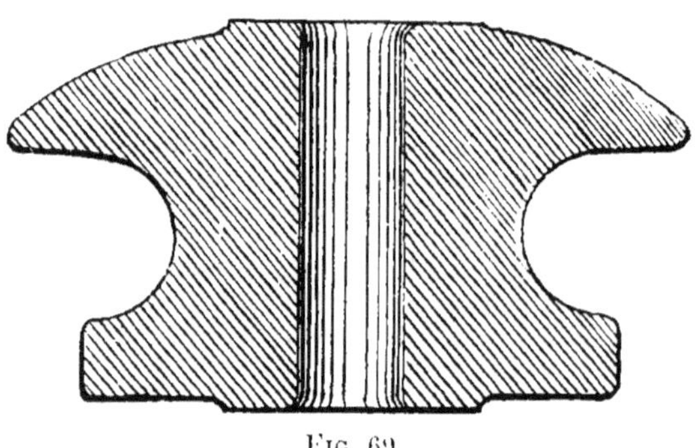

Fig. 69.

foudres qui, après avoir laissé passer la décharge, brisent automatiquement toute communication avec la terre déterminée par le maintien d'un arc du fait de la tension de service. La figure 70 représente un type de parafoudre simple, qu'on peut employer quand il n'est pas besoin d'un appareil automatique pour rompre le circuit; les deux plaques sont découpées de façon que chacune ait plusieurs dents en saillie qui s'approchent les unes les autres de très près.

En Amérique, où les lignes aériennes à hautes tensions sont nombreuses et les violents orages plus fré-

quents, on se sert de plusieurs genres de parafoudres
très ingénieux, qui interrompent la communication
avec la terre aussitôt qu'une décharge s'est produite,
et laissent cependant les appareils en état de fonctionnement et prêts à supporter une autre décharge, s'il
en survient. Les meilleurs types sont les parafoudres
employés conjointement avec les systèmes Thomson

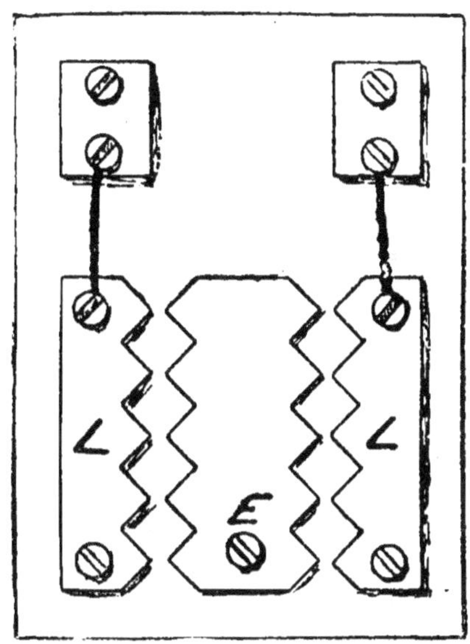

Fig. 70.

Houston et Westinghouse : dans le premier, c'est
l'effet de répulsion d'un électro-aimant qui détermine
la rupture de l'arc; le second l'obtient au moyen d'un
courant d'air produit par l'expansion de l'air dans une
chambre close, qui résulte de la chaleur de l'arc lui-
même. Le parafoudre employé par la Compagnie
Thomson Houston sur ses circuits d'éclairage à arc se
compose d'un électro-aimant en série avec les lampes
à arc, et de deux plaques métalliques isolées. cintrées

de manière à être très rapprochées l'une de l'autre à leurs extrémités inférieures, mais aussi de manière que la distance entre elles augmente vers leurs extrémités supérieures (voir fig. 71). On place **un de ces** apparcils dans le positif, et un autre dans le fil néga-

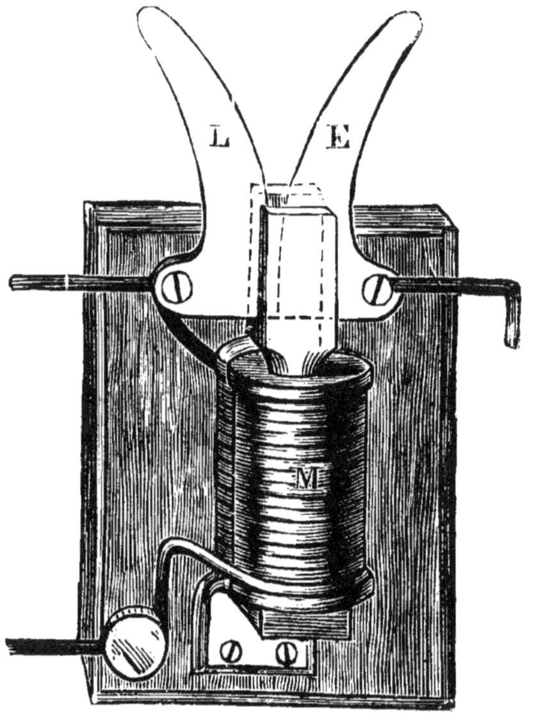

Fig. 71.

tif de la ligne, entre la ligne aérienne et les bornes de la dynamo ; le fil qui part de la dynamo est relié à la borne inférieure de gauche, de sorte que le courant passe autour des bobines de l'aimant, puis à la plaque L, à laquelle le fil de la ligne est attaché. L'autre plaque E est en communication avec la terre. Si la

ligne est frappée par la foudre, la décharge franchit
l'intervalle entre L et E et s'en va à terre, plutôt que
de traverser les bobines de l'électro-aimant ; mais l'arc
ainsi formé, s'il est maintenu par la haute tension employée dans le circuit, se trouve alors dans le champ
magnétique entre les deux pièces polaires, est repoussé
en haut vers la partie où l'intervalle d'air est beaucoup
plus grand, et s'éteint.

Le parafoudre employé par la même compagnie sur
les circuits avec transformateur à haute tension ressemble tant soit peu au précédent en principe, mais
les électro-aimants sont dans le circuit de décharge et
non dans le circuit principal. Pour protéger un transformateur, on amène les fils de la ligne à deux bornes,
d'où ils passent au transformateur. A chacune de ces
bornes est reliée une extrémité de la bobine d'un
électro-aimant, l'autre extrémité est attachée à une
borne très rapprochée d'une plaque en communication
avec la terre. Si la ligne est atteinte, la décharge traverse la bobine et franchit l'intervalle entre la borne
et la plaque en communication avec la terre, et cet
intervalle est ainsi placé que le champ magnétique dû
au courant qui passe autour de la bobine de l'aimant
éteint l'arc.

La figure 72 montre le parafoudre du circuit d'éclairage à arc employé par Westinghouse. B est une boule
de charbon en communication avec la terre, et enfermée dans une boite M dans laquelle pénètrent deux électrodes D, D', qui sont portées par deux leviers pivotant
en O et O', et qu'on peut régler séparément au moyen
des vis à pression P, P', qui permettent de régler à
volonté la distance entre la pointe de chaque électrode
et la boule de charbon. Un solénoïde n, dont la bobine
est en série avec les lampes à arc, est placé de telle

sorte que, aucun courant ne circulant autour de lui, son noyau K descend sur les bras courts L, L′ des leviers et, en les abaissant, éloigne davantage les électrodes de la boule de charbon. Si la ligne est frappée. la décharge traverse les bornes p et p' pour aller aux

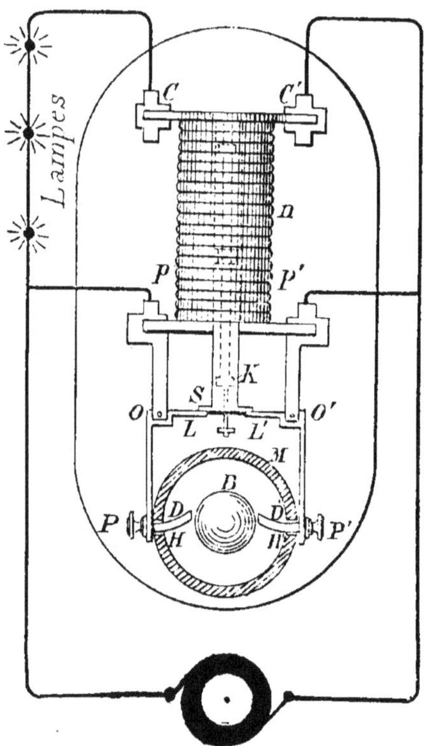

Fig. 72.

électrodes et franchit l'intervalle qui les sépare de la boule de charbon. Si le courant de la dynamo maintient l'arc, le solénoïde est mis en court circuit; son noyau tombe et, en frappant les bras L, L′, met entre les électrodes et la boule de charbon un espace d'air plus grand. La chaleur engendrée par les arcs ainsi formés fait se dilater l'air dans la chambre close, et forme un courant qui s'échappe par les trous H, H' et éteint l'arc. Dès que l'arc est rompu, le courant recommence à passer autour du solénoïde, et fait monter le noyau, ce qui permet aux électrodes de reprendre leur position normale.

Le parafoudre employé par la Compagnie Westing-house sur ses circuits avec transformateur consiste en deux boites closes a, a' (fig. 73), ayant chacune une ouverture c, c' conduisant aux tuyaux d, d', et qui contiennent deux pointes de charbon h, i et h', i', séparées par un intervalle d'environ 3 millimètres. Juste au-dessus de l'ouverture conduisant à chaque tuyau est placée une autre paire de charbons f, e et f', e', séparés par des intervalles d'air semblables qui sont cependant mis en court circuit par des boules de charbon j et j'. Les charbons i et h' sont reliés à la terre; h est relié par les charbons f, e, et la boule j à un fil de la ligne ; et i' est relié par les charbons f', e', et la boule j' à l'autre fil de la ligne. Si la ligne est atteinte par la foudre, la décharge passe par les séries supérieures des pointes et boules de charbon aux charbons inférieurs, et franchit les intervalles d'air pour aller à la terre. La chaleur due aux arcs formés en o, o' dilate l'air dans les chambres closes, et le courant d'air déterminé par cette expansion fait monter les boules de charbon dans les tuyaux et rompt la communication avec les fils de la ligne. Aussitôt que l'arc est rompu, les boules de charbon reviennent à leur position normale et rétablissent la communication entre les fils de la ligne et les charbons h, i', de sorte que l'appareil est prêt à fonctionner de nouveau si une autre décharge se produit.

Quand on projette d'établir une ligne aérienne, il faut se préoccuper des efforts mécaniques auxquels la

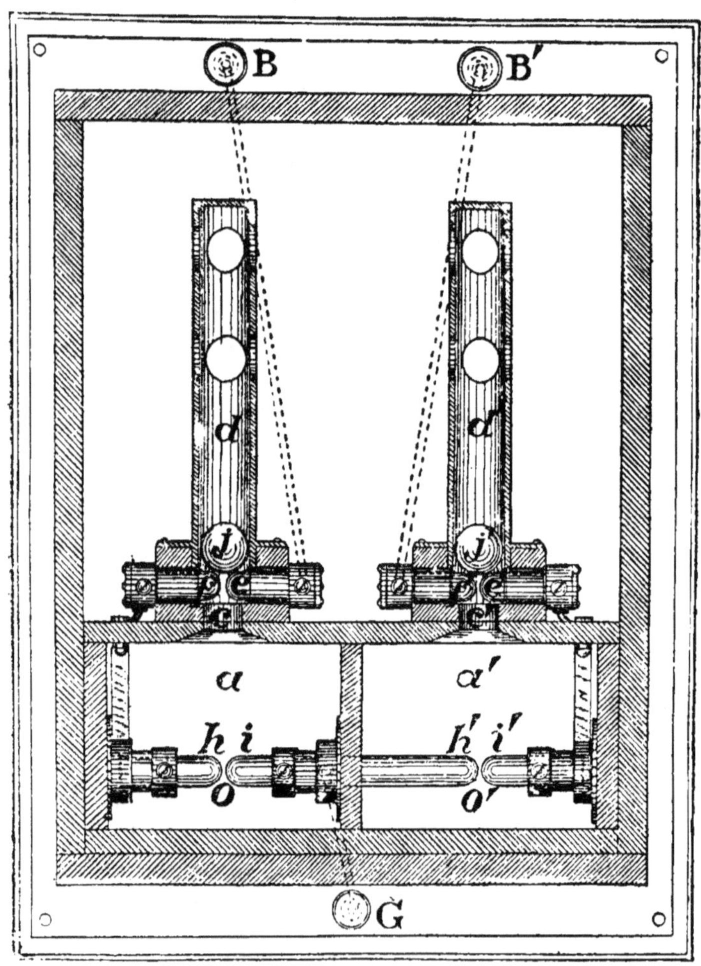

Fig. 73.

ligne et ses supports seront exposés, aussi bien que de la capacité du conducteur à transmettre le courant et de son isolement. La dimension du conducteur pour une ligne aérienne se détermine de la manière qu'on a indiquée dans un précédent chapitre, c'est-à-dire en se conformant à la loi de la densité de courant économique, sauf quand les conditions de fonctionnement sont telles que la dimension du conducteur doit être réglée d'après sa capacité de transmission du courant ou la chute de potentiel dans sa longueur. On peut assurer l'isolement en appuyant un fil nu sur des isolateurs en porcelaine, ou en se servant d'un conducteur isolé sans interruption, qu'on suspend directement à des isolateurs ou à des fils porteurs spéciaux. Comme on l'a déjà vu, le fil nu n'est admissible que dans le cas où la ligne peut être installée de telle manière qu'il n'y ait dans la pratique aucun risque de contact éventuel avec les personnes ou avec un autre fil ; c'est pourquoi de semblables lignes sont rares en Angleterre, tandis qu'on en voit beaucoup d'exemples dans d'autres pays. Elles sont utiles surtout pour transmettre la force à distance dans la campagne, parce que souvent la dépense de câbles isolés serait élevée au point d'empêcher l'établissement de la ligne. On peut employer des poteaux en fer ou en bois avec l'isolateur ordinaire à double cloche ou l'isolateur à huile supporté par des bras fixés au poteau. Les deux lignes doivent être installées une de chaque côté du poteau (voir fig. 74) et l'une à un niveau plus élevé que l'autre, afin d'empêcher les deux fils de se toucher lorsque le vent les fait aller et venir.

On installe souvent de la même manière les conducteurs isolés sans interruption, et cette méthode convient parfaitement lorsqu'il ne faut pas que les portées soient très longues et que la ligne n'est pas exposée. Cependant on remplace quelquefois les isolateurs en forme de cloche par des isolateurs-arrêt, qu'on dispose alors comme il est indiqué dans la figure 75. Ce système

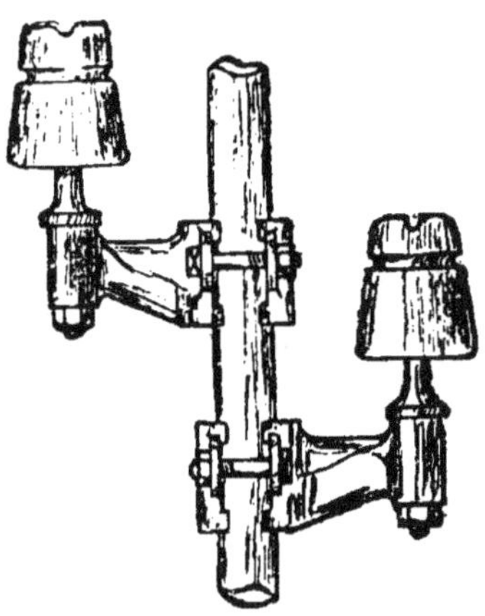

Fig. 74.

n'est pas admissible lorsqu'on emploie des fils nus, parce que la fuite est beaucoup plus grande avec

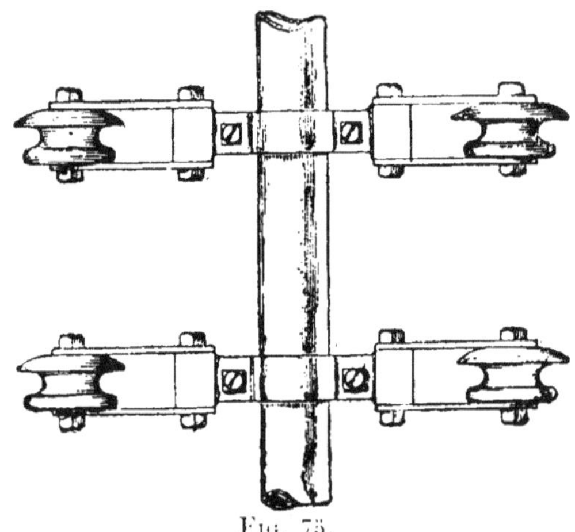

Fig. 75.

ces isolateurs qu'avec ceux du type double cloche.
Dans les lignes installées sur le sommet des toits, où

les portées ont souvent une longueur considérable, à
cause de la difficulté d'obtenir les permissions de passer et de la nécessité de traverser des rues larges et où
la ligne est plus exposée au vent, le conducteur isolé
est généralement supporté par des attaches faites à un
fil porteur ; ces attaches se succèdent à des intervalles

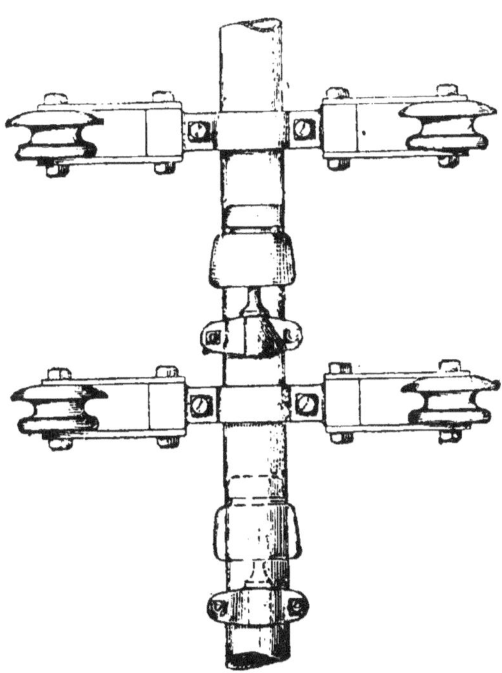

Fig. 76.

d'environ un mètre. Lorsque le fil porteur est attaché
à des isolateurs, comme c'est généralement le cas, on
se sert d'isolateurs-arrêt, disposés comme dans la figure
76 : le câble est attaché à un isolateur fixé de côté au
poteau. Le fil porteur, bien qu'il augmente la dépense,
est nécessaire dans toutes les lignes installées au som-

met des maisons, parce qu'il soulage le câble de tout effort de tension et diminue grandement les risques de rupture du conducteur, accident qui peut avoir de graves conséquences dans les grandes villes.

L'usage du fil porteur a un autre avantage qui est de supprimer l'effort sur le câble aux points d'appui et de diminuer par conséquent les risques de détérioration de l'isolement à ces endroits, risques qui existent toujours même dans l'installation la plus soignée. Nous avons dit que le fil porteur est généralement attaché aux isolateurs, et il doit en être ainsi pour toute ligne soumise aux règlements du *Board of Trade*; mais il n'est pas du tout certain que ce mode d'établissement d'une ligne soit le meilleur. L'objet avoué en isolant le le fil porteur est d'ajouter un isolement supplémentaire en série avec celui du câble, et cela peut permettre à une ligne de fonctionner quand le câble même est défectueux; mais ceci, au lieu de constituer un avantage réel, peut souvent être précisément l'inverse. L'enveloppe extérieure de rubans ou tresse devient un très bon conducteur en temps humide, comme aussi les attaches par lesquelles le câble est suspendu au fil porteur; par conséquent, s'il existe un défaut dans l'isolement du câble, la tresse, les attaches et le fil porteur peuvent tous être mis en communication électrique avec le conducteur, avec ce résultat qu'un contact avec l'un d'eux équivaut à un contact avec le conducteur lui-même. Même en supposant parfaite l'enveloppe isolante du câble, une secousse désagréable peut être déterminée par un contact avec sa surface extérieure, et, en temps humide, avec le fil porteur, car celui-ci étant un bon conducteur et relié au câble à des intervalles fréquents par une matière semi-conductrice, devient l'équivalent d'une gaine métallique; or il est universellement reconnu que toute enveloppe métallique d'un câble fonctionnant à de hautes tensions doit être mise à la terre. Les conditions dans lesquelles on peut recevoir une secousse par suite du contact avec l'enveloppe extérieure d'un câble ont été relatées dans le chapitre VII, qui contient des chiffres démontrant que le courant communiqué pourrait avoir une valeur dangereuse. Il serait donc de beaucoup préférable d'employer un câble isolé de manière à rendre inutile l'isolement supplémentaire du fil porteur, et de mettre en communication ce dernier avec la terre. Outre les avantages déjà mentionnés, cette connexion ferait du fil porteur une sorte de paratonnerre de la ligne, en ce qu'il y aurait toujours juste au-dessus du câble un chemin facile à la terre ; de plus, cela rendrait à la fois plus solide et plus aisé mécaniquement le travail d'attachement du fil au poteau, et il en coûterait un peu moins pour établir la ligne.

Il nous faut examiner à présent les efforts mécaniques auxquels une ligne aérienne peut être soumise, ainsi que les lois qui les gouvernent. Lorsqu'un fil est suspendu entre deux poteaux, l'effort de tension pouvant amener la rupture du fil est dû en partie à son propre poids, et en partie à la pression du vent sur sa surface ; cet effort est d'autant plus grand qu'on augmente la portée ou la distance entre les poteaux ; il diminue à mesure qu'augmente la flèche du fil. La loi qui détermine l'effort au point d'appui — ce point est là où le plus grand effort se produit — s'exprime ainsi :

$$\frac{t}{w} = \frac{a^2}{8d} + \frac{7d}{6}$$ et lorsque la flèche n'est pas excessive,

on peut la résumer en $t = \dfrac{a^2 w}{8d}$, étant admis que :

$t = $ l'effort exercé à l'isolateur en kilog.,

a = la portée en mètres,

d = la flèche en mètres,

w = la pression résultante en kilog. par mètre courant.

La pression résultante a pour ses deux composantes le poids du fil par mètre = W, et la pression du vent par mètre = P ; et comme ces deux forces agissent à angles droits l'une avec l'autre, puisque la direction du vent est supposée s'exercer le long d'une ligne horizontale, on peut écrire $w = \sqrt{W^2 + P^2}$. On prend la direction du vent à angles droits par rapport à l'axe du fil, parce que cette direction donne l'effort maximum, la valeur de P étant calculée d'après P = 0,0006 pd, p représentant la pression en kilog. par mètre carré sur une surface plane à angles droits avec la direction du vent, et d le diamètre du fil en millimètres. La constante 0,0006 contient un coefficient qui représente le rapport de la pression effective sur une surface cylindrique à celle sur une surface plane, et l'on a adopté pour ce coefficient la valeur 0,6 comme juste moyenne des valeurs qui lui ont été assignées par différents auteurs, sa valeur exacte étant quelque peu douteuse à cause du manque de données expérimentales exactes.

La formule indiquée ci-dessus s'écrit encore $d = \dfrac{a^2 w}{8t}$, ou bien $a = \sqrt{\dfrac{8dt}{w}}$, et c'est sous l'une ou l'autre de ces formes qu'on s'en sert le plus, parce que les valeurs de t et de w sont fixées quand on a arrêté la dimension et la matière du conducteur ; avec ces données, il faut trouver la flèche qu'on doit permettre pour une portée donnée, ou, pour un maximum de flèche donné, la plus grande portée qui soit possible en toute sécurité.

Les efforts sur les poteaux représentent un effort écrasant dû au poids du fil et une composante verticale de la tension dans les haubans, s'il en existe ; ils représentent également un effort de flexion dû à la pression du vent sur les fils et le poteau, à un changement dans la direction de la ligne, ou à ce que la tension des fils dans deux portées adjacentes est inégale. L'effort d'écrasement dû au poids du fil est égal à la somme des produits aW pour chaque fil, et celui dû à tout fil de hauban est égal au produit de sa tension par le cosinus de l'angle qu'il forme avec le poteau. L'effort latéral dû à la pression du vent est égal à la somme des produits aP pour chaque fil, plus la pression à la surface du poteau qui égale $0,006\ pD$ multiplié par la longueur du poteau en mètres. L'effort latéral dû à un changement dans la direction de la ligne s'obtient le plus facilement en établissant un parallélogramme de forces ; mais dans les cas habituels, où il y a égalité entre les tensions t et t' des deux fils voisins, l'effort $= 2t$ cos. $\frac{\alpha}{2}$, α étant l'angle compris entre les deux fils au support. L'effort à un poteau extrême, ou à un poteau où les tensions des deux fils sont inégales, se détermine en calculant la valeur de t pour chaque fil et en prenant la différence entre eux.

Dans l'un quelconque de ces cas, si la pression résultante tendant à faire fléchir le poteau est plus grande que $0,13\ \dfrac{D^3}{L}$ pour les poteaux en bois, ou que $0,673\ \dfrac{D^4-d^4}{DL}$ pour les poteaux en fer tubulaires, on fixe des haubans pour les affermir, et ces haubans doivent être attachés aussi près que possible du point où s'exerce la pression résultante et dans le même plan vertical qu'elle. L'effort au fil de hauban est égal à la pression résultante, divisée par le sinus de l'angle entre le poteau et le fil de hauban, si celui-ci est attaché au point où s'exerce la pression résultante ; s'il est attaché à une hauteur L′ au-dessus du sol, alors on multiplie la valeur indiquée ci-dessus par $\dfrac{L}{L'}$.

Examinons un exemple d'une ligne à fils nus, d'une ligne de câble sans fils porteurs, et d'une ligne de câble avec fils porteurs ; d'abord, en supposant qu'on accorde une pression du vent de 100 kilog. par mètre carré et qu'on se serve du facteur habituel de sécurité 4 ; ensuite, avec une pression du vent de 250 kilog. par mètre carré et un facteur de sécurité 6, ces derniers chiffres étant ceux que donnent les règlements rédigés par le *Board of Trade*.

Ligne à fils nus de deux conducteurs, chacun de 7 brins de 1,6 mm., en cuivre écroui. La section de ce conducteur est de 14,2 m/m² et le diamètre de 4,8 m/m. Le poids par mètre courant $W = 0,0089 \times 14,2 = 0,127$, et la tension avec un facteur de sécurité de 4 est

$$t = \frac{45 \times 14,2}{4} = 160.$$ La pression du vent par mètre courant $P = 0,0006 \times 100 \times 4,8 = 0,288$, lorsque $p = 100$ kilog. par mètre carré.

$$w = \sqrt{W^2 + P^2} = \sqrt{(0,127)^2 + (0,288)^2} = 0,315.$$

En prenant une portée de 60 mètres, la flèche sera

$$d = \frac{60 \times 60 \times 0,315}{8 \times 160} = 0 \text{ mèt. } 886.$$ Il faut se souvenir que c'est le minimum de flèche qu'on puisse permettre avec sécurité ; par conséquent, le fil doit être tendu de façon qu'à la plus basse température où il puisse arriver, il y ait cette valeur de flèche. Avec des

températures plus élevées, la flèche sera plus grande
à cause de la dilatation du fil, et l'on doit tenir compte
de cela, si l'on établit la ligne lorsque la température
de l'atmosphère n'est pas au plus bas degré. Cela se
fait en calculant la longueur du fil de la portée par la
formule $s = a + \dfrac{8d^2}{3a}$ et en y ajoutant le nombre obtenu
en la multipliant par le coefficient de dilatation par
degré, et par le nombre de degrés au-dessus du minimum de température. Avec cette nouvelle valeur s' on
peut alors calculer la flèche d' d'après la même équation,
qui peut s'écrire également $d' = \sqrt{\dfrac{3a\,(s'-a)}{8}}$. Supposons, par exemple, qu'il faille admettre une chute de
température de 22° C.; le coefficient de dilatation du
cuivre étant $\dfrac{1,73}{10^5}$, nous procéderons ainsi :

$$s = 60 + \frac{8 \times (0.886)^2}{3 \times 60} = 60,0349 ;$$

$$s' = 60,0349 + \left(60,0349 \times 22 \times \frac{1.73}{10^5}\right) = 60,0577 ;$$

$$d' = \sqrt{\frac{3 \times 60 \times 0,0577}{8}} = 1 \text{ mèt. } 14.$$

L'effort latéral au point de support est égal à 2aP
= 34,5 kilog.; et si l'on emploie un poteau en bois
de 15 centimètres de diamètre à la ligne de terre et de
12 1/2 centimètres de diamètre en haut, et ayant
6 mètres 40 hors de terre, la pression du vent sur le
poteau lui-même sera de 0,006 p D'L = 52,8. On peut
supposer que cette pression a agi sur un point situé à
3 mètres au-dessus du sol, et l'effort dû aux fils à
6 mètres au-dessus du sol.

Le couple de flexion résultant (34,5 × 6) + (52,8 × 3)

= 365,4 kilog. à un mètre, soit un peu moins que ce que le poteau dont nous nous servons peut supporter sans danger et qui est égal à 0,13 D^3 ou 438 kilog. à un mètre.

Augmentons maintenant la pression du vent à 250 kilog. et accordons un facteur de sécurité de 6, nous obtiendrons les valeurs suivantes :

$$P = 0,0006 \times 250 \times 4,8 = 0,72 ;$$

donc $\quad w = \sqrt{P^2 + W^2} = 0,731.$

$$t = \frac{45 \times 14,2}{6} = 106.$$

Ces chiffres donnent une flèche d'environ 3 mètres pour une portée de 60 mètres, ce qui est plus qu'on ne peut généralement admettre avec une température minimum. Il faut alors raccourcir la portée, et si l'on suppose une flèche de 1 m. 50 centimètres, on obtient, pour la portée maximum, $a = \sqrt{\dfrac{8 \times 1,5 \times 106}{0,731}} = $ 41,7 mètres.

La pression latérale au point de support $= 2aP = 2 \times 41,7 \times 0,72 = 60$ kilog., ce qui donne un couple de flexion de 360 à la ligne de terre. Le poteau de 15 centimètres de diamètre ne sera pas assez fort, d'autant qu'on doit allouer un facteur de sécurité de 6, qui réduit le couple de flexion de sécurité à 0,086 D^3 au lieu de 0,13 D^3; il faut alors prendre un poteau d'environ 23 centimètres de diamètre, qui permet en toute sécurité un couple de flexion de 1.040. La pression du vent sur le poteau lui-même sera de $0,006 \times 250 \times D'L = 200$, et le couple de flexion résultant $= (60 \times 6) + (200 \times 3) = 960$.

Ligne de câble à deux conducteurs, chacun de 7 brins de 1,6 mm., isolé et tressé à un diamètre de 10,9 m/m, sans fils porteurs. Pression du vent, 100 kilog. par mètre carré. W = 0,235 ; P = 0,654, w = 0,695, t = 160. Dans ce cas, on constate de nouveau que, pour une portée de 60 mètres, la flèche dépassera de beaucoup 1 m. 50 centimètres, et l'on trouve que la portée maxima pour cette flèche est

$$a = \sqrt{\frac{8 \times 1,5 \times 160}{0,695}} = 52 \text{ mèt. } 6.$$

La pression latérale au point de support = 2aP = $2 \times 52,6 \times 0,654$ = 68,8 kilog., ce qui donne un couple de flexion de 413 kilog. Il faudra un poteau d'un diamètre de 0 m. 17 centimètres, qui permettra un couple de flexion de 640 kilog. et en ajoutera un, dû à la pression du vent sur le poteau, de 3 (0,006 × 100 × D'L) = 173, donnant un couple de flexion totale de 413 + 173 = 586.

Pour une ligne semblable, lorsque la pression du vent est de 250 kilog. par mètre carré et le facteur de sécurité 6, on obtient W = 0,235, P = 1,635, w = 1,65, t = 106, et une flèche de 1 mètre 50 n'admet qu'une portée de

$$a = \sqrt{\frac{8 \times 1,5 \times 106}{1,65}} = 27 \text{ mèt. } 8.$$

La pression latérale au point de support = 2aP = $2 \times 27,8 \times 1,635$ = 90,9, ce qui donne un couple de flexion de 545. Il faut un poteau de 24 centimètres de diamètre, qui permet un couple de flexion de 1.189 et en ajoute lui-même un d'environ 600, de sorte que le couple de flexion totale sera de 1.145.

Ligne de câble comme ci-dessus, sur le toit des maisons, avec fils porteurs de 7 brins d'acier de 2 m/m. Pour le câble, W = 0,235, P = 0,654, et pour le fil porteur, W' = 0,180, P' = 0,360, t = 15,8 × 22,3 = 352.

La pression résultante sur le fil porteur est
$w = \sqrt{(W + W')^2 + (P + P')^2} = 1{,}10$; par conséquent,
pour une portée de 60 mètres,

$$d = \frac{(60)^2 \times 1{,}10}{8 \times 352} = 1{,}41 \text{ mètre.}$$

La pression latérale au point de support $= 2a$
$(P + P') = 120 \times 1{,}014 = 121{,}7$. Dans ce cas, il n'est
pas nécessaire d'employer un poteau de force suffisante pour supporter l'effort par lui-même, puisqu'on
doit se servir de fils de hauban. On peut donc supposer
l'emploi d'un poteau de 4 mètres 50 de long et de 9 cent.
de diamètre extérieur, et que la pression résultante
agit à 25 centimètres du haut du poteau, et que les fils
de hauban sont attachés à 25 centimètres au-dessous
de ce point. La pression du vent sur ce poteau sera de
$(0{,}006 \times 100 \times 9 \times 4{,}5) = 24{,}3$ kilog., agissant à
2,25 mètres du pied du poteau, et la pression résul-
tante au point d'attache du fil de hauban sera de
$$\left(\frac{121{,}7 \times 4.25}{4} + \frac{24{,}3 \times 2{,}25}{4} \right) = 143 \text{ kilog.}$$

Si le fil de hauban forme un angle de 45° avec le
poteau, la tension sur lui sera de $\dfrac{143}{\sin 45°} = 202$ kilog.,
ce qui exigera un fil de 7 brins de 1,6 m/m.

Le poids à supporter par le toit est représenté par
la somme des poids de la portée de double ligne, du
poteau et de la selle, et de la composante verticale de
la tension sur le fil de hauban. Le poids de la ligne est
de $2a$ $(W + W') = 49{,}8$ kilog., et celui du poteau et de
la selle d'environ 82 kil. ; et la composante verticale
de la tension sur le fil de hauban $= 202$ cos. 45° $= 143$,
ce qui donne un total de 275 kilog.

Pour une ligne semblable, lorsque la pression du
vent est de 250 kilog. et le facteur de sécurité 6, on

obtient W = 0,235, P =1,635, W' = 0,180, P' = 0,90, t = 235, w = 2,57. Avec une flèche de 1 m. 50 centim.,

$$a = \sqrt{\frac{8 \times 1,5 \times 235}{2,57}} = 33,1 \text{ mètres.}$$

La pression latérale sur la ligne = $2a\,(P+P') = 66,2 \times 2,535 = 168$ kilog., et celle sur le poteau = 61 kilog., donnant une pression résultante au point d'attache du hauban égale à

$$\frac{(168 \times 4.25) + (61 \times 2,25)}{4} = 213 \text{ kilog.}$$

La tension sur le fil de hauban $= \dfrac{213}{\sin 45°} = 301$ kilog., ce qui exigera un fil de 19 brins de 1,4 m/m. Le poids à supporter par le toit $= 28 + 82 + 213 = 323$ kilog.

S'il était nécessaire d'avoir une portée de 60 mètres avec une flèche de 1 m. 50 centim., il faudrait un fil porteur très fort, parce que les valeurs de W' et de P', et conséquemment celle de w, augmentent avec la dimension du fil porteur. Le fil réellement nécessaire serait de 19 brins de 2,6 m/m., pour lequel W' = 0,820, P' = 1,95, et t = 1.125 ; ce qui donnerait w = 3,74 ; par conséquent, si a = 60,

$$d = \frac{(60)^2 \times 3,74}{8 \times 1125} = 1 \text{ m. 50 cent.}$$

Une pareille ligne serait tout à fait impraticable parce que la pression sur le toit et la traction sur les fils de hauban seraient si grandes qu'on aurait beaucoup de difficultés à trouver des endroits convenables pour fixer les poteaux. La tension sur le fil de hauban serait d'environ 690 kilog., et la pression vers le bas due à cette cause, de 490 kilog. Le poids de la ligne serait de 127 kilog., ce qui, avec le poids du poteau et de la selle, formerait une pression totale sur le toit d'environ 700 kilogrammes.

On voit, par ces exemples, combien grande est la différence pour la pression du vent si l'on passe de 100 kilog. à 250 kilog. par mètre carré. Aussi, quoique le coût extraordinaire de la ligne ne dût pas arrêter le fabricant, s'il y avait quelque probabilité qu'elle eût à supporter une telle pression, il ne paraît pas utile d'insister sur ce point, parce qu'il est douteux qu'une pression même voisine de 250 kilog. par mètre carré ait jamais été enregistrée dans une de nos grandes villes, et il est à peu près certain qu'il n'y a pas à Londres de toit construit pour supporter une telle pression du vent. Dans un mémoire « sur la résistance des poteaux ronds », lu à l'assemblée de la *British Association* en 1885, M. Preece a constaté que, d'après les expériences du *Post Office*, la moyenne de pression du vent était de 92 kil. par mètre carré ; et il est probable que dans l'établissement de la plupart des lignes aériennes d'éclairage électrique, qui ont fonctionné depuis quelques années avec régularité, même par des temps où les fils télégraphiques et téléphoniques étaient détruits, on a calculé sur une pression du vent de 100 kilog.

CHAPITRE XIV

Bien que l'usage des fils aériens offre souvent des
avantages, surtout pour la transmission de l'électricité
à de grandes distances, on constate, en règle générale,
que l'emploi du conducteur souterrain est plus satisfaisant pour la distribution du courant, et en Angleterre c'est le seul système qui soit autorisé dans les
grandes villes. De même que pour les fils aériens, on
peut assurer l'isolement en faisant supporter un conducteur nu par des isolateurs en porcelaine ou en verre,
ou en recouvrant entièrement le conducteur dans toute
sa longueur de matière isolante ; on n'emploie la première méthode que pour les basses tensions, la seconde
est pratiquée pour les hautes et basses tensions.

Dans tous les systèmes à fils nus, le caniveau doit
être construit de manière que l'eau n'y pénètre pas
autant que possible, mais comme cela ne se peut pas
d'une manière absolue, on y pourvoit en mettant le
caniveau en communication avec des tuyaux d'épuisement qui permettent d'enlever l'eau qui peut s'y
trouver. On fixe dans ce caniveau à intervalles réguliers les isolateurs en porcelaine ou en verre qui supportent les conducteurs faits de rubans de cuivre nu.

On fait valoir en faveur de cette méthode d'isolement, que la section du conducteur peut être augmentée
très sensiblement sans accroître du même coup la
dépense d'isolement; que les matières employées sont
peu susceptibles d'altération; et qu'on peut faire facilement les connexions entre feeders et conducteurs
principaux de distribution et entre ces derniers et les
fils de service des maisons, parce que tous les joints
sont en cuivre et n'ont pas besoin d'être isolés. Par
contre, on objecte que la première dépense de canalisation est considérable, et pour les petites sections de
cuivre hors de toute proportion avec le prix de ce
métal; que le caniveau exige sous le trottoir une
place beaucoup plus grande que celle qu'on peut consacrer le plus souvent aux conducteurs électriques, ce
qui nécessite l'emploi de câbles isolés sans interruption alternant avec des longueurs de ruban nu; que la
résistance d'isolement de ce système n'est pas du tout
élevée, et qu'elle est sujette à des variations considérables; enfin qu'on a toujours la perspective désagréable
d'un accident grave, si la canalisation se trouve
inondée parce que le tuyau d'épuisement ou un tuyau
d'eau a crevé.

Au point de vue économique, aussi bien en ce qui
concerne les frais d'établissement que ceux d'entretien,
on a quelquefois trop vanté le système souterrain à fils
nus, car si lorsque la section totale des conducteurs
est très grande, la pose de ces fils coûte certainement
meilleur marché que celle des câbles isolés, cependant
il n'y a guère de différence de frais entre les deux
méthodes pour les sections qu'exigent habituellement
les conducteurs principaux de distribution. Comme
dépense d'entretien, on a proposé une charge annuelle
de 1 p. 0/0 pour ces conducteurs, mais beaucoup d'in-

génieurs considèrent cette allocation comme très insuffisante ; d'ailleurs, les canalisations pour fils nus n'ont
pas encore fonctionné assez de temps pour permettre
une estimation basée sur des dépenses de fonctionnement exactes, de sorte qu'on ne peut pas, quant à présent, fournir des chiffres autorisés. Le nettoyage des
isolateurs et le remplacement de ceux qui sont brisés,
le maintien du caniveau en bon état, sont des articles de dépense qui augmenteront sans doute avec le
temps ; en outre, la localisation des défauts et leur suppression (quand elle ne peut avoir lieu par l'effet de la
fuite du courant) entraînent l'affouillement du sol, souvent sur une distance considérable.

Néanmoins le système à fil nu est très commode pour
le branchement des fils de service ; ce point de vue lui
est très favorable, comme aussi le fait que beaucoup
de petits défauts peuvent exister sans interrompre le
service, parce que la fuite constante de courant supprime souvent le défaut au lieu de l'aggraver, comme
ce serait le cas pour un câble isolé. La perte de courant peut être considérable et l'on devrait en tenir
compte, mais, dans l'opinion des partisans du système,
cet inconvénient est contre-balancé et au delà par les
avantages qui viennent d'être exposés. La possibilité
de l'inondation de la canalisation est une des objections les plus sérieuses contre le système, et la preuve
qu'il existe un risque réel de ce chef, c'est l'accident
arrivé aux conducteurs principaux de la *House-to-House
Company*, à Kensington, par suite de la rupture d'une
conduite d'eau dans une rue où passaient ces conducteurs. Dans ce cas particulier, aucune interruption de
service ne s'ensuivit, parce que les conducteurs étaient
des câbles bien isolés posés dans des tuyaux en fonte ;
mais s'il y avait eu à la place une canalisation de fils

de cuivre nu, un grave accident se serait produit. qui,
selon toutes probabilités, n'aurait pas été seulement
local, parce que le caniveau aurait servi de voie commode au passage de l'eau et aurait été inondé sur
une distance considérable. Par bonheur, un semblable
événement arrive rarement, mais le risque ressemble
quelque peu à celui auquel les lignes aériennes sont
exposées du chef des grandes tempêtes et tourmentes
de neige, et comme l'inconvénient touche les consommateurs de courant électrique plus que l'interruption
des lignes télégraphiques, il incombe d'autant plus aux
Compagnies d'électricité d'éviter les risques d'interruption pour la cause indiquée.

La pose des conducteurs isolés sans interruption se
fait de différentes manières qu'on peut grouper en
deux catégories: dans l'une, le conducteur isolé est
installé à poste fixe, c'est-à-dire posé de manière qu'on
ne puisse y accéder qu'en ouvrant une tranchée; dans
l'autre, le câble est introduit dans un tuyau ou conduit d'où on peut le retirer en cas de besoin. Dans le
premier système, on assure la protection mécanique du
conducteur isolé au moyen de tubes en acier ou en fer,
comme dans les câbles d'Edison ou de Ferranti, ou au
moyen d'une armature de fils ou rubans de fer enroulés autour de l'âme, méthode de protection qu'on peut
employer avec toute sorte de câbles.

On pose souvent à même dans le sol les tubes ou
câbles armés, avec une planche ou plaque de métal
placée à quelques centimètres au-dessus d'eux, pour
avertir de leur présence les ouvriers qui peuvent avoir
à fouiller la terre pour un besoin quelconque; ou bien
encore on les pose dans une boite remplie de ciment ou
d'asphalte. Un autre système souvent employé consiste
à poser les câbles sur des ponts de bois dans une auge

en fonte qu'on remplit ensuite jusqu'au bord d'une composition bitumineuse ou analogue. Dans tous les cas, il faut poser le câble tandis que le sol est ouvert, ce qui est souvent incommode, parce que la longueur de la tranchée qu'on peut maintenir ouverte pendant un temps donné est limitée par les autorités communales ou les agents de la voie. Le câble sur son tambour est généralement monté sur un chariot qui roule le long de la tranchée, et à mesure que le câble se déroule du tambour, on le met en place dans la tranchée.

Dans le système de tirage, la protection mécanique du câble est assurée par le tuyau ou conduit dans lequel il est introduit ; on pose le tuyau ou conduit sous terre et l'on comble la tranchée, avant que la pose du câble soit commencée. Il n'y a donc pas besoin d'armature, ni d'autre protection semblable pour le câble même ; et en comparant le coût d'un câble armé installé à poste fixe avec celui d'un câble non armé introduit dans un tuyau, on constate que l'excédent de dépense du câble armé couvre à peu près le coût du tuyau. Bien entendu, quand le câble est installé à poste fixe dans une auge en fer remplie de composition bitumineuse, il n'y a pratiquement aucune différence, dans le coût de la protection mécanique, entre lui et un câble tiré dans un tuyau ou auge, et par conséquent ce sont les considérations de commodité qui décident entièrement du choix des systèmes. A ce point de vue, le système de tirage est de beaucoup préférable, en ce qu'on peut entrer et sortir les câbles sans déranger la voie ou le pavage à sa surface ; tandis que, avec le câble à poste fixe, il faut toujours ouvrir le sol, quand on veut accéder aux conducteurs pour des réparations ou pour augmenter la section du conducteur. Cette ouverture du sol et la remise en bon état de la surface est un article important dans la dépense de travail souterrain, surtout dans les villes, où l'on peut avoir à refaire des pavages coûteux comme ceux de bois ou d'asphalte, et à poser les conducteurs au-dessous de la couche de béton sur laquelle reposent les pavés de bois ou d'asphalte. Naturellement on évite le plus qu'on peut ce genre de chaussée, et l'on pose les conducteurs sous le trottoir, lequel, à Londres, est généralement pavé avec des dalles d'York; mais même avec ce pavage, bien meilleur marché que les autres, la dépense de creusement, de remise en place temporaire des dalles, et des taxes locales pour la repose et les dalles brisées, monte à 5 ou 7 francs par mètre.

Examinons la portée de ce qui précède sur la dépense d'augmentation de la section des conducteurs pour marcher de pair avec une demande croissante de courant. Avec le système d'installation à poste fixe, si l'on ne pose pas dès le début des conducteurs de section suffisante pour répondre à la demande maxima possible (ce qui engagerait sans doute un capital supérieur à celui disponible), il faut s'imposer la dépense d'ouverture du sol chaque fois qu'on veut s'étendre, au lieu qu'avec le système de tirage, on introduit des câbles additionnels dans le conduit existant, ou l'on retire le trop petit câble pour le remplacer par un plus grand, ou, si des tuyaux de réserve ont été posés dès le début, on peut y introduire des câbles additionnels au fur et à mesure des besoins. Or, la dépense supplémentaire de pose d'un tuyau de 7 1/2 centimètres au lieu d'un tuyau de 5 cent., ou d'un tuyau de 10 centimètres au lieu d'un tuyau de 7 1/2 cent., c'est-à-dire le doublage dans l'un ou l'autre cas de la capacité du conduit, est de 1 fr. 50 c. ou moins par mètre pour chaque voie, de sorte que, dans le système trois-fils, avec voie distincte pour chaque câble, l'augmentation de diamètre du conduit ne coûterait guère que les deux tiers de la somme nécessaire pour l'ouverture du sol et la remise en bon état. Dans le système deux-fils avec deux câbles dans le même tuyau, on peut poser un tuyau supplémentaire de 7 1/2 centimètres pour 3 francs environ par mètre, ou un de 10 centimètres pour 4 francs environ ; de telle sorte que, si l'on tient compte des extensions, il n'y a pas d'économie en réalité à employer le système d'installation à poste fixe, et, d'autre part, c'est un très grand avantage à la fois pour les compagnies d'électricité et pour la circulation publique de n'être pas obligé, avec le système de tirage, de défoncer les rues.

Quelquefois, lorsqu'on peut déterminer d'avance le maximum définitif de section du fil de cuivre, et que la dépense de pose du plus gros câble dans le système d'installation fixe n'excède pas sensiblement celle de la pose d'un câble plus faible dans le système de tirage, le premier système peut paraître plus économique ; mais cet état de choses se présente rarement, sauf avec les circuits à haute tension, parce que le prix des conducteurs à basse tension est si élevé en général qu'on ne peut pas prendre immédiatement la plus grande section de cuivre, et encore, dans la plupart des cas, l'intérêt du capital supplémentaire qui dort pendant quelques années, paierait la dépense additionnelle du système de tirage. Cependant, dans les systèmes à haute tension, le coût du câble représente un pourcentage beaucoup plus faible de la dépense totale du conducteur principal ; il est donc possible de poser un câble armé à même le sol, sans plus de frais qu'un câble non armé avec moitié du poids

de cuivre, et introduit dans des tuyaux. Toutefois,
comme il y a plus de risques, avec les hautes tensions,
qu'un défaut se produise dans le câble, il est d'autant
plus nécessaire de prendre des précautions en ména-
geant un accès facile aux conducteurs pour les cas
de réparations. D'autre part, ce n'est pas chose très
aisée de localiser un défaut sur les circuits d'éclairage électrique, et il est difficile d'en déterminer la
place à moins de 20 mètres près ou environ ; et quand
le cas se produit, il faut déterrer le câble à poste fixe
sur une longueur considérable et l'examiner jusqu'à la
découverte du défaut : cet examen peut nécessiter l'ouverture de l'enveloppe métallique, qui très souvent ne
présente aucun signe extérieur de détérioration. Dans
le système de tirage, si la place du défaut est déterminée dans les mêmes limites, l'ingénieur sait qu'il
se trouve quelque part, entre deux boîtes de regard ;
il peut donc sortir le câble entre ces points et le remplacer par une longueur de câble neuf, opération qui
peut s'accomplir très vite et avec le minimum de gêne
pour la circulation dans les rues.

Par ce qui vient d'être dit, on voit qu'en règle générale, le système de tirage est préférable, parce
qu'il offre toutes facilités pour augmenter le poids
du cuivre dans les conducteurs à mesure que le
besoin s'en fait sentir, et pour réparer ou remplacer
les longueurs de câble défectueuses ; en outre, il ne
cause aucune entrave à la circulation après la première ouverture du sol pour la pose des tuyaux ou conduites. Sans doute, il est plus cher parfois comme dépense première que le système d'installation fixe, mais
la différence à isolement égal des câbles n'est pas
grande, et elle est probablement plus que compensée
par l'économie dans les frais d'entretien et d'extension

qui résulte de la plus grande facilité d'accès des conducteurs.

Les conduites des fils souterrains affectent bien des formes diverses : caniveaux en briques garnis de ciment ou de béton, auges ou tuyaux en poterie ou en métal, enveloppes de bois imprégné ou de béton bitumé. On n'emploie que rarement les caniveaux en briques ou en béton pour les câbles, à moins qu'il n'y en ait un certain nombre à poser, parce qu'ils sont plus coûteux et occupent plus de place que la plupart des autres conduites. Il faut les diviser par des cloisons longitudinales en voies distinctes et séparées, de manière à empêcher les câbles de s'entre-croiser ou de se mêler les uns avec les autres. On s'en sert néanmoins dans plusieurs des systèmes à fil nu, et sauf l'auge en fonte adoptée par la *Saint-James and Pall Mall Company*, il n'y a pas d'exemples de service à fil nu où l'on n'emploie pas les caniveaux en béton ou en briques.

On a essayé en Angleterre les auges ou tuyaux en poterie : quelques-unes des plus anciennes lignes télégraphiques sont faites de fils recouverts de gutta-percha posés dans des tuyaux en poterie dont les joints ont été confectionnés avec de la glaise, mais ce système n'a jamais été accueilli très favorablement. Cependant le conduit de Lake a été employé sur une très grande échelle par la *United States Electric Light Company* et d'autres compagnies en Amérique : il est fait de grès de première qualité, vitrifié et verni, et présente une surface très dure et unie. Il comporte un certain nombre de canaux séparés, disposés chacun pour recevoir deux câbles (fig. 77) ; on le livre en longueurs courtes, qui sont reliées par des emboîtements fixés avec du ciment. Les grosses objections contre l'emploi du grès sont sa susceptibilité à se casser et la difficulté de confectionner de bons joints sans les faire rigides au point qu'ils ne se prêtent pas aux légères modifications d'alignement dues au tassement du sol ou à d'autres causes. Un des inconvénients avec les lignes télégraphiques circulant dans des tuyaux en grès avec joints en glaise était que des racines d'arbres et d'autres végétations se frayaient une voie à travers les joints. Dans un mémoire lu à la *Society of Telegraph Engineers* en 1887, **M.** Fleetwood mentionne le cas d'une racine ayant pénétré dans le tuyau et s'étant enroulée autour du câble de manière à s'attacher à lui et à empêcher qu'on ne le

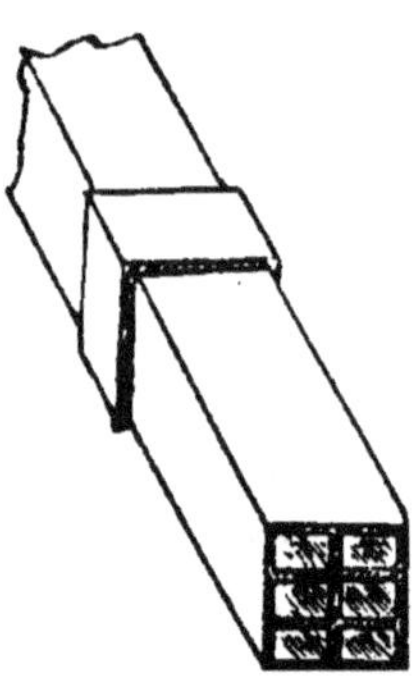

Fig. 77.

retirât. A Woking, les conducteurs principaux reliés à la station centrale d'éclairage sont posés dans des tuyaux en poterie, mais ces derniers ne servent pas depuis assez longtemps pour qu'on puisse dire s'ils donneront satisfaction à tous égards, ou non.

On emploie beaucoup les auges ou tuyaux métalliques, soit en fonte ou en fer forgé ; à New-York, on a fait usage de tuyaux en zinc posés sur du ciment hydraulique. Mis à même la terre, les tuyaux en fonte sont préférables à tous autres : ils sont très solides et durent beaucoup plus longtemps, lorsqu'ils

sont en contact avec le sol, que des tuyaux en fer forgé,
même galvanisé ou garni de jute imprégné de bitume.
Le service télégraphique du *Post Office* a été amené
par l'expérience à adopter les tuyaux en fonte à emboî-
ture comme le conduit le meilleur et le plus commode ;
étant donné qu'il s'en sert depuis plus de quarante ans,
et qu'il a essayé également les tuyaux avec fentes, les
tuyaux en fer forgé et les tuyaux en poterie, sa
décision doit être d'un grand poids. En Amérique,
on pose généralement les tuyaux en fer forgé par
groupes, couchés sur de l'asphalte mélangé de béton
ou sur du ciment hydraulique ; le groupement varie
avec la place disponible : tantôt les tuyaux sont
posés en deux ou trois rangées les uns au-dessus
des autres, tantôt ils s'étendent sur un seul et large
rang. On se sert quelquefois de tuyaux en zinc
au lieu de tuyaux en fonte ordinaires, et l'on fabrique
aussi des tuyaux en tôle revêtue de ciment. Le groupement des tuyaux et leur pose dans le béton a le
grand désavantage d'occuper plus de place sous terre ;
en outre, ce système n'est pas aussi élastique que celui
dans lequel les tuyaux sont tous indépendants et peuvent être rapprochés ou éloignés les uns des autres
suivant les différents obstacles qu'on rencontre sous
terre ; mais il constitue un travail solide et durable et
on l'a reconnu comme un moyen de conduite excellent
au point de vue de son imperméabilité pour les gaz :
question de la plus haute importance dans beaucoup de
villes d'Amérique, où le sol est saturé de gaz dans une
proportion énorme.

Au lieu de tuyaux, on peut employer des auges
en forme d'U aplati (fig. 78) ; elles sont commodes
parce qu'on peut facilement sortir une longueur
d'auge en droite ligne et lui substituer un branche-

ment **T** à un endroit où il faut relier un fil de service : si c'était un tuyau, il faudrait le casser pour pouvoir le déplacer. Cependant l'auge aplatie n'est pas aussi solide que le tuyau, et on peut obtenir la même facilité pour les branchements en substituant une longueur de tuyau fendu au tuyau plein en face de l'un des murs de séparation de chaque maison et de deux en deux, ou en introduisant à chacun de ces endroits un bout de tuyau en forme de **T** fendu, dont l'ouverture pour le branchement reste bouchée jusqu'à ce qu'on en ait besoin.

Fig. 78.

Le conduit Johnstone (fig. 79) est une auge en fonte divisée par des cloisons horizontales et verticales en six canaux séparés. Il se fabrique par longueurs d'environ 1 m. 80 centimètres, et il est disposé de façon qu'on puisse enlever le couvercle et avoir toujours accès aux canaux supérieurs. En le disposant ainsi, on a voulu que les canaux inférieurs servissent aux feeders ou aux câbles sur lesquels on ne ferait pas de branchements, et les canaux supérieurs aux conducteurs de distribution ; quand on a à relier un fil de service, on enlève le couvercle d'une longueur et on le remplace par un autre pourvu d'un bout de tuyau en forme de **T**.

L'enveloppe Callender Webber se compose de blocs de béton bitumé percés dans leur longueur de deux canaux séparés ou plus ; chaque canal est destiné à

Fig. 79.

recevoir un câble (fig. 80). On fait les joints entre les longueurs de la couverture de la manière suivante : deux longueurs étant en position, on pousse un long

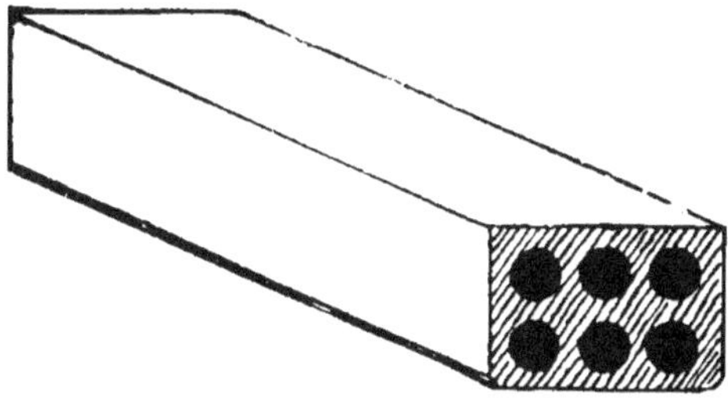

Fig. 80.

mandrin dans chaque trou de la dernière longueur mise en place et dans le trou correspondant du bloc auquel elle doit être jointe ; on verse du bitume chaud sur le joint et on l'enfonce de manière à remplir l'espace entre les deux blocs, sauf où il est déjà occupé par les mandrins.

Quand le joint est refroidi, on retire les mandrins en laissant à travers le joint des trous unis du même diamètre que ceux de chaque bloc. Tantôt on pose les enveloppes sans autre protection, et tantôt on place dessus une auge de fonte renversée de façon à couvrir la partie supérieure et les côtés et à les protéger contre tout accident pouvant venir des pioches des ouvriers.

L'enveloppe est assez solide pour résister aux pressions qu'elle aura à supporter sous terre. Le général Webber, répondant à la discussion engagée à propos de son mémoire sur *La distribution de l'électricité à Chelsea*, a fait connaître le cas suivant : un rouleau compresseur à vapeur fut mis en fonction aussitôt après qu'on eut posé une enveloppe de ce genre à environ 75 centimètres de profondeur sous une route en macadam : l'épreuve était pratique et excellente, l'enveloppe la supporta d'une manière satisfaisante. En même temps, le général Webber déclarait que la matière dont elle est faite est friable et ne fournit pas une aussi bonne protection contre les accidents que d'autres formes de conduits, lorsque, pour un besoin quelconque, on fouille la terre autour ; enfin, qu'elle est poreuse et susceptible aux changements de température. Sa porosité n'a pas grande importance si l'on garnit le câble d'une enveloppe isolante imperméable, comme cela devrait toujours être ; mais l'amollissement par les températures modérées est la cause de quelques inconvénients, parce qu'il est nécessaire de déplacer les câbles périodiquement, sans quoi ils adhéreraient à la couverture et l'on ne pourrait les sortir sans risquer de les endommager.

Le conduit Dorsett, dont on a posé des longueurs considérables en Amérique, ressemble quelque peu

au précédent. Les matières qui composent les blocs,
sont du coaltar, de la poix et du sable fin ; on joint les
sections séparées en insérant des tubes en papier qui
forment manchons et relient les canaux des deux longueurs, puis on se sert de mastic mou pour remplir
l'espace entre les deux longueurs et les joindre ensemble.
Les rapports qu'on a faits sur ce conduit n'ont pas été
favorables : on le dit poreux, sans élasticité et cassant,
mais la plupart des insuccès qu'on lui attribue sont
dus à l'application sur les câbles de matières isolantes
non imperméables, de sorte que l'isolement dépendait
en grande partie de l'état sec des canaux.

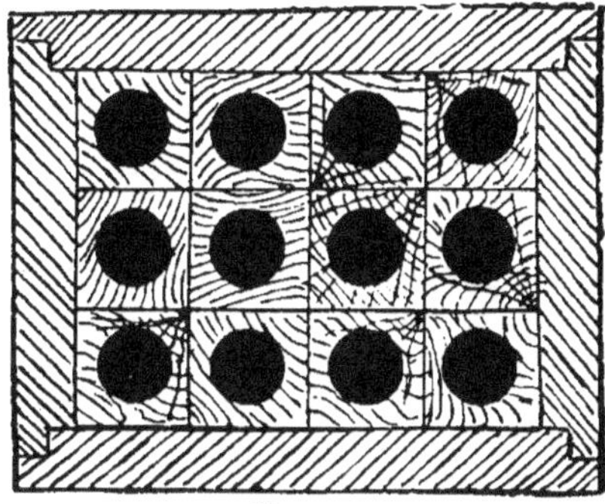

Fig. 81.

Un autre conduit, très répandu en Amérique, se compose de tubes de bois créosoté ou blocs en bois de forme
carrée percés d'un trou dans toute la longueur. Plusieurs de ces tubes sont rapportés ensemble (fig. 81) et
enfermés dans un cadre en bois créosoté. On fixe les
longueurs ensemble en arrondissant un bout du tube
et en creusant l'autre bout de manière à former une cavité dans laquelle la saillie vient s'ajuster (voir fig. 82).
Une grosse objection soulevée contre ces conduits
est l'effet destructeur de la créosote sur les câbles recouverts de plomb, effet dû à l'action chimique qui

s'opère entre le plomb et certain acide qui se dégage de la créosote. On a éprouvé de grands ennuis avec les câbles enfermés dans des tubes de plomb pur, parce que le plomb se trouait profondément et le câble durait très peu; mais avec des tubes de plomb dans lequel entrait un faible pourcentage d'étain, la corrosion a beaucoup diminué et l'existence du câble s'en est ressentie dans la même proportion.

Fig. 82.

À peu d'exceptions près, les conduits employés en Angleterre pour les systèmes de tirage sont les tuyaux en fonte ou en fer forgé, ou l'enveloppe Callender Webber; les premiers sont posés à même la terre et non couchés dans du béton ou groupés ensemble à la façon américaine. On semble avoir reconnu que, pratiquement, il est impossible de conserver sec ou imperméable aux gaz un conduit souterrain quelconque; en effet, on ne peut empêcher l'eau et le gaz d'y pénétrer, et, si on l'essaie, le seul résultat est que les conduits conservent l'eau et le gaz une fois entrés. Aussi, dans la plupart des cas, ne cherche-t-on pas à faire les joints étanches, on prend au contraire des précautions pour faciliter l'écoulement de l'eau et des gaz qui ont pu s'introduire; pour le surplus, on se sert d'un câble isolé dont l'enveloppe est imperméable et l'on ne demande au conduit que la protection mécanique. Considéré à ce point de vue, le tuyau en fonte d'emboiture constitue le conduit le plus satisfaisant, en ce qu'il offre la protection la plus parfaite contre les dommages mécaniques, est d'une grande durée, ne tient que peu de place et se prête à toutes les situations, l'alignement pouvant être aisément modifié, surtout lorsqu'on emploie le joint à bague de caoutchouc au lieu du joint de plomb.

Les regards sont un détail très important dans tout

Fig. 83.

système de conduits; il faut les faire aussi grands que possible, en placer à tous les coins et à des intervalles de 60 à 100 mètres en ligne directe, suivant la dimension des câbles. Là où plusieurs câbles passent ensemble, ou encore aux endroits où des branchements se détachent dans des directions différentes. on peut employer un regard en briques (fig. 83. pourvu à sa partie supérieure d'un cadre en fonte sur lequel repose le couvercle; ce dernier est également un cadre en fonte rempli d'une matière qui ressemble au pavage environnant. Il y a un autre genre de regard ou boîte de surface très usité : c'est une boîte en fonte rectangulaire (fig. 84), avec couvercle comme ci-dessus et

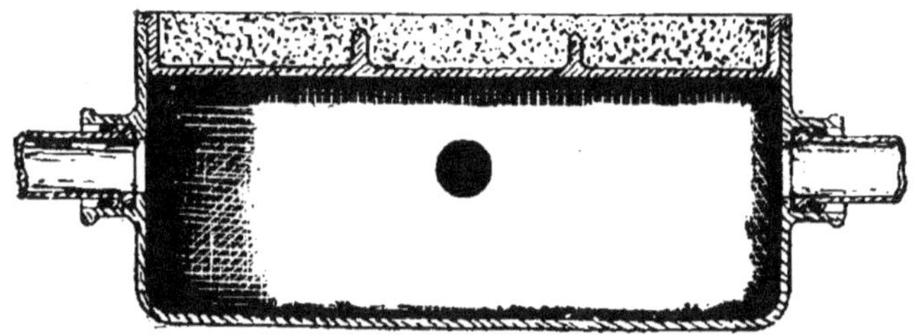

Fig. 84.

des ouvertures qui correspondent au nombre et à la position des tuyaux avec lesquels elle doit communiquer. Souvent ces boites n'ont pas de fond ou ont un fond perforé ; on les fixe sur de la blocaille pour faciliter l'écoulement de l'eau qui peut y venir des tuyaux, lesquels sont posés, partout où cela est possible, avec une légère inclinaison vers les regards. En outre de ces boîtes de plus grande dimension, nécessaires pour l'entrée et la sortie du câble et dans lesquelles les branchements les plus importants sont joints aux câbles principaux, il faut des boîtes de service pour les connexions de maisons; ce peut être des boîtes semblables de plus petite dimension ou des tuyaux fendus (fig. 85) qu'on place en face de l'un des murs de séparation de maisons. Dans certains systèmes à basse tension, les joints entre les différentes longueurs de câble et entre les câbles principaux et ceux de branchements, ne sont pas soudés ni recouverts de matière

isolante on les fait en serrant les conducteurs ; ensemble, et, cette opération accomplie, on les enferme dans
des boites spéciales remplies d'huile ou d'une autre
composition isolante comme les boites de joints décrites au chapitre X, ou munies de couvercles et d'ouvertures à clôture imperméable, pour exclure autant que
possible l'humidité. Le chapitre suivant contient la
description de plusieurs modèles de boites de surface
et de joints employés par les différentes Compagnies

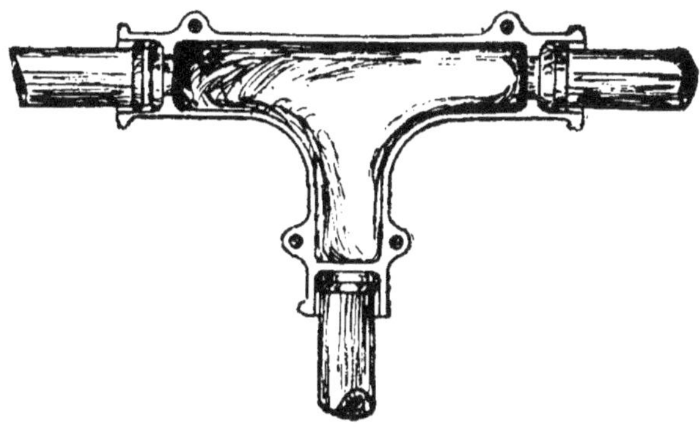

Fig. 85.

d'électricité, avec détails sur les systèmes adoptés par
la plupart d'entre elles.

Quand on pose le conduit sous terre, on doit passer
un fil à travers chaque canal et le tenir, avec ses bouts
fixés dans les boites de surface, prêt à servir à l'introduction d'une ligne de halage ; on doit examiner les
canaux eux-mêmes pour voir si l'intérieur est uni et
la route libre, parce que le moindre obstacle pourrait
causer beaucoup d'ennui quand on introduira les
câbles. S'il y a quelque obstacle, ou si un fil se casse
dans le conduit, il faut recourir au ringard pour

débarrasser la voie et passer un fil nouveau au travers. On se sert pour cela de baguettes de jonc de 1 m. 20 cent. à 1 m. 80 cent. de longueur, munies à leurs extrémités de viroles taraudées; on passe les baguettes dans le canal et on les visse ensemble à mesure qu'elles pénètrent.

Pour l'introduction des câbles, les tambours sur lesquels ils sont enroulés sont montés sur des pieds de manière à tourner librement; ces pieds sont fixés commodément près la boîte de surface où les câbles entreront dans le conduit. L'extrémité du câble est attachée à une corde par un lien solide, mais uni, et cette corde est tirée d'abord dans le canal à l'aide du fil qu'on y avait laissé, puis elle sert à entraîner le câble. Sur les parcours en ligne droite, la longueur de câble qu'on peut tirer ainsi dépend de son poids, mais il est rare que, dans les rues, on puisse atteindre cette limite, à cause des changements fréquents dans la direction du conduit; aussi, lorsque le câble a été tiré aussi loin qu'on le croit prudent, ou s'il y a quelque coude brusque dans le conduit, il faut le ramener à la surface et le poser sur le sol en longues boucles. Quand on a tiré assez de câble pour atteindre l'extrémité du canal, on introduit la corde de halage dans une nouvelle longueur de conduit, et l'on tire le câble de la même manière.

L'introduction d'une grande longueur de câble peut amener un frottement considérable entre lui et la paroi du canal; pour obvier à cet inconvénient au moins en partie, on enduit le câble de savon noir, de plombagine ou de blanc d'Espagne, et quand ceci est fait, et qu'on s'est assuré que la paroi du canal est lisse et qu'il ne renferme aucun obstacle, on peut tirer les câbles au travers sans crainte de dommage.

Pour les câbles lourds, tels que ceux qu'exigent les circuits à basse tension, il vaut mieux réserver un chemin séparé pour chacun; quant aux câbles de dimensions moindres qu'on emploie généralement sur les circuits à haute tension, on peut en introduire deux dans le même canal : pour ce faire, on les attache l'un et l'autre à la même corde de halage et on les tire ensemble.

En ce qui concerne l'arrangement général du système des conducteurs principaux souterrains, on doit tout préparer pour interrompre la communication entre leurs sections lorsqu'on doit procéder à des épreuves, ou pour établir de nouvelles connexions de service ou faire des réparations sans interrompre la distribution du courant aux consommateurs. Il est donc utile, partout où cela se peut faire, de boucler les conducteurs principaux pour créer deux routes séparées de la station génératrice à un point quelconque de ces conducteurs, et de tout disposer de manière à pouvoir les diviser facilement en sections relativement courtes.

Cette subdivision des conducteurs principaux se pratique aisément sur les circuits à basse tension, où les joints de serrage nus ne présentent que très peu d'inconvénients s'ils sont faits dans une boîte souterraine convenable. Mais lorsqu'on emploie de hautes tensions, la difficulté plus grande d'empêcher les fuites de surface sérieuses et les inconvénients d'un conducteur découvert militent fortement contre l'arrangement qui vient d'être indiqué, et sont des arguments puissants pour que toutes les parties souterraines d'un circuit à haute tension soient recouvertes d'une enveloppe ininterrompue de matière isolante. C'est pour ce motif que l'on constate souvent qu'aucune précaution n'est prise dans les circuits à haute tension pour diviser les conducteurs principaux ; il y a cependant quelques cas où cela existe, tels par exemple les circuits de la *Metropolitan Electric Supply Company* : nous reviendrons sur ce sujet en décrivant l'installation de sa canalisation.

CHAPITRE XV

Depuis trois ou quatre ans on a créé un grand nombre de stations centrales d'éclairage électrique, et, dans l'une ou l'autre de ces stations, on a mis à l'épreuve de la pratique la plupart des systèmes de conducteurs aériens et souterrains dont nous avons donné la description. Nous nous proposons maintenant de faire connaître les méthodes particulières employées dans quelques-unes de ces installations, nous occupant d'abord de celles qui se servent de courants continus à basse tension, et ensuite de celles où l'on emploie des courants à haute tension avec transformateurs.

Dans tous les cas, la distribution des courants à basse tension s'effectue au moyen de câbles souterrains, parce que le poids des câbles nécessaires pour les courants intenses rendrait l'établissement de lignes aériennes difficile et coûteux ; du reste, on peut employer, pour réduire la dépense de ces conducteurs souterrains, différentes méthodes qui ne seraient pas permises là où l'on utilise de hautes tensions. L'exemple le plus remarquable qu'on en puisse citer est celui-ci :

la pose dans un caniveau d'un ruban de cuivre **nu** appuyé sur des isolateurs ; il y a actuellement plusieurs types de ce système usités à Londres.

The Westminster Electric Supply Corporation.

Voyons d'abord la canalisation souterraine de cette compagnie ; son réseau fournit, en effet, des exemples de chacune des trois plus importantes méthodes appliquées présentement : rubans de cuivre nu ; conducteurs isolés sans interruption, introduits dans des conduits ; conducteurs isolés sans interruption et installés à poste fixe. Le courant est distribué d'après le système trois-fils à basse tension par les stations centrales et les centres distributeurs, où sont placées des batteries d'accumulateurs reliées aux machines génératrices par des conducteurs principaux d'alimentation à **deux** fils. Partout où l'on a pu trouver la place suffisante pour les canalisations nécessaires avec le système à fil **nu**, on a employé cette manière de poser les conducteurs, et, lorsque l'espace a fait défaut, on a posé des câbles isolés sans interruption, d'après le **système** d'installation fixe ou celui de tirage.

Deux systèmes à fil nu sont en usage : d'abord les conducteurs installés sous terre furent posés dans des caniveaux, d'après le système de MM. Crompton et C° ; ceux de date récente ont été posés d'après un système imaginé par le professeur Kennedy, ingénieur de la Compagnie.

La canalisation Crompton consiste en un caniveau en béton construit sous le trottoir, et dans lequel sont posés, à des intervalles de 10 à 20 mètres, des isolateurs en verre qui supportent des rubans de cuivre. Les figures 86 et 87 représentent une section transversale et une section longitudinale de canalisation ordinaire à trois fils, ayant, comme dimensions intérieures. 38 centimètres de largeur sur 30 de profondeur, et, comme dimensions extérieures, environ 73 centimètres sur 53. Les isolateurs sont fixés sur de fortes traverses en chêne qui sont encastrées dans le béton

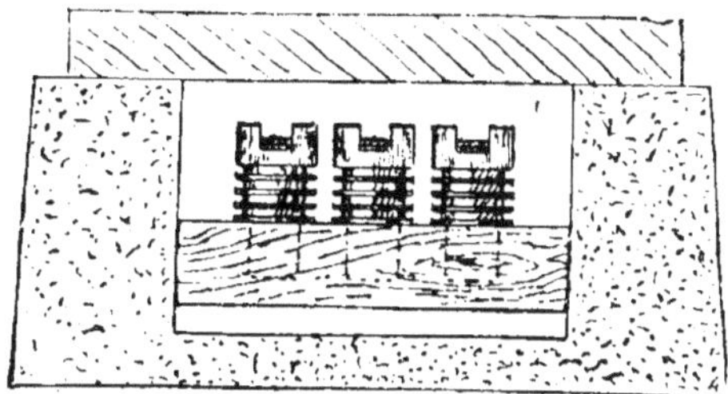

Fig. 86.

de manière à laisser un espace libre de 5 centimètres ou environ entre leurs faces inférieures et le fond du caniveau ; ils sont munis de rainures à la surface extérieure afin d'augmenter la résistance à la fuite, et portent à la partie supérieure une encoche profonde

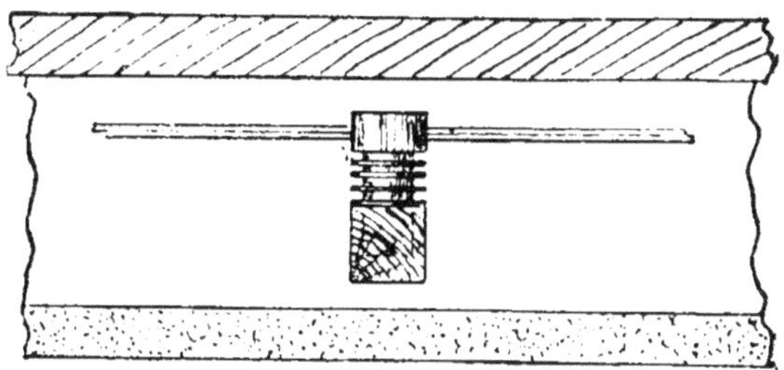

Fig. 87.

qui forme une cavité dans laquelle reposent les conducteurs. Les conducteurs consistent en un ou plusieurs rubans de cuivre de 2 1/2 centimètres de large sur 6 millimètres d'épaisseur, suivant le courant à transmettre, et sont posés à plat dans l'encoche des isolateurs. Comme la distance entre les isolateurs est considérable, il faut combattre la tendance des rubans de cuivre à ployer entre les supports en tendant les rubans; à cet effet, on place des boîtes de tension à des intervalles qui dépendent de la longueur qu'on

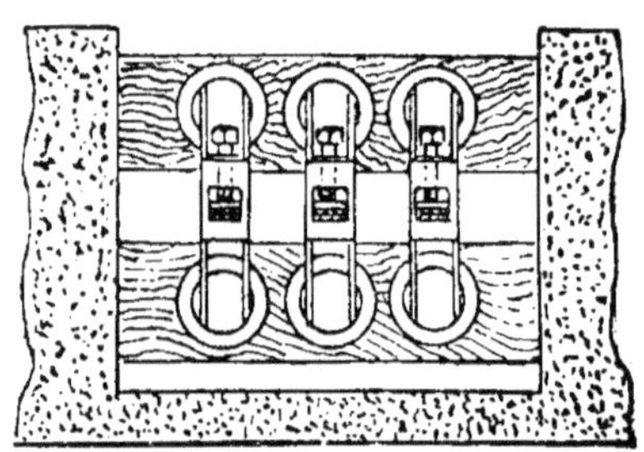

Fig. 88.

peut donner aux rubans, ou de la longueur de la canalisation qui peut être construite en ligne droite. A l'endroit des boîtes on encastre deux madriers de chêne d'une section plus grande à travers l'extrémité du

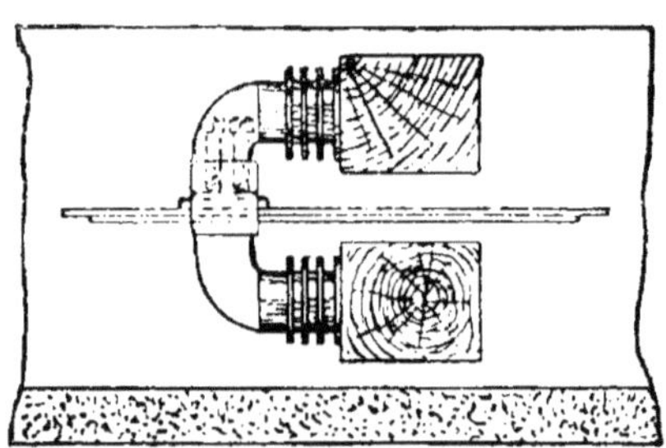

Fig. 89.

caniveau, et l'on y fixe des isolateurs placés horizontalement, comme le font voir les figures 88 et 89; il y a un isolateur sur chaque traverse pour chaque ligne de conducteur. Chaque paire d'isolateurs supporte un pont en bronze pourvu d'un trou rectangulaire par lequel passe le conducteur, et dans lequel on peut le fixer solidement au moyen de deux vis de serrage.

Pour poser une section de conducteur, on passe les rubans de cuivre dans le caniveau, on les met dans es encoches des isolateurs et on les enfile dans les trous des ponts en bronze. Puis on fixe un des bouts au moyen des vis de serrage du pont, et on tend l'autre bout au moyen d'un cric tenseur ; lorsque le ruban est suffisamment tendu, on resserre les vis du pont pour le maintenir fortement en place. Le caniveau est recouvert de dalles et par-dessus ces pierres on réinstalle le pavage ordinaire. On place un couvercle de regard à chaque série d'isolateurs, afin d'en permettre l'accès, et ces regards servent de boites de service pour les connexions de maisons. Pour installer ensemble une distribution à trois fils et deux câbles d'alimentation, on emploie des caniveaux semblables, mais de largeur plus grande, ou bien l'on peut poser l'une à côté de l'autre deux conduites à trois fils; la disposition des isolateurs, etc., est la même dans chaque cas, sauf en ce qui concerne le nombre fixé sur chaque traverse.

Le système de canalisation Kennedy diffère de celui qu'on vient de décrire en ce qu'il a été fait spécialement pour faciliter l'introduction des conducteurs après l'achèvement et la fermeture du caniveau, et que les ponts qui tenaient les conducteurs tendus cessent d'être nécessaires par suite du placement des isolateurs à des intervalles beaucoup plus courts. Cette disposition simplifie énormément l'opération de la pose des conducteurs, mais elle a ce désavantage qu'en raison du plus grand nombre d'isolateurs, il existe proportionnellement plus de risques de fuite de surface. Le caniveau est construit en béton, et il y a généralement deux dimensions usitées :

l'une, pour conduire trois fils de distribution (fig. 90), de 38 centimètres de largeur sur 19 centimètres de profondeur (dimensions intérieures); et l'autre (fig. 91), pour trois fils de distribution et deux feeders, de 50 cen-

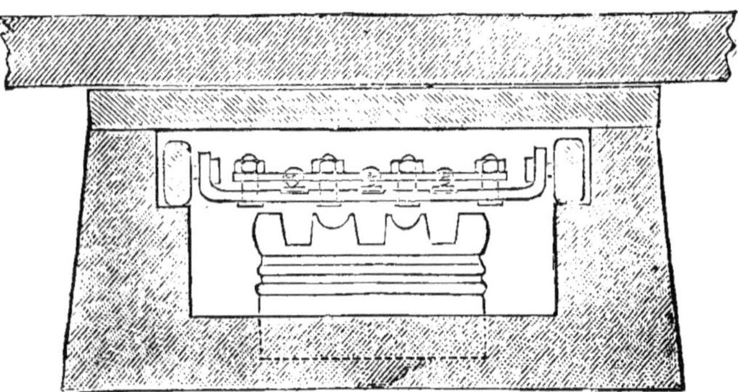

FIG. 90.

imètres de largeur et d'égale profondeur. L'espace occupé par ces canalisations souterraines est respec-

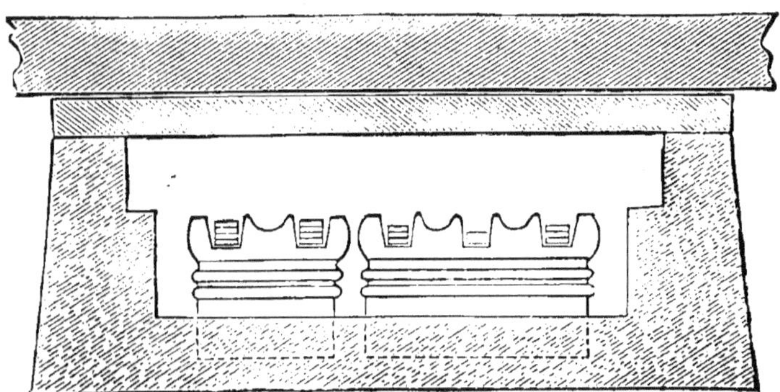

FIG. 91.

tivement de 66 centimètres et 78 centimètres en largeur et de 30 centimètres de profondeur. On donne au béton la forme que représentent les dessins ci-dessus au moyen de gabarits, et l'on voit qu'intérieurement le caniveau a plus de largeur dans la partie supérieure qu'au fond, de manière à ménager un rebord de chaque côté et à former une paire de rails sur lesquels peut courir le chariot de pose.

A des intervalles de 2 mètres, on encastre dans le fond en béton du caniveau des isolateurs creux en grès (fig. 92), avec des rainures extérieures pour accroître la longueur sur laquelle la fuite de surface doit avoir lieu, et avec des cavités profondes dans lesquelles puissent reposer les rubans de cuivre. Le chariot d'introduction que la figure 90 montre en place, consiste en une plaque de fer recourbé portée sur

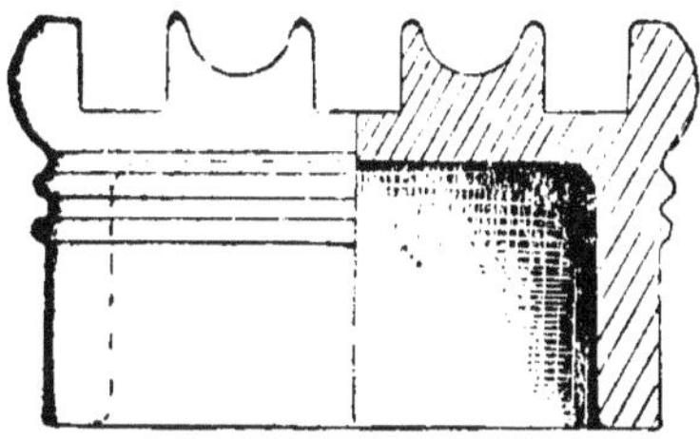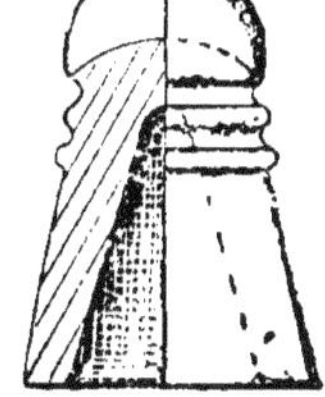

Fig. 92.

quatre roues en bois de teck qui courent sur les rebords latéraux du caniveau; des encoches existent sur cette plaque qui correspondent exactement aux cavités des isolateurs, et l'on pose les rubans de cuivre dans ces encoches. Enfin, il y a une plaque-couvercle à laquelle sont fixées des vis de serrage pointues en acier qu'on peut presser sur les rubans de cuivre avec des boulons qui traversent les deux plaques.

Quand on doit introduire un conducteur dans un caniveau terminé, d'abord on le déploie sur la chaussée et on le dresse à l'aide d'un instrument spécial (fig. 93) consistant en un levier qui tourne sur un boulon dans un cadre qu'on peut fixer au sol; à ce levier sont attachées deux cames à coins arrondis, qui tournent librement sur des chevilles vissées dans le levier; on maintient serré entre ces cames le ruban de cuivre et on le soumet à une tension considérable en faisant faire demi-tour au levier. Puis on met en position le ruban entre les plaques du chariot, de telle

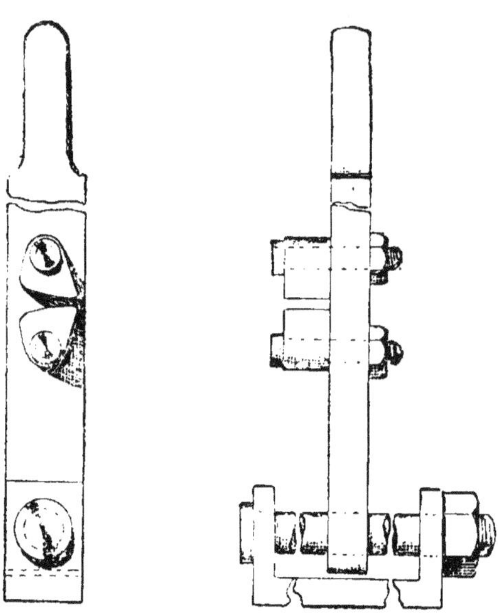

Fig. 93.

sorte qu'il soit posé exactement dans les cavités des isolateurs où il doit rester, et l'on hale le chariot à travers la canalisation à l'aide d'une corde préalablement tirée au travers. On a reconnu très commode cette manière d'introduire les conducteurs, parce qu'elle supprime la nécessité des nombreuses boîtes de surface qu'exigent les autres systèmes, et qu'elle permet de placer la canalisation sous la chaussée

quand cela offre plus de commodités que sous le trottoir.

Les rubans de cuivre ont 2 1/2 centimètres sur
6 millimètres, on peut les avoir par longueurs de 45 à
55 mètres ; les jonctions des différentes longueurs de
ruban se font aux regards, en étamant les bouts et en
les serrant ensemble dans un manchon en métal
(fig. 94).

L'espace considérable qu'occupent ces canalisations
à cuivre nu fait que souvent la place manque pour les
installer ; dans ce cas, on emploie les câbles isolés

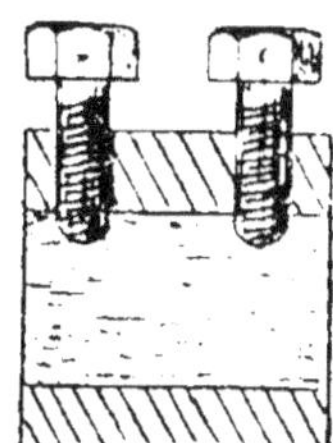

Fig. 94.

sans interruption. Quelquefois on s'est servi comme
feeders de câbles de jute recouverts de plomb et armés,
posés en terre avec une planche au-dessus pour avertir
de leur présence ; mais, à part ces cas peu nombreux,
les câbles employés par la *Westminster Company* sont
isolés avec du caoutchouc vulcanisé et introduits soit
dans des enveloppes de bitume, soit dans des tuyaux
en fonte. La connexion entre un câble et le ruban de
cuivre (fig. 95) se fait en soudant au conducteur du
câble un bout de tube avec une langue en saillie, et en
serrant cette langue et le ruban de cuivre ensemble
dans un manchon comme celui de la figure 94.

Partout où cela se peut, les conducteurs de distribu-

tion sont sous le trottoir et des boîtes de service sont
placées en face de l'un des murs séparatifs de maisons ;
on fait les connexions de maisons avec des câbles en
caoutchouc vulcanisé posés dans des tuyaux en fonte.

Le système Crompton a été adopté d'abord par la
*Kensington and Knightsbridge Electric Lighting Com-
pany*, qui emploie un système distributeur à basse tension à trois fils, avec accumulateurs ; et MM. Crompton
l'ont également installé pour la *Notting Hill Electric
Lighting Company*, ainsi qu'à Birmingham et à Nor-

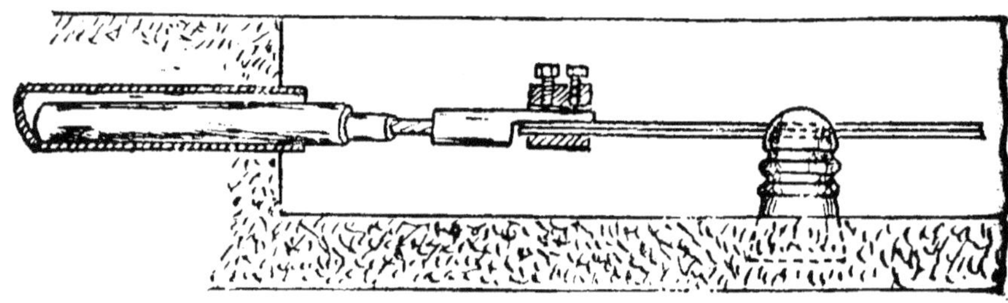

FIG. 93.

thampton ; mais il a fallu, toutes les fois qu'on en a fait
l'application, le compléter par des câbles isolés, à cause
de la difficulté de trouver assez de place sous le trottoir pour le caniveau. Les câbles employés sont, dans
la plupart des cas, isolés avec du caoutchouc vulcanisé et introduits dans des tuyaux en fonte ; cependant
on en a posé aussi d'autre genre, par exemple des
câbles à bitite.

The Saint-James' and Pall Mall Electric Light Company.

Cette compagnie distribue l'électricité à basse tension avec un système trois-fils, et elle a la chance particulière d'avoir à desservir un quartier où la demande

de courant dans un rayon de moins d'un demi-kilomètre
de la station suffit pour absorber en fait tout ce qui
peut être produit. Le système de distribution employé
diffère de ceux qui viennent d'être mentionnés, en ce
qu'on n'emploie pas d'accumulateurs et que tous les
feeders alimentent un anneau qui dessert le quartier
environnant. Il y a six conducteurs d'alimentation qui
relient l'anneau à la station, et la tension est maintenue constante à chacun des six points de connexion, la
tension s'élevant entre le point d'alimentation et la

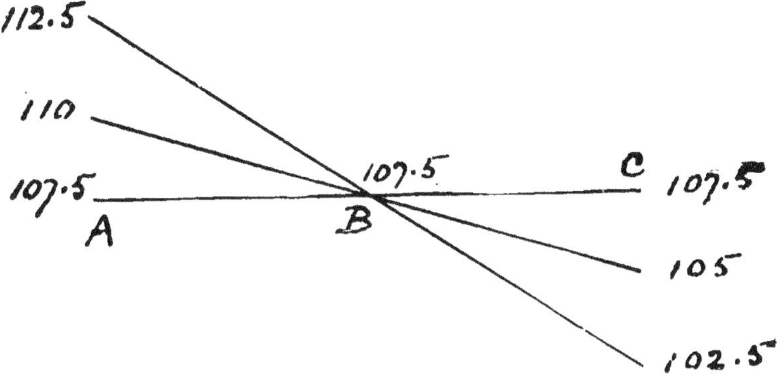

Fig. 96.

station, et descendant entre lui et les connexions de
maisons les plus éloignées, comme le fait voir la
figure 96 dans laquelle A représente la station, B un
point d'alimentation, et C la connexion de maison la
plus éloignée. A charge nulle, la tension est la même
aux trois points ; à demi-charge, elle atteint 110 volts
sur chaque moitié du conducteur trois-fils à la station
pour retomber à 105 volts aux lampes ; à pleine charge,
elle s'élève à 112.5 volts à la station et descend à 102.5
aux lampes. Ainsi il y a entre A et C un maximum de

chute de tension de 10 volts, et une variation à un point donné de près de 2 1/2 pour cent au-dessus ou au-dessous de la valeur moyenne. Les lampes à l'intérieur de l'anneau de conducteurs sont alimentées directement par les feeders, et elles sont d'un voltage plus élevé que celles qu'on emploie dans le district extérieur, le voltage étant choisi de manière à cadrer avec la moyenne de tension à chaque point de distribution.

Les conducteurs principaux consistent en rubans de cuivre nu de 5 centimètres sur 1/4 de centimètre, posés de champ dans les fentes de ponts en porcelaine fixés dans une auge en fonte. On place un ou plusieurs rubans dans chaque fente, suivant la section requise : les dimensions habituelles sont de 10,4, 5,2 et 2,6 cm² de section pour les conducteurs externes et la moitié de ces sections pour les conducteurs de milieu, ce qui donne une section totale de 26 cm² pour la plus grande dimension, de 13 cm² et de 6,5 cm² respectivement pour les deux dimensions plus petites. Les auges en fonte, dont les figures 97 et 98 font voir une section longitudinale et une section transversale, sont fabriquées par longueurs de 90 centimètres ou de 1 m. 80 centimètres, et jointes au moyen de pièces en forme d'auge, d'environ 15 centimètres de long, qui emprisonnent l'auge en fonte; on fait le joint étanche en y coulant du plomb. On pose les auges en leur donnant partout où cela est possible une légère pente vers les boîtes de jonctions, et les ponts en porcelaine sont faits de manière à laisser le passage libre à l'eau qui peut se trouver dans l'auge. Les boîtes de jonctions sont reliées aux tuyaux de drainage, et quand, par suite d'une dépression, l'écoulement ne peut pas s'effectuer directement, on prend des dispositions pour siphonner l'eau. Entre les ponts en porcelaine sur lesquels reposent les rubans de cuivre, on pose des selles en porcelaine qui tiennent les rubans en place et préviennent tous risques de contact entre eux. On ferme l'auge avec un couvercle en fonte qui repose sur un rebord

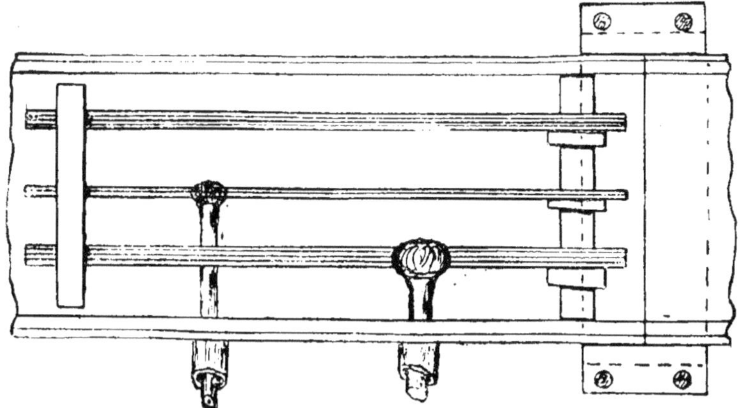

Fig. 97.

préparé de chaque côté de l'auge, et la jonction est faite étanche avec du minium et de l'étoupe. A chaque

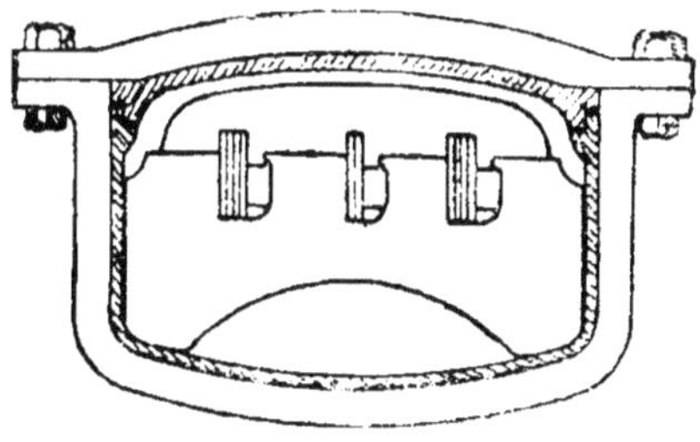

Fig. 98.

30 mètres ou environ, sont situées des boîtes en briques où les jonctions sont faites de façon à permettre la séparation des conducteurs, pour les essais ou autres objets. Quand il faut rompre un conducteur en circuit, on

met en court circuit d'abord la jonction au moyen d'un morceau de câble isolé se terminant à chaque bout par une pince de cuivre, qu'on enlève ensuite lorsque les rubans de cuivre ont été séparés. Les services de maisons sont exécutés au moyen de câbles en caoutchouc posés dans des tuyaux en fer forgé; ceux-ci sont vissés sur des amorces venues de fonte avec l'auge, et le câble est soudé aux conducteurs principaux.

Grâce à la disposition des conducteurs principaux en forme d'anneau continu alimenté en six points différents, chaque client peut recevoir sa provision de courant par plus d'une route partant de la station; par conséquent, on peut couper du circuit une section quelconque du conducteur principal pour faire des essais, des réparations ou effectuer de nouvelles connexions de maisons, sans interrompre ou ralentir la distribution du courant sur un autre point quelconque du système.

Cette auge en fonte a l'avantage d'occuper beaucoup moins d'espace que les caniveaux en béton, l'auge n'ayant que 28 centimètres environ sur 18; aussi a-t-on reconnu possible l'emploi du ruban nu partout pour le réseau de distribution; néanmoins c'est essentiellement un système de conducteurs à installation fixe, et l'on ne peut y accéder, soit pour les connexions, soit pour les réparations, qu'en déterrant l'auge et en brisant le joint du couvercle.

The Chelsea Electricity Supply Company.

Cette compagnie emploie le système à transformateur avec accumulateurs chargés en série et déchargés en parallèle. Il y a, en outre de la station génératrice, trois sous-stations dans chacune desquelles se trouve une double batterie d'accumulateurs, dont moitié est toujours reliée aux conducteurs de distribution, tandis que les autres demi-batteries de chaque station sont reliées en série aux conducteurs de charge. Aux heures où la demande de courant est la plus grande, les deux demi-batteries sont reliées en parallèle et se déchargent dans le réseau distributeur, et les machines génératrices servent à faire fonctionner des transformateurs à courant continu, dont les circuits secondaires sont également reliés au réseau distributeur. Lorsque les batteries sont chargées et que la demande est faible, on arrête les machines génératrices. La distribution secondaire s'effectue avec le système à deux fils, un certain nombre de feeders allant de chaque sous-station aux points de distribution, d'où part le réseau proprement dit. Les câbles employés dans cette installation sont isolés avec de la bitite et introduits dans l'enveloppe Callender-Webber, et l'on établit les regards et boîtes de joints nécessaires pour faciliter l'introduction et la sortie des câbles et la connexion des branchements.

La *Metropolitan Company* emploie le même système de conducteurs souterrains pour la distribution à basse tension de sa station de Whitehall, sauf dans la Northumberland Avenue, où les câbles sont posés dans l'égout. La *Electricity Supply Corporation* l'a également adopté ; elle prend, en outre, la précaution de placer une auge en fonte renversée sur l'enveloppe de bitume, pour protéger celle-ci en haut et sur les côtés contre tout dommage mécanique.

La *Liverpool Electric Supply Company* effectue son service à basse tension avec un système à deux fils partant de trois stations génératrices, et elle se sert de câbles à jute recouverts de plomb, ou de câbles à bitite posés d'après le système d'installation fixe. Les câbles sont placés dans des auges en fonte avec joints à emboîtements, et l'on a d'abord coulé au fond de ces auges une couche de bitume fondu d'une épaisseur de 6 millimètres environ. Avant que le bitume se solidifie, on y enfonce des ponts en bois à des intervalles d'environ 45 centimètres, et ces ponts supportent les câbles. On coule du bitume dans l'auge de manière à couvrir les câbles et à la remplir presque jusqu'en haut, puis on fixe dessus un couvercle en fonte; quelquefois on applique pour terminer une couche de ciment, et dans ce cas le couvercle en fonte est inutile. Parfois les câbles plus petits sont recouverts de plomb et posés dans des moulures de bois remplies de bitume. Les connexions entre les conducteurs d'alimentation et ceux de distribution sont faites dans des boîtes en fonte pourvues d'emboîtures pour recevoir les extrémités des auges en fonte; on met la boîte au-dessous du niveau du pavage, pour que son couvercle soit indépendant de la plaque de surface, qui, elle, est au niveau du pavage. Le couvercle de la boîte est maintenu par une traverse et un boulon central, et la jonction entre lui et la boîte est faite étanche avec une rondelle en caoutchouc. On fait les connexions dans cette boîte en soudant des oreilles en cuivre aux extrémités du câble, et en les boulonnant sur les barres de connexion en cuivre, qui sont quelquefois munies de bornes pour qu'on puisse insérer dans le branchement un coupe-circuit fusible.

La station centrale de Bradford distribue aussi le courant à basse tension avec un système deux-fils; les conducteurs principaux se composent de câbles à jute recouverts de plomb, armés de deux rubans de fer et garnis extérieurement de jute imprégné. On pose ces câbles à même le sol, sauf aux croisements de voies et autres endroits où il faut une protection spéciale ; les joints sont faits avec des pinces dans des boîtes en fonte remplies d'une huile lourde isolante. On fait les joints entre les conducteurs d'alimentation et ceux de distribution dans des boîtes en fonte pourvues de bornes auxquelles on attache les différents câbles ; les couvercles et les entrées pour les câbles sont arrangés de manière à être aussi étanches que possible.

Le système à basse tension le plus étendu du continent est celui de Berlin, où le courant est fourni par plusieurs stations à un réseau de conducteurs souterrains. Dans ce système qui était originairement un système à deux fils, les feeders ont absorbé une très grande quantité de cuivre (certains ont plus de mille mètres de long) ; mais, en raison du grand nombre de centres d'alimentation, on a pu maintenir la variation de tension dans les conducteurs distributeurs au chiffre très bas de 1 1/2 pour cent. Les câbles sont à jute, recouverts de plomb et armés, on les pose sous les trottoirs généralement sans autre enveloppe protectrice ; les joints sont faits avec des pinces et enfermés dans des boîtes en fonte remplies d'huile isolante. Dans quelques installations plus récentes, on a appliqué le système à trois fils dans le but de diminuer le poids du cuivre, le coût des conducteurs principaux à deux fils construits à l'origine étant excessif.

A Paris, diverses Compagnies qui ont obtenu des concessions pour l'éclairage de la ville ont posé depuis peu une très grande quantité de conducteurs souterrains, et elles ont adopté des méthodes très différentes pour l'isolement et la protection des conducteurs. La *Compagnie Popp* applique un système d'après lequel plusieurs stations fournissent le courant à un système de conducteurs principaux de charge, qui approvisionnent des stations d'accumulateurs en série ; à leur tour, ces sous-stations fournissent le courant à un réseau à basse tension de conducteurs de distribution. Les conducteurs principaux de charge sont isolés avec du caoutchouc vulcanisé, recouverts de plomb et garnis de chanvre imprégné ; quelques conducteurs à basse tension sont traités de la même manière, mais souvent ils sont en cuivre nu. On met les câbles dans des auges en fonte contenant des moulures de bois saturé de paraffine, souvent il y a plusieurs couches d'enveloppes les unes sur les autres. Les conducteurs nus sont des conducteurs câblés non isolés, supportés par des isolateurs en porcelaine, montés sur des blocs de chêne, qui sont généralement fixés dans les auges en fonte au-dessus des enveloppes contenant les câbles isolés. A des intervalles d'environ 30 mètres, des regards sont disposés pour donner accès aux conducteurs ; les boîtes de service sont placées en face des maisons où l'on consomme le courant : la connexion entre le conducteur principal et le branchement se fait au moyen de joints de serrage non isolés.

La *Compagnie de la Place Clichy* fournit le courant au moyen de feeders à deux fils et de conducteurs de distribution à cinq fils, avec accumulateurs ou dynamos régulatrices placées aux points de distribution pour égaliser la tension dans les quatre circuits distributeurs, ainsi que nous l'avons décrit au chapitre IV. Les conducteurs principaux se composent de câbles à jute, recouverts de plomb et armés, et sont posés à même la terre, avec une bande de toile en fil de fer galvanisé par-dessus, pour avertir de leur présence les ouvriers qui ouvriraient le sol. On fait les joints en ajustant des oreilles de laiton aux bouts des câbles et en boulonnant ces oreilles ensemble ; les parties exposées de

l'enveloppe de jute sont protégées contre l'humidité par
des manchons en caoutchouc, serrés autour avec du fil
de fer galvanisé. Une boîte en fonte remplie d'asphalte
fondu emprisonne le joint. Aux endroits où existent
d'importantes jonctions, on se sert de boîtes de distribution dans lesquelles les joints sont faits au moyen de
pièces de connexion mobiles en cuivre ou avec des
plombs fusibles.

La *Société d'Éclairage et de Force* distribue le courant
d'après un système à basse tension à deux fils, avec
batteries d'accumulateurs aux stations et à diverses
sous-stations. Les conducteurs principaux consistent
en conducteurs câblés non isolés, ou en rubans de
cuivre nu, appuyés sur des isolateurs placés à intervalles d'environ 3 mètres dans des caniveaux en
ciment. Les isolateurs des câbles sont en porcelaine du
modèle double cloche, cimentés à des supports en fer
galvanisé, et pourvus à la partie supérieure d'une rainure demi-circulaire pour recevoir le toron de cuivre,
qui est tenu en place, après avoir été tendu, à l'aide
d'étriers en fer passant par-dessus le câble et sous les
oreilles en saillie des isolateurs. Les isolateurs des
rubans de cuivre ressemblent aux précédents, à cela
près qu'au lieu d'une rainure demi-circulaire, ils ont
une fente profonde dans laquelle reposent les rubans.
On fait les joints des câbles en épissant et en soudant
les deux bouts ensemble; les rubans sont reliés en les
serrant entre deux plaques de fer que l'on boulonne
ensemble; on consolide le joint par une soudure.

La *Compagnie Edison*, qui distribue le courant d'après
le système à trois fils, emploie des conducteurs nus
câblés posés sur des isolateurs à des intervalles d'environ
2 mètres. Ces isolateurs, du type double cloche, sont
pourvus de godets en fonte galvanisée dans lesquels

existe une cavité profonde où l'on pose les câbles l'un au-dessus de l'autre. Ces godets ont des oreilles en saillie qui servent de supports aux étriers en fer passant autour d'elles et des câbles, et maintiennent ces derniers en place, une fois tendus. Les isolateurs sont fixés dans des caniveaux cimentés d'environ 35 centimètres de profondeur et d'une largeur variable de 25 à 40 centimètres, suivant le nombre d'isolateurs. Les fils de service sont des câbles isolés sous plomb posés dans des tuyaux en fonte, on les relie aux conducteurs principaux par des liens en fer serrés ensemble avec des vis et soudés.

En Amérique, une grande partie du service à basse tension a été installée par la Compagnie Edison ou par les compagnies locales formées pour appliquer son système. Le plus souvent, les conducteurs principaux consistent en des tubes Edison disposés en vue d'une distribution à trois fils, confectionnés et joints de la manière qui a été décrite au chapitre X; mais plusieurs des compagnies locales emploient les câbles isolés sans interruption au lieu de ces tubes. Depuis sa première application, il y a eu beaucoup de perfectionnements apportés au système souterrain Edison, non seulement dans les détails des tubes eux-mêmes et des boîtes de joints, mais aussi dans l'arrangement des boîtes de distribution et des boîtes de jonctions. Ces boîtes ont été arrangées spécialement de manière à faciliter la division en sections relativement courtes des conducteurs d'une certaine longueur, c'est-à-dire pour aider à la localisation des défauts. Elles sont en fonte, avec deux couvercles dont l'intérieur est rendu étanche par une doublure en caoutchouc; elles contiennent des blocs isolés auxquels sont reliés les bouts des conducteurs; les jonctions entre ces blocs, nécessaires pour assurer la continuité du circuit, se font au moyen de rubans de cuivre mobiles. Lorsque les feeders ont, comme cela arrive souvent, une longueur considérable, on insère plusieurs de ces boites pour les partager en sections; et lorsque plusieurs feeders passent par la boite, on prévoit des connexions transversales, afin de n'être pas obligé, si une section d'un feeder vient à fonctionner mal, de retirer du circuit la longueur tout entière, mais de ne retirer que la section défectueuse, les autres feeders de cette section étant reliés pour transmettre la totalité du courant.

The London Electric Supply Corporation.

Le système de cette compagnie diffère de tous les autres actuellement pratiqués en Angleterre, en ce qu'il a recours à une tension très élevée, avec double transformation entre la station génératrice et les lampes. D'après le projet original, le courant qui est engendré à Deptford devait être transporté à une tension de 10.000 volts à quatre stations avec transformateurs, à Blackfriars, Pimlico, Bond Street et Trafalgar Square, et distribué par ces stations à 2.400 volts à un certain nombre de transformateurs, d'où les habitations devaient être desservies au moyen d'un réseau distributeur à basse tension. Or, ce projet n'a pas reçu sa pleine exécution parce que les maisons abonnées au courant sont trop clairsemées : il n'y a que trois ou quatre cas où l'on utilise le réseau distributeur à basse tension, le plan général étant de fixer le transformateur de 2.400 à 100 volts dans les locaux du consommateur. Mais on projette, si la demande de courant augmente, d'installer des sous-stations qui

desserviront chacune par des conducteurs à basse
tension les maisons du voisinage immédiat. Le système complet de conducteurs principaux, etc., est
exposé dans la figure 99 : A représente la machine
dynamo à Deptford ; B, une des quatre stations avec
transformateurs ; C, une sous-station avec transformateur ; H, H, H, les locaux des consommateurs ; E, E, E,
les connexions avec la terre, et V, V, V, les dispositifs de
sûreté. Les conducteurs principaux de 10 000 et 2.400
volts sont concentriques, et pour les raisons indiquées
dans un chapitre précédent, le conducteur extérieur de
chacun est en communication permanente avec la

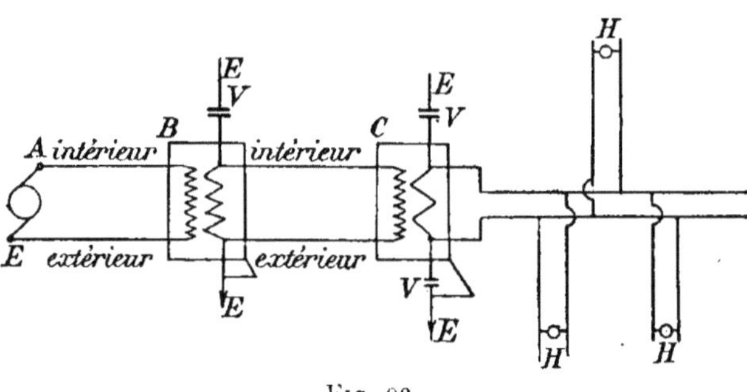

Fig. 99.

terre, l'un à la borne de la dynamo et l'autre à la borne
secondaire du transformateur. Les carcasses des transformateurs sont également reliées à la terre. Le conducteur intérieur du câble à 2.400 volts et les deux
conducteurs du câble à basse tension sont reliés à un
dispositif de sûreté tel que l'appareil de mise à la terre
de Cardew, qui relie le conducteur à la terre, si la différence de potentiel entre eux excède une certaine
valeur déterminée, par suite, par exemple, de la rupture de l'isolement entre les circuits primaire et secondaire du transformateur.

Pour se protéger contre les accidents pouvant résulter de défauts dans les fils de maisons, les ingénieurs de cette compagnie ont imaginé un commutateur automatique qui, outre qu'il met à la terre les deux conducteurs lorsque la différence de potentiel entre eux et la terre devient trop grande, agit pareillement quand l'isolement du circuit de maison descend au-dessous d'une valeur déterminée. La figure 100 donne le dessin de cet appareil. Les primaires de deux petits transformateurs sont reliés en série avec les conducteurs de maisons a et b, et la jonction entre eux est reliée à la terre en E. Les secondaires de ces transformateurs sont reliés en série, mais de manière à se faire opposition l'un à l'autre ; ils sont mis en court circuit par un fil fusible $c\,d$ auquel est suspendu un poids W. Tant qu'il y a égalité des tensions entre a et la terre et b et la terre, les forces électro-motrices des secondaires demeurent égales et opposées ; mais si l'équilibre est troublé par une fuite importante à la terre soit de a, soit de b, ou par la rupture de l'isolement entre le primaire et le secondaire du transformateur de 2.400 à 100 volts, et par l'élévation de la tension à une borne, il se produit un courant dans les circuits secondaires des transformateurs de sûreté, et le fil fusible est rompu. Alors le poids W tombe et fait communiquer entre eux les trois blocs a', b' et E', lesquels sont reliés respectivement aux deux côtés du circuit de maison et à la terre ; par suite, les conducteurs principaux de maison sont mis en court circuit et le plomb principal fond, ce qui les sépare du circuit de distribution ; en même temps, ils se trouvent en communication avec la terre, et tout risque de secousse par suite de contact avec eux se trouve écarté.

Pour la transmission du courant de 10.000 volts de

Deptford à Londres, on se sert des câbles concentriques Ferranti : nous avons déjà indiqué comment ils sont faits et joints. Sur une partie de la route, ces câbles au nombre de quatre sont supportés par des consoles scellées dans le mur en bordure du chemin de fer ; ailleurs ils sont enfouis sous terre dans des auges remplies d'asphalte et de goudron. Il y a des boîtes d'essai à 1.000 mètres environ les unes des autres ; elles sont en onte avec ouvertures à chaque bout pour laisser passer

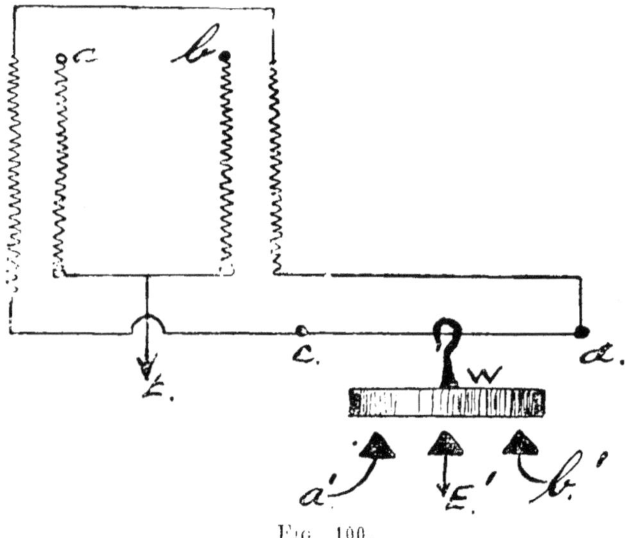

Fig. 100.

les conducteurs ; on rend le joint étanche entre le tube en fer et l'ouverture de sortie en le garnissant de plomb. Les conducteurs sont reliés par des pinces arrangées de manière qu'on puisse rompre facilement le contact, et l'on remplit la boîte d'huile lourde isolante.

La localisation d'un défaut dans un de ces conducteurs s'effectue à l'aide d'un rhéocorde combiné avec un galvanomètre et d'un ou deux éléments de pile capables de donner un courant assez fort. Au moment où la demande est la plus faible, lorsque la charge de la sous-station alimentaire, dont le conducteur est défectueux, peut être fournie par une des autres au moyen des conducteurs de 2.400 volts qui relient les différentes stations ensemble, on boucle le conducteur intérieur du câble défectueux avec le conducteur intérieur d'un câble en bon état (fig. 101), et l'on relie ensemble la batterie, le galvanomètre et le fil à contact mobile de manière à former un pont, dont les quatre points sont A, B, C, et le défaut F. On trouve

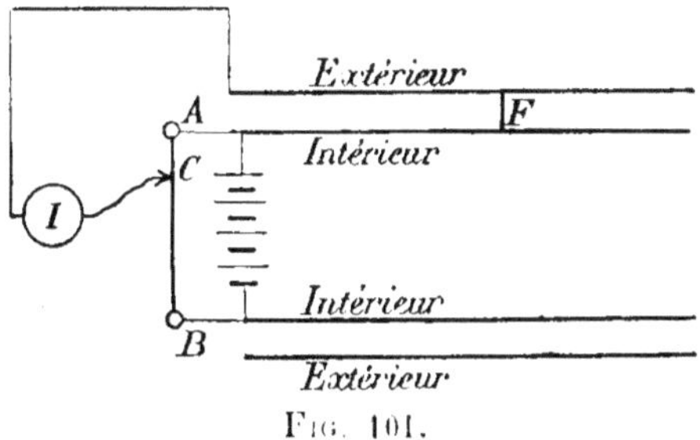

Fig. 101.

alors le rapport des résistances AF : FB, et d'après la résistance connue par unité de longueur on peut calculer la distance AF : le résultat de l'essai donne invariablement le point exact à 50 mètres près. On sait ainsi dans quelle section du conducteur existe le défaut, et un nouvel essai fait aux boîtes de la section défectueuse indique généralement l'endroit à 5 mètres près. Pour supprimer le défaut, on pratique une tranchée sur une longueur de 20 mètres ou davantage, le conducteur principal est tiré au dehors de manière à former un arc, ce qui augmente sa longueur, permet de rompre le joint et de remplacer la longueur défectueuse par une longueur en bon état. Si le défaut se produit à un endroit tel que l'ouverture d'une longue tranchée soit trop coûteuse ou incommode, on coupe le conducteur, on remplace la longueur, et le joint est fait dans une boîte semblable à celle dont on se sert aux points d'essai.

Les conducteurs de 2.400 volts sont des câbles concentriques, la plupart à jute, recouverts de plomb et armés, mais il y en a qui sont recouverts de plomb et sans armature, et d'autres en caoutchouc vulcanisé ; c'étaient des câbles de ce dernier type qui fonctionnaient sous terre, lorsque la station génératrice était à Grosvenor Gallery ; depuis on les a relevés et transformés en câbles concentriques. On pose le câble armé dans une tranchée sans autre protection et l'on fait les joints dans des boîtes remplies d'huile ; les autres câbles sont joints tantôt de la même manière, et tantôt on fait le joint ordinaire soudé et isolé de la manière déjà décrite.

The Metropolitan Electric Supply Company.

Cette compagnie fait fonctionner trois stations (Sardinia Street, Rathbone Place et Manchester Square) d'après le système à courants alternatifs et à transformateurs, sous une tension de 1.000 volts. Sur tout le réseau, les conducteurs sont des câbles en caoutchouc vulcanisé introduits dans des tuyaux en fonte. Il y a des regards aux angles et partout où c'est nécessaire, pour faciliter l'entrée et la sortie des câbles ; on insère des pièces en forme de **T** fendues, au lieu du tuyau ordinaire, pour faire les connexions avec les locaux des consommateurs. Ce système de conducteurs est peut-être l'exemple le plus réussi du système de ti-

rage et de retirage, parce qu'il n'y a pas de joints en
forme de dans **T** les câbles, et que les conducteurs
sont placés de manière à pouvoir séparer, sortir et
remplacer les sections individuelles sans gêner la distribution du courant aux consommateurs. La figure 102
présente la disposition générale : A et B sont les bornes
de la dynamo, et H_1. H_2, etc., les bornes primaires
dans les locaux des consommateurs. Il y a une lon-

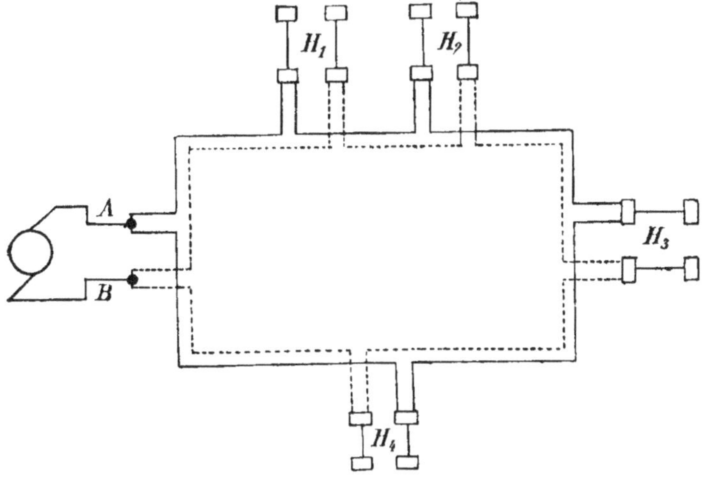

Fig. 102.

gueur de câble de A à la borne du coupe-circuit primaire en H_1 et une autre longueur de H_1 à H_2, et ainsi
de suite ; H_4 est relié par un câble à A. Pareillement,
une boucle complète de câble part de B pour aller
chez chaque consommateur et revenir ensuite à B.

De cette manière, le joint en forme de **T** dont on se
sert généralement pour relier le fil de service au conducteur principal, se trouve supprimé, le circuit étant
complété par le passage direct du câble dans la maison.

Ceci entraîne naturellement l'emploi de plus de câble, mais comme les conducteurs principaux sont généralement posés sous le trottoir, la distance entre eux et les boîtes de coupe-circuit primaires est très courte; et du reste on constate le plus souvent que la dépense additionnelle de câble est moindre que celle de la confection de deux joints solides en forme de **T**. Néanmoins, en dehors de la question de la dépense, il y a celle de la commodité, et à ce point de vue la disposition des conducteurs adoptée offre de grands avantages. En effet, chaque consommateur est approvisionné de courant par deux routes, H_3 par exemple étant relié à la dynamo par le câble qui va en H_4 aussi bien que par celui qui va en H_1 et H_2; par conséquent, on peut séparer la longueur de câble joignant deux consommateurs, mettons H_2 et H_3, sans arrêter la fourniture de courant à l'un ou à l'autre. Voilà qui facilite singulièrement la localisation d'un défaut et sa réparation, car, en supposant que les épreuves faites à la station montrent qu'il y a un défaut dans le circuit, il est facile de découvrir la section où il existe en séparant chaque section tour à tour et en l'essayant séparément; et la section défectueuse une fois découverte, on la sort du tuyau et on lui substitue une longueur de câble nouvelle pendant que le reste du circuit continue de fonctionner. En outre, s'il y a des connexions à faire pour un nouvel abonné, supposons entre H_3 et H_4, on sort la section qui joint ces deux-ci et on la remplace par deux sections plus courtes, l'une de H_3 au nouveau local et l'autre de ce nouveau local à H_4; pendant ce temps-là, H_3 et H_4 reçoivent leur fourniture de courant, l'un par les câbles supérieurs (voir fig. 102 . et l'autre par les câbles inférieurs.

En outre du système de distribution par chaque station génératrice, lequel consiste, comme on l'a vu, en un certain nombre de boucles, les trois stations sont reliées ensemble par des canalisations (composées chacune de quatre paires de câbles recouverts de caoutchouc dans un tuyau en fonte); ces conducteurs permettent à chaque station de fournir le courant aux systèmes distributeurs des autres, soit dans le cas d'accident, soit lorsque la demande de courant est si faible que tout ce qui est nécessaire dans les trois districts peut être fourni par une seule station.

The House-to-House Electric Light Company.

Cette compagnie, qui fournit le courant à une tension de 2.000 volts de sa station de West Brompton, a adopté comme conduits des tuyaux à emboîtement en fonte, et elle y met des câbles isolés avec du caoutchouc vulcanisé. Les tuyaux en fonte sont percés de trous en dessous pour permettre à l'eau de s'écouler, on les place sous la voie ou sous le trottoir, avec des regards en fonte et des boîtes de service, suivant les besoins. Les regards qui sont placés à toutes les courbes de la ligne de tuyaux et aussi là où s'embranchent les conducteurs de distribution, consistent dans des boîtes en fonte (fig. 103) d'environ 90 centimètres de long sur 45 de large, ouvertes au fond et pourvues en haut d'un rebord pour un couvercle. Les emboîtures pour recevoir les tuyaux ne sont pas venues de fonte avec la boîte, mais celle-ci a une ouverture sur chacun des quatre côtés, qu'on peut, si l'on n'en a pas besoin, fermer par une plaque unie boulonnée de l'intérieur; lorsqu'on doit faire passer des tuyaux dans la boîte, on met à cette ouverture une pièce de fonte spéciale consistant en une douille conique avec un large rebord boulonné à la boîte. On donne à la douille un diamètre en rapport avec le tuyau, et grâce à sa forme conique elle présente une surface unie convenable pour les câbles qui frottent contre elle lorsqu'on les introduit.

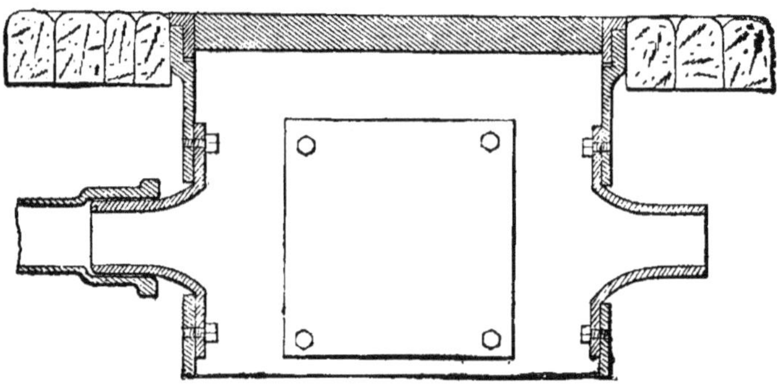

FIG. 103.

Les boîtes de service (fig. 104) qui sont placées en face de l'un des murs séparatifs de maisons, consistent en une courte longueur de tuyau, quelque peu élargie au milieu et agrandie rectangulairement à la moitié supé-

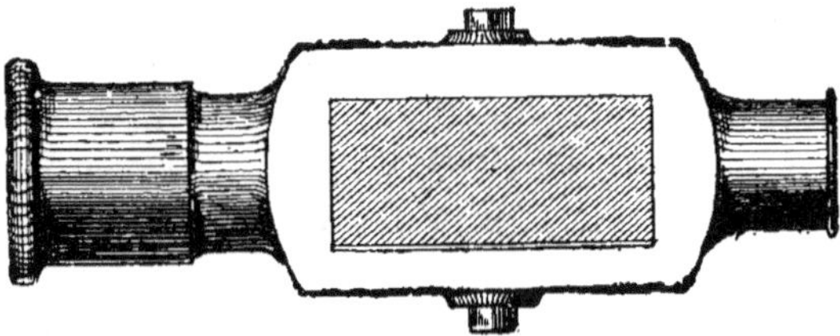

FIG. 104.

rieure de manière à former une boîte oblongue sur les côtés de laquelle on a pratiqué des trous pour fixer les tuyaux à gaz en fer forgé employés pour les connexions de service; ces trous sont bouchés avec des chevilles à vis lorsqu'il n'y a pas de branchement à la boîte. Le haut de la boîte terminé par un rebord est fermé par un couvercle en fer tenu en place par une pince en fonte pourvue de griffes qui tiennent le dessous des rebords, et d'une vis qui porte sur le haut du couvercle. Ces boîtes ne sont pas des boîtes de surface, on les enfouit sous le pavage.

C'est ce système de conducteurs qu'on a appelé le système de l'arbre : les branchements partent des câbles principaux, et de ces branchements partent d'autres plus petits jusqu'à ce qu'on arrive aux fils de service des maisons. Cette compagnie a apporté une grande attention à l'isolement des joints : on les vulcanise tous *in situ* suivant la manière décrite au chapitre IX.

On a employé à Hastings et à Eastbourne, deux des plus anciennes stations centrales de l'Angleterre, un système analogue pour la pose des conducteurs souterrains; les conduits consistaient en tuyaux de fonte à emboitement, pourvus de regards et de boites de service pour l'entrée et la sortie des câbles. A Hastings, les premiers câbles, posés en 1883, étaient isolés avec de la gutta-percha et tressés; ce genre de câbles donna beaucoup d'ennuis, et dès 1884 on eut recours aux câbles isolés avec du caoutchouc, et comme l'essai fut satisfaisant, chaque fois qu'une section de câble de gutta-percha devenait défectueuse, on la remplaçait par une section de câble à caoutchouc. Les défauts provenaient surtout de dommages mécaniques causés par l'introduction du câble, et comme, à cet égard, le câble à caoutchouc avait une grande supériorité, on obtint de très bons résultats, au point qu'on n'a jamais été obligé d'en remplacer une longueur. Le système de distribution est un système en série qui exige une tension d'environ 1.600 volts.

A Eastbourne, où le service a commencé vers la même époque, on a employé des câbles recouverts de caoutchouc. D'abord on eut beaucoup d'ennuis provenant en grande partie de ce qu'on avait introduit les câbles dans des tuyaux de trop petite dimension et de ce qu'ils avaient été endommagés pendant l'opération. On posa de plus grands tuyaux, on y mit un câble plus fortement isolé, et les résultats furent bien meilleurs ; ces câbles ont fonctionné d'une manière satisfaisante avec un courant alternatif d'une tension de 2.000 volts, depuis 1886, époque de l'application de ce système. L'enveloppe de caoutchouc de ces câbles n'était pas vulcanisée, et les joints étaient isolés avec du caoutchouc pur et recouverts ensuite de gutta-percha ; mais depuis peu, on isole avec du caoutchouc vulcanisé, et les joints sont vulcanisés. Ce sont les joints surtout qui ont donné de l'ennui, et bien qu'on ait triomphé de la difficulté par le procédé de la vulcanisation en ce qui concerne les câbles de grande et de moyenne dimen· sion, il faut avouer qu'on n'a pas été aussi heureux pour les petits câbles de branchements, parce que la confection parfaite du joint est plus difficile.

Bien que Londres ne possède plus aujourd'hui de stations fonctionnant avec des circuits aériens, il y a des villes de province, Reading et Exeter par exemple, qui en ont plusieurs. Dans ces deux villes, on se sert d'un système en série fonctionnant à environ 1.500 volts pour l'éclairage à arc, et d'un système à courants alternatifs et transformateurs à 2.000 volts pour les lampes à incandescence. A Reading, les câbles sont isolés à la bitite ou à l'okonite, et sont suspendus à des fils porteurs suivant les règlements du *Board of Trade;* à Exeter, les câbles sont isolés avec du caoutchouc et sont suspendus sans fils porteurs à des isolateurs à liquide fixés à des poteaux en fer forgé : le peu de longueur des portées dispense de l'emploi de fils porteurs.

Sur le continent, MM. Ganz et C" ont installé un nombre considérable de stations qui fonctionnent suivant le système à transformateurs à courants alternatifs, les unes avec fils aériens, les autres avec fils souterrains ; les fils aériens sont employés dans les petites villes, et pour les feeders allant de stations placées hors la ville à la ville même ; les fils souterrains sont employés dans les grandes villes. Les fils aériens sont attachés à des isolateurs à liquide ou ordinaires à double cloche ; les conducteurs souterrains sont habituellement des câbles concentriques isolés avec du jute, recouverts de plomb et armés ; parfois, mais rarement, on emploie des câbles à caoutchouc. Le plus souvent il y a des sous-stations avec transformateurs, d'où les consommateurs reçoivent le courant par un réseau à basse tension ; c'est à Rome qu'existe la plus belle installation de ce genre. Des câbles concentriques isolés avec du jute imprégné, recouverts de plomb et armés, sont posés dans une boîte en bois remplie de ciment : on fait les joints avec des pinces dans des boîtes en fonte (fig. 105), qui sont remplies ensuite d'huile isolante.

A Madrid et à Barcelone, on a fait des installations d'après le système à transformateurs à courants alternatifs employé par la *House-to-House Company*, avec câbles à caoutchouc vulcanisé introduits dans des tuyaux en fonte, et joints isolés avec du caoutchouc et vulcanisés.

C'est le système Ferranti qu'on a appliqué dans l'installation du Havre, où les câbles souterrains fonctionnent à une tension de 2.400 volts. Ces câbles sont

isolés avec du caoutchouc vulcanisé, recouverts de
plomb et armés, et posés en terre sans autre protection. On avait d'abord fait les joints en serrant les conducteurs ensemble, en les enveloppant de rubans en
caoutchouc et en enfermant le tout dans une boîte de
fonte remplie ensuite de bitume. Mais ces joints cau-
sèrent beaucoup d'ennuis et il fallut les refaire tous ;
on adopta la méthode du joint soudé, isolé avec du
caoutchouc et vulcanisé, et ce genre de joints a donné
toute satisfaction et fonctionne bien.

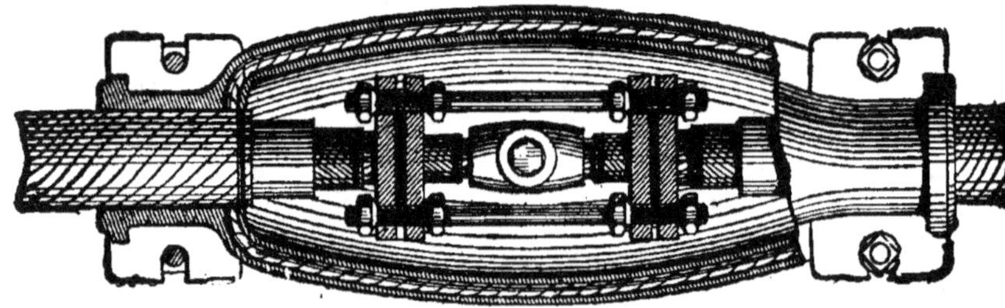

Fig. 105.

En Amérique, les circuits de haute tension, soit pour
l'éclairage à arc en série, soit pour l'éclairage à incandescence par le système à transformateurs, sont plus
souvent aériens que souterrains ; mais dans ces dernières années, en présence des objections élevées dans
la plupart des grandes villes contre l'emploi des fils
aériens, on a posé des longueurs considérables de conducteurs souterrains. La ville de Chicago a été une
des premières à se prononcer en faveur du service souterrain ; actuellement il n'existe plus dans l'enceinte
même de circuits d'éclairage électrique aériens ; la
ville est partagée en douze circonscriptions desservies
chacune par une station centrale, aussi rapprochée du

centre que possible. Voici le plan de distribution. Une voie principale souterraine s'étend en ligne droite à travers la circonscription, avec branchements partant à angles droits et atteignant aux autres lignes frontières. On emploie différentes sortes de conduits : tuyaux en fer posés dans la terre ou le béton, tuyaux en fer garnis de ciment posés dans le béton, et conduit Dorsett ; on introduit dans ces divers conduits des câbles isolés avec des compositions caoutchoutées comme la kérite, l'okonite ou la vulcanite, ou avec des matières fibreuses enfermées dans un tube de plomb. Les conduits sont pourvus de regards rectangulaires en briques placés à des intervalles de 75 à 130 mètres. La *Chicago Arc Light and Power Company* fait fonctionner plus de 2.000 lampes à arc au moyen de câbles souterrains, dont quelques-uns sont des câbles Patterson, isolés avec une matière fibreuse imprégnée de paraffine, et d'une épaisseur de 5 millimètres, et introduits dans un tuyau en plomb ; et d'autres, des câbles Norwich, isolés avec une couche de papier de 4 millimètres, et recouverts de plomb. Les joints ont été la source de nombreux ennuis, plus particulièrement avec le câble à paraffine duquel on ne pouvait pas sans difficulté exclure l'humidité ; on les fait en soudant les deux bouts des conducteurs dans un manchon en cuivre, en recouvrant le joint de matière isolante, et en moulant par-dessus une soudure de plomb à plomb. La plupart des conduits sont du type Dorsett ; mais on emploie également des tuyaux en fer forgé de 6 centimètres ainsi qu'un conduit fait de solives de sapin de 12 centimètres de côté extérieurement et percées dans la longueur d'un trou circulaire de 6 centimètres de diamètre (voir fig. 81 et 82). On emploie ce dernier genre de conduit depuis deux ans, et jusqu'à présent on en est satisfait ; il possède cet autre avantage d'être bon marché. La tension moyenne sur ces circuits d'éclairage à arc est de 2.500 volts. En outre des circuits souterrains de la ville même, la compagnie dont il s'agit a établi environ 130 kilomètres de circuits aériens en dehors de l'enceinte, qui servent pour l'éclairage à arc, avec une tension atteignant parfois jusqu'à 4.000 volts. Le fil aérien est recouvert d'une triple tresse, posé sur des isolateurs en verre fixés aux bras du poteau, et protégé par les parafoudres du type Thomson Houston placés aux deux extrémités de chaque circuit, à la station.

La Compagnie Westinghouse, qui a installé une très grande partie du service d'éclairage à incandescence d'après le système à transformateurs à courants alternatifs, aussi bien que du service d'éclairage à arc en série avec courants continus et avec courants alternatifs, emploie surtout les fils aériens, et quelques-uns, sur les circuits d'éclairage à arc, transmettent le courant à une tension de 5.000 volts. Les câbles sont supportés sans fils porteurs par des isolateurs fixés aux bras du poteau, les portées étant disposées de manière à supprimer tout danger de rupture du conducteur. Tous les circuits sont protégés par les modèles spéciaux de parafoudres de la Compagnie, dont nous avons donné la description au chapitre XIII. La plus haute tension employée sur un de ses circuits de lampes à incandescence est de 4.000 volts, à Portland (Orégon), où elle fait fonctionner un système à double transformation. L'appareil générateur est actionné par la force hydraulique dans une station située à 19 kilomètres de la ville, et il fournit le courant à 4.000 volts aux sous-stations de la ville, où il est réduit à 1.000 volts ; c'est à cette tension qu'on le distribue aux transformateurs dans les locaux des consommateurs, et là il est encore réduit à 50 volts. Le maximum de tension ordinairement employé sur les circuits à incandescence est de 1.000 volts.

Les câbles souterrains qu'emploie la Compagnie Westinghouse sont toujours recouverts de plomb, ils appartiennent à l'une des trois catégories suivantes : le câble Standard, isolé avec une matière fibreuse imprégnée d'une composition spéciale; le câble isolé avec du caoutchouc pur, ou le câble isolé avec du caoutchouc vulcanisé, le caoutchouc étant séparé du plomb par une couche de paraffine. Dans quelques cas, particulièrement pour les feeders, on se sert d'un câble double dans lequel les deux conducteurs isolés sont enfermés dans la même enveloppe de plomb. Ces câbles sont introduits dans des tuyaux en fer ou tubes en tôle garnie de ciment, posés dans du ciment et pourvus de regards donnant accès aux câbles. On fait les joints en soudant les conducteurs dans un manchon en métal, en les enveloppant de rubans ou bandes de caoutchouc, et en recouvrant le joint tout entier d'un manchon de plomb fixé sur l'armature de plomb par un joint de plombier. Tous ces types de câble fonctionnent bien, sans guère d'autre cause d'ennui, lorsqu'il s'en produit, que la détérioration d'un joint, et, quand cela se présente, les essais d'isolement permettent presque toujours de la découvrir avant qu'il en soit résulté d'interruption dans le service.

Le système de distribution de la Compagnie Thomson Houston, soit pour les lampes à arc en série, soit pour l'éclairage à incandescence par les transformateurs à courants alternatifs, reçoit son application au moyen de fils aériens, isolés sans interruption et supportés par des isolateurs en verre fixés aux bras des poteaux. Les circuits avec transformateurs sont approvisionnés de courant à une tension primaire de 1.000 volts, réduite dans le circuit secondaire à 52 ou 104 volts. Les parafoudres de la station protègent les circuits, qui sont disposés en général de façon que les feeders aillent aux divers points formant des centres de distribution, et où des boîtes à coupe-circuit fusibles sont fixées aux poteaux. De ces boîtes de coupe-circuit partent les conducteurs distributeurs, dont la section est telle que la chute de potentiel ne dépasse pas un demi pour cent. Un parafoudre est relié à ces conducteurs distributeurs juste avant leur arrivée au transformateur; sur le côté secondaire des transformateurs est fixé un dispositif de sûreté, destiné par la Compagnie à protéger toute personne touchant les conducteurs secondaires contre la possibilité d'une secousse due à l'introduction dans le circuit d'une tension plus élevée que celle de fonctionnement normal. Cet appareil se compose de trois blocs terminaux isolés, dont le central est relié à la terre, et les deux extérieurs sont en communication avec les conducteurs secondaires. Une lame de ressort en laiton est fixée au bloc de milieu, de sorte que chaque extrémité soit pressée contre un des blocs extérieurs; cependant elle en est séparée par une mince pellicule de papier apprêtée pour supporter l'effort dû à la tension de fonctionnement ordinaire, mais qui se crève aussitôt que la tension entre la borne secondaire et la terre atteint une valeur préalablement déterminée. Si l'isolement du circuit est défectueux au point qu'une secousse résulte d'un contact, la communication à la terre qui s'établit dès que le papier est crevé, met en court circuit le secondaire et fait fondre le coupe-circuit primaire, en retirant ainsi le transformateur du circuit.

CHAPITRE XVI

Nous avons démontré dans un chapitre antérieur l'importance d'un système complet pour vérifier les câbles avant leur sortie de la manufacture, occupons-nous maintenant d'un sujet aussi important, qui est l'essai des câbles après la livraison, et de l'installation complète après la mise en marche. C'est une question qu'on néglige trop souvent ; il en résulte qu'un défaut sans importance, facilement réparable, peut devenir grave au point de gêner le fonctionnement du circuit et d'amener un accident. Quand on considère les nombreux dommages, mécaniques ou autres, auxquels sont exposés les câbles, pendant la pose des conducteurs souterrains, au cours de l'installation des câbles aériens ou de maisons, on se convainc de la nécessité d'une vérification constante pour s'assurer que le travail est exécuté convenablement ; et comme il est beaucoup plus aisé de découvrir un défaut dès qu'il vient de se produire et quand on sait bien à quel moment de l'opération il s'est produit, que de remonter à son origine lorsqu'on n'a aucun indice pour se guider, il importe de faire régulièrement des essais à mesure que le tra-

vail s'exécute. Supposons, par exemple, qu'on ait à
établir un système de conducteurs souterrains : le travail se fait par sections, puis l'on joint ensemble les
diverses sections. Or, si l'on vérifie chaque section
aussitôt posée et qu'on fasse l'essai de la canalisation avant et après la confection des joints qui
relient une autre section de câble au système, il est
très commode de découvrir un défaut survenu pendant la pose. Au contraire, si l'on a joint ensemble
une demi-douzaine de sections avant de faire une
épreuve, il devient très difficile de localiser un défaut,
et il est très probable que, pour y parvenir, il faudra
défaire les joints qu'on vient de confectionner, et séparer ensuite les diverses sections. L'épreuve la plus
importante est celle par laquelle on mesure la résistance d'isolement des câbles ; et comme un défaut peut
arriver par une fuite d'un conducteur à l'autre, ou par
une fuite de l'un ou l'autre conducteur à la terre, il
faut déterminer trois résistances.

Pendant la pose et la jonction des câbles, on peut
faire les essais d'isolement de la manière décrite au
chapitre XI, avec un galvanomètre à réflexion et
d'autres appareils employés à l'usine, ou, quand cela ne
se peut faire, avec un appareil d'essai portatif quelconque. Le premier appareil peut et doit toujours être
monté au laboratoire d'essais de la station centrale ;
pour le service extérieur, ou pour vérifier l'isolement
des installations d'édifices et de navires, on doit se servir d'appareils portatifs. Ces appareils peuvent revêtir
diverses formes, ainsi celle, qui est commode, d'une
petite boîte contenant un galvanomètre sensible pourvu
de deux ou trois shunts, d'une résistance étalon pour
prendre la constante, et les bornes et clés nécessaires.
Il faut également que cette boîte soit pourvue d'une

batterie de petites piles d'essai, montées dans une boîte séparée, au moins en nombre suffisant pour donner une tension d'environ 50 volts, quoiqu'il serait préférable que la tension fût plus élevée. Un autre type d'appareil portatif, fréquemment employé, consiste en un ohmmètre suffisant pour mesurer de fortes résistances, et d'une machine magnéto capable de donner une tension d'environ 200 volts.

Lorsque l'installation est terminée et que les lampes et autres appareils récepteurs sont reliés, il n'est plus possible de mesurer directement la résistance d'isolement entre les deux conducteurs, parce que le pont conducteur formé par les lampes possède une résistance beaucoup plus basse que celle du circuit de fuite, et que, dès lors, toute mesure donnerait en fait la résistance des lampes et non l'isolement des câbles. Néanmoins on peut toujours mesurer l'isolement du circuit d'avec la terre, sauf dans le cas particulier où un conducteur est en communication permanente avec la terre, comme dans le système du fil unique; et si les conducteurs sont posés de manière qu'aucun courant ne puisse s'échapper d'un conducteur à l'autre sans que la terre forme partie du circuit de fuite, on peut toujours dire que l'isolement entre les deux conducteurs est plus élevé que celui d'entre les conducteurs et la terre, parce que, dans ce dernier cas, les résistances d'isolement des deux conducteurs sont reliées en parallèle, tandis que, dans le premier cas, elles sont en série l'une avec l'autre.

C'est ici que le système double-fil présente un grand avantage, quand il est organisé de telle manière que chaque câble soit entouré d'un bon conducteur relié à la terre, comme, par exemple, lorsque les câbles sont dans l'eau, ou armés, ou lorsque chaque câble est enfermé dans un tuyau métallique, tuyau et armature étant mis à la terre ; en effet, dans de semblables conditions, toute fuite vient d'abord d'un conducteur à la terre. D'autre part, si l'on emploie le système du fil unique, il n'y a aucun moyen de se rendre compte de l'état de l'isolement, à moins que toutes les lampes ne soient plus en communication ; et il en est de même avec un système de fils concentriques, parce qu'alors il est impossible qu'il y ait une fuite à la terre du conducteur intérieur, si le conducteur extérieur ne fait partie du circuit. Naturellement, si le système double-fil est organisé de façon qu'aucun conducteur relié à la terre ne s'interpose entre les deux câbles, comme lorsqu'ils sont mis ensemble dans un conduit à demi-isolement, ou même lorsqu'ils sont posés dans des enveloppes de bois avec rainures séparées, il est très possible que la résistance d'isolement d'un conducteur à l'autre soit inférieure à celle d'entre les deux conducteurs et la terre.

Avec cette méthode de fixation des câbles ou bien avec un câble concentrique, il y a moins de chances qu'une personne reçoive une secousse, si l'isolement du conduit est élevé, ou si le système concentrique est appliqué d'une manière complète ; mais, dans la majorité des installations, c'est une question d'importance moindre que la suppression des fuites d'un conducteur à l'autre, parce que ce défaut peut provoquer un incendie ou une interruption du service. Voici un autre avantage résultant de l'emploi d'un système de fils dans lequel tout défaut doit être nécessairement, au début, une fuite à la terre, c'est qu'on peut vérifier l'isolement pendant tout le temps que fonctionne le circuit ; par conséquent, on a connaissance de toute perte d'isolement dès qu'il s'en produit, et comme la

connexion d'un conducteur à la terre ne gêne pas
le fonctionnement du circuit, on a presque toujours
l'occasion de localiser et de réparer le défaut avant
qu'il se développe en un court circuit, ou qu'il nécessite l'interruption du courant.

Après la mise en marche d'une installation, il peut
se faire qu'on n'ait pas l'occasion de mesurer la résistance d'isolement par les moyens précédemment indiqués à cause de la circulation ininterrompue du
courant; il faut alors recourir à d'autres méthodes
dans lesquelles le courant de travail sert lui-même à
l'épreuve. En supposant même qu'on puisse vérifier le
circuit lorsqu'il y a interruption de courant, il est préférable que le contrôle ait lieu pendant le service, parce
qu'il s'effectue dans des conditions de fonctionnement
réelles, car il arrive parfois qu'un défaut existe, malgré
une vérification satisfaisante du circuit pendant l'interruption du courant. Par exemple, si la tension de
fonctionnement dépasse de beaucoup celle qu'on peut
employer avec l'appareil de vérification, le courant
pourra sauter à travers un intervalle d'air, ou bien
fuir sur une surface que le courant d'épreuve sera peut-
être, en raison de la tension plus faible exercée par
lui, incapable de franchir. Il peut arriver en outre que
l'expansion d'une partie du circuit conducteur, due à
l'élévation de température pendant la circulation du
courant, amène un défaut disparaissant aussitôt que la
température s'abaisse. Les essais qu'on peut faire avec
le courant de fonctionnement normal ne sont pas de
nature à donner des résultats quantitatifs très exacts ;
c'est pourquoi il est sage d'employer les deux méthodes,
c'est-à-dire de relier au circuit d'une manière permanente un appareil qui indiquera constamment si l'isolement est au-dessus ou au-dessous du minimum de

sécurité, et de mesurer de temps en temps. lorsque l'occasion se présente, la résistance des câbles au moyen de la méthode du galvanomètre, pour savoir comment se comportent les câbles eux-mêmes.

Il y a une méthode, très couramment appliquée sur les circuits de courant continu à basse tension, qui consiste à relier une lampe ou plusieurs lampes aux conducteurs et à la terre, de manière qu'une lampe s'allume quand il y a dans le circuit une fuite d'une résistance suffisamment basse. Quelquefois on relie en série deux lampes entre les conducteurs, et la jonction entre les deux lampes est en communication avec la terre. Si la résistance d'isolement du conducteur positif est de beaucoup inférieure à celle du conducteur négatif. la lampe reliée au dernier brillera avec plus d'éclat que l'autre ; c'est pourquoi tout changement dans l'éclat des lampes est une indication de changement dans les valeurs relatives des résistances d'isolement. Si cependant l'isolement des deux conducteurs est également bas, les lampes s'allumeront toutes deux au même degré, exactement comme si l'isolement était bon dans les deux cas; aussi n'emploie-t-on guère cette méthode que parce qu'elle est un révélateur utile des défauts à résistance très basse, qui surviennent rarement au même instant des deux côtés du circuit. Il y a une autre façon de se servir d'une lampe comme révélateur : on la relie par une borne à la terre, et par l'autre à un commutateur à deux directions au moyen duquel on peut la mettre en communication d'abord avec un conducteur, puis avec l'autre. Alors si la lampe est reliée, supposons au conducteur positif. elle s'allumera quand les résistances additionnées de la lampe même et de l'isolement du conducteur négatif seront assez faibles pour laisser passer le courant suffisant. Il faut, dans l'un

et l'autre cas, que la résistance de la lampe soit aussi
élevée, et le courant nécessaire pour rendre le filament
incandescent aussi bas que possible, pour posséder une
indication des défauts qui ont une résistance appréciable.

Certes, sur les circuits à basse tension, ce n'est pas
seulement la résistance des conducteurs principaux
que l'on mesure, c'est aussi celle de toutes les installations qui y sont reliées; aussi, lorsqu'une station
fournit un grand nombre de lampes, on n'a pas à combattre de très hautes résistances et l'on est satisfait
tant qu'il ne se produit pas une terre morte; c'est-à-
dire qu'il faut parfois une fuite d'une importance suffisante pour allumer deux ou trois lampes reliées en
parallèle entre un conducteur et la terre, avant qu'on
ne voie la nécessité de se mettre à la recherche des
défauts. Lorsqu'un pareil cas se présente, on apprécie
très favorablement la simplicité de la méthode de la
lampe, parce que la vérification peut être faite en tout
temps par les surveillants de la station, qui notent les
moments où la lampe éclaire bien et informent en conséquence l'électricien.

Si, dans le premier cas, des voltmètres remplacent
les lampes, on peut mesurer approximativement le
rapport des deux isolements. On a constaté quelquefois que les résistances sont proportionnelles aux indi-
cations des voltmètres, mais cela n'est vrai que lorsque
la résistance du voltmètre est infiniment grande par
comparaison avec celle du défaut, car autrement la
résistance du voltmètre étant en dérivation sur celle du
défaut, change matériellement les proportions des
résistances entre les conducteurs et la terre. Quelques
compagnies emploient pourtant cette méthode, par
exemple la *Liverpool Electric Supply Company*, qui se
sert de voltmètres enregistreurs et, lorsque leur lec-

ture fait ressortir une grande différence, mesure la fuite de courant en reliant momentanément un ampèremètre de basse résistance entre la terre et le conducteur ayant la résistance d'isolement la plus élevée.

On peut mesurer exactement la résistance d'isolement avec un voltmètre de haute résistance déterminée, en faisant trois lectures : la première, de la tension V entre les deux conducteurs ; la seconde, de la tension V_1 entre le conducteur positif et la terre, et la troisième, de la tension V_2 entre le conducteur négatif et la terre. Si la résistance du voltmètre est R, et que R_1 et R_2 représentent les résistances d'isolement respectives des conducteurs positif et négatif, on obtient les rapports suivants :

Lorsque le voltmètre est en dérivation sur R_1, leur résistance collective s'exprime par $\dfrac{R R_1}{R + R_1}$, et la résistance totale entre les conducteurs par $\dfrac{R R_1}{R + R_1} + R_2 = \dfrac{R R_1 + R R_2 + R_1 R_2}{R + R_1}$. Puisque la différence de potentiel entre deux points d'un circuit dans lequel circule un courant, est proportionnelle à la résistance entre ces points,

$$\frac{V}{V_1} = \frac{RR_1 + RR_2 + R_1 R_2}{RR_1} = 1 + R_2 \frac{R + R_1}{RR_1}$$ ce qui donne

$$R_2 = \frac{(V - V_1) RR_1}{V_1 (R + R_1)}.$$ Pareillement, lorsque le voltmètre est relié au conducteur négatif, $\dfrac{V}{V_2} = \dfrac{RR_1 + RR_2 + R_1 R_2}{RR_2}$,

qu'on peut écrire aussi $\dfrac{V - V_2}{R_1 V_2} - \dfrac{1}{R} = \dfrac{1}{R_2}$. En substituant la valeur de R_2 donnée ci-dessus et en transportant d'un seul côté tous les termes contenant R_1, on obtient :

$$R_1 \left(\frac{V}{V - V_1} \right) = R \left\{ \frac{V^2 - VV_1 - VV_2}{V_2 (V - V_1)} \right\},$$

et la division des deux côtés par $\dfrac{V}{V - V_1}$ donne $R_1 = R \dfrac{V - V_1 - V_2}{V_2}$. Puisque $\dfrac{V_1}{V_2} = \dfrac{R_1}{R_2}$, on obtient aussi :

$$R_2 = R \frac{V - V_1 - V_2}{V_1}.$$

Quand on veut mesurer l'isolement d'un circuit en bon état de fonctionnement, il faut se servir pour cette vérification d'un voltmètre à haute résistance, parce qu'avec les limites ordinaires de l'échelle, cette vérification ne permet pas de mesurer une résistance de plus de dix fois celle du voltmètre.

Voici une autre méthode pour mesurer les résistances entre deux grandes limites : on se sert de la dynamo pour fournir le courant à un pont Wheatstone dont deux bras sont formés des deux résistances d'isolement, et les deux autres se composent d'une résistance fixe connue et d'une résistance réglable. Il faut, en outre de ces résistances, une seconde bobine de résistance d'une valeur connue. La figure 106 montre les connexions pour cette vérification, dans laquelle + et — représentent les deux conducteurs principaux, R_1 et R_2 les résistances d'isolement des deux conducteurs par rapport à la terre E, R la résistance fixe connue, r la résistance réglable, et G le galvanomètre. Pour faire la vérification, on règle d'abord r jusqu'à ce qu'il n'y ait plus de déviation du galvanomètre, lorsque $\dfrac{R_1}{R_2} = \dfrac{r}{R}$; puis on relie la seconde bobine de résistance en dérivation sur R_1, et l'on obtient un nouvel équilibre avec r_1 ohms dans la résistance réglable, lorsque

$$\frac{\dfrac{R_1 \rho}{R_1 + \rho}}{R_2} = \frac{r_1}{R}.$$

On obtient d'après ces deux équations la valeur de R_1, en remplaçant dans la seconde équation R_2 par sa valeur en fonction de R_1.

Ainsi

$$\frac{\dfrac{R_1 \rho}{R_1 + \rho}}{\dfrac{RR_1}{r}} = \frac{r_1}{R}, \quad \text{et par simplification,} \quad R_1 = \frac{\rho(r - r_1)}{r_1}.$$

On trouve alors R_2 dans l'équation $R_2 = \dfrac{RR_1}{r}$.

Les méthodes que nous venons d'indiquer ne sont

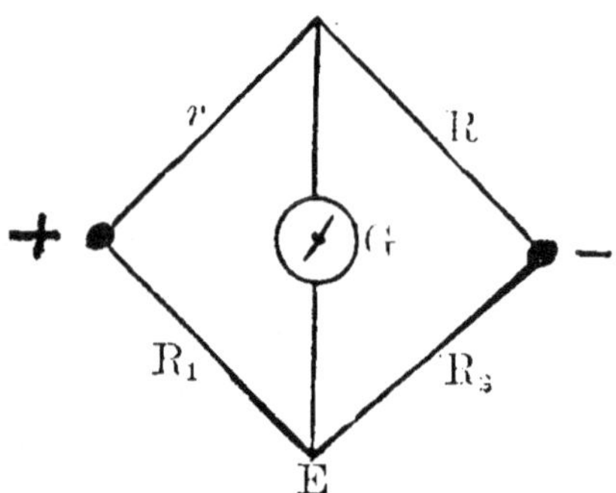

Fig. 106.

applicables qu'aux circuits fonctionnant avec une tension modérée, il faut les modifier quelque peu pour pouvoir les employer sur les circuits de courants alternatifs à haute tension. On peut se servir de la méthode de la lampe avec un transformateur dont le circuit primaire est relié à un conducteur et à la terre, pendant qu'une lampe est reliée au circuit secondaire; mais comme cette méthode n'indique que l'existence des défauts de basse résistance, elle n'est pas d'un emploi très satisfaisant sur les circuits de haute tension, où il importe que l'isolement soit grand, parce que la perte due à une fuite de courant est beaucoup plus importante que sur un circuit de basse tension, et aussi parce que le danger résultant du contact avec un conducteur est plus grand.

On peut employer le voltmètre Cardew en série avec une résistance non inductive de 5.000 à 10.000 ohms, ou bien encore on peut relier successivement chaque conducteur à la terre au moyen de cette résistance, et l'on mesure la différence de potentiel entre le conducteur et la terre à l'aide d'un voltmètre électro-statique.

La *House-to-House Company* applique un système tout à fait différent, d'après lequel l'incandescence dans un tube Geissler sert d'indicateur. Le tube à air raréfié placé dans une chambre noire est intercalé entre la terre et le conducteur à vérifier; si l'isolement est élevé, il y a une incandescence visible due à la décharge à travers le tube; mais à mesure que décroit la résistance d'isolement, l'incandescence diminue d'éclat, ce qui donne une indication sur l'état des conducteurs principaux.

Quand on a découvert, par l'une ou l'autre de ces méthodes, l'existence d'un défaut, il s'agit ensuite de le localiser pour pouvoir le réparer, et c'est souvent une affaire très ennuyeuse. Lorsque, pour découvrir un défaut, on fait la vérification par l'épreuve de la boucle, il est nécessaire de connaître la résistance du conducteur dans chaque partie du circuit, afin de pouvoir calculer, d'après le rapport des deux résistances, la longueur du câble entre la station d'épreuve et le défaut.

C'est une affaire très simple lorsque la vérification d'une longueur de câble se fait à l'usine, mais les con-

ditions sont tout à fait différentes quand on a à opérer
sur un réseau de conducteur d'où partent des branchements et auxquels se relient des lampes, des transformateurs ou autres appareils. Il n'y a que quelques cas
spéciaux où l'on puisse localiser un défaut de résistance modérée par l'épreuve de la boucle, comme, par
exemple, dans les conducteurs principaux d'alimentation qu'on peut séparer entièrement du reste du circuit ; mais d'une manière générale on ne peut pas
appliquer ce genre d'épreuve aux circuits d'éclairage
électrique à cause de l'incertitude qui existe toujours

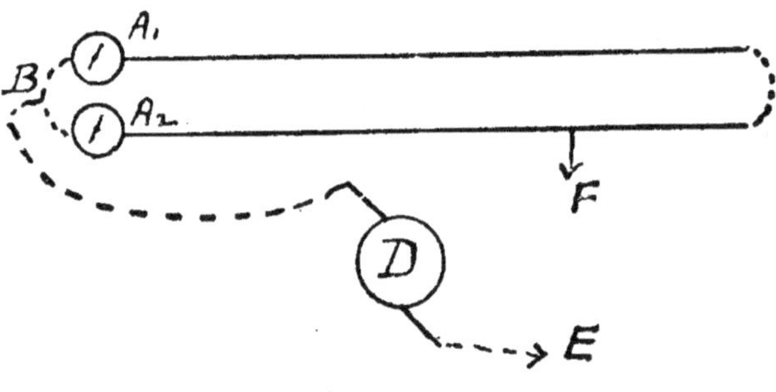

Fig. 107.

sur la valeur de la résistance du conducteur dans un
réseau de câbles d'où partent des branchements sur
divers points. On a proposé, lorsque les conditions
sont favorables, la méthode suivante comme alternative aux modes de vérification décrits au chapitre XI.

Relier ensemble les extrémités éloignées de deux
câbles et joindre les deux bouts à la station avec un
ampèremètre inclus dans le circuit de chaque conducteur. Relier une borne d'une dynamo, ou batterie d'accumulateurs. à la jonction commune des câbles à la
station, et l'autre borne à la terre (fig. 107).

Il est évident que, comme les deux circuits BA_1F et BA_2F sont reliés en parallèle, les courants I_1 et I_2 passant à travers A_1 et A_2 sont inversement proportionnels aux résistances des deux circuits, et que si nous désignons par l la longueur totale de la boucle, et par x la distance BA_2F, alors $\dfrac{I_1}{I_2} = \dfrac{x}{l - x}$, ou $x = l\,\dfrac{I_1}{I_1 + I_2}$.

Lorsque l'instrument de vérification ne donne pas de résultat, on se sert parfois d'un chariot portant une plaque de fer sur laquelle est enroulée une bobine de fil reliée à un téléphone; le système consiste à rouler ce chariot le long des conducteurs principaux, en envoyant en même temps à la terre, par le câble, un courant pulsatoire ou alternatif. Pendant que le chariot effectue son parcours, le vérificateur écoute au téléphone et, en signalant l'interruption du son, indique l'endroit où se trouve le défaut. L'idée est très ingénieuse et l'on s'est servi de l'appareil en différents endroits avec un grand succès, mais il paraît qu'on est exposé à découvrir des défauts imaginaires, à cause de la présence d'autres influences perturbatrices, et dans un ou deux cas où l'on a essayé le système, un gros ennui est résulté de l'apparente localisation d'un défaut alors qu'il n'en existait aucun en réalité.

Malgré l'importance considérable de la question, il nous faut avouer que jusqu'à présent on n'a pas trouvé de méthode réellement sûre qui permette, dans les conditions habituelles, de fixer la place d'un défaut avec quelque exactitude. L'examen attentif du sujet nous amène à la conclusion que la seule manière satisfaisante de poser une canalisation de façon à pouvoir localiser et réparer promptement les défauts, consiste à la diviser en un certain nombre de sections courtes pouvant être entièrement séparées chacune de toutes les autres et de toutes connexions de maisons, de telle sorte qu'on puisse vérifier séparément chaque section et, si l'on y découvre un défaut, la sortir du tuyau ou conduit, et la réparer ou la remplacer par une longueur de câble neuf. Ce système a cet autre avantage que les conducteurs étant installés de manière qu'il y ait double voie de la station aux locaux de chaque consommateur, et leurs sections étant courtes, la vérification et la réparation peuvent s'effectuer sans grande gêne pour les abonnés; c'est pourquoi on reconnaîtra généralement que, même au prix d'une augmentation de dépense première pour les conducteurs, il convient d'en effectuer la pose d'après ce système, à cause des avantages considérables qu'il assure au point de vue de la facilité des vérifications et des réparations.

FIN

INDEX

C

D

93-134 PARIS. — IMPRIMERIE CHARLES BLOT, RUE BLEUE, 7.